职业教育改革与创新系列教材

# 装饰工程质量检测与验收

## 第 2 版

主　编　周明月
副主编　崔东方　舒圣虎
参　编　徐姗姗　刘　丽　李延虎
　　　　李　珊　张　燕
主　审　李宏魁

机械工业出版社

本书是教育部职业教育与成人教育司推荐教材，是职业教育改革与创新系列教材。本书根据职业教育改革的需要，结合国家职业岗位要求，在第1版的基础上修订而成。本次修订以实际工作技能为重点，主要项目中增加了工程实例和实训内容，配以适量的插图，简单实用，易学易懂；检测验收标准采用了国家和行业中最新的技术规范，通过实验和实训的操作训练，加深对国家标准的理解和掌握。

本书主要讲述了建筑材料概述及水泥技术性能检测、常用装饰材料质量检测、装饰工程施工现场质量检验与验收、室内装饰工程环境质量检测四部分内容。

本书可作为职业院校建筑装饰专业教材，也可作为相关行业人员岗位培训教材和工程技术人员及检测行业的参考用书。

为方便教学，本书配有电子课件，凡选用本书作为授课教材的教师均可登录 www.cmpedu.com 免费注册下载，编辑咨询电话：010 - 88379934，机工社建筑教材交流 QQ 群：221010660。

## 图书在版编目（CIP）数据

装饰工程质量检测与验收/周明月主编. —2 版. —北京：机械工业出版社，2012.11（2024.1 重印）
ISBN 978 - 7 - 111 - 40209 - 1

Ⅰ. ①装… Ⅱ. ①周… Ⅲ. ①建筑装饰 - 工程质量 - 质量管理 - 高等职业教育 - 教材 Ⅳ. ①TU767

中国版本图书馆 CIP 数据核字（2012）第 255209 号

机械工业出版社（北京市百万庄大街22号 邮政编码100037）
策划编辑：王莹莹 责任编辑：刘思海
版式设计：赵颖喆 责任校对：陈秀丽
封面设计：马精明 责任印制：邓 博
北京盛通数码印刷有限公司印刷
2024 年 1 月第 2 版·第 10 次印刷
184mm×260mm·16.25 印张·398 千字
标准书号：ISBN 978 - 7 - 111 - 40209 - 1
定价：45.00 元

| 电话服务 | 网络服务 |
| --- | --- |
| 客服电话：010-88361066 | 机 工 官 网：www.cmpbook.com |
| 　　　　　010-88379833 | 机 工 官 博：weibo.com/cmp1952 |
| 　　　　　010-68326294 | 金 书 网：www.golden-book.com |
| **封底无防伪标均为盗版** | 机工教育服务网：www.cmpedu.com |

# 职业教育改革与创新规划教材

## 编委会名单

| | | |
|---|---|---|
| 主 任 委 员 | 谢国斌 | 中国建设教育协会中等职业教育专业委员会<br>北京城市建设学校 |
| 副主任委员 | | |
| | 黄志良 | 江苏省常州建设高等职业技术学校 |
| | 陈晓军 | 辽宁省城市建设职业技术学院 |
| | 杨秀方 | 上海市建筑工程学校 |
| | 李宏魁 | 河南建筑职业技术学院 |
| | 廖春洪 | 云南建设学校 |
| | 杨 庚 | 天津市建筑工程学校 |
| | 苏铁岳 | 河北省城乡建设学校 |
| | 崔玉杰 | 北京市城建职业技术学校 |
| | 蔡宗松 | 福州建筑工程职业中专学校 |
| | 吴建伟 | 攀枝花市建筑工程学校 |
| | 汤万龙 | 新疆建设职业技术学院 |
| | 陈培江 | 嘉兴市建筑工业学校 |
| | 张荣胜 | 南京高等职业技术学校 |
| | 杨培春 | 上海市城市建设工程学校 |
| | 廖德斌 | 成都市工业职业技术学校 |
| 委 员 | （排名不分先后） | |

王和生　张文华　汤建新　李明庚　李春年　孙　岩
张　洁　金忠盛　张裕洁　朱　平　戴　黎　卢秀梅
白　燕　张福成　肖建平　孟繁华　包　茹　顾香君
毛　苹　崔东方　赵肖丹　杨　茜　陈　永　沈忠于
王东萍　陈秀英　周明月　王莹莹（常务）

# 出 版 说 明

2004年10月，教育部、建设部发布了《关于实施职业院校建设行业技能型紧缺人才培养培训的通知》，并组织制定了《中等职业学校建设行业技能型紧缺人才培养培训指导方案》（以下简称《指导方案》），对建筑施工、建筑装饰、建筑设备和建筑智能化四个专业的培养目标与规格、教学与训练项目、实验实习设备等提出了具体要求。

为了配合《指导方案》的实施，受教育部委托，在中国建设教育协会中等职业教育专业委员会的大力支持和协助下，机械工业出版社专门组织召开了全国中等职业学校建设行业技能型紧缺人才培养教学研讨和教材建设工作会议，并于2006年起陆续出版了建筑施工、建筑装饰两个专业的系列教材，该系列教材被列为教育部职业教育与成人教育司推荐教材。

该套教材出版后，受到广大职业院校师生的一致好评，为职业院校建筑类专业的发展提供了动力。近年来，随着教学改革的不断深入，建筑施工和建筑装饰专业的教学体系、课程设置已经发生了很大变化。同时，鉴于本系列教材出版时间已较长，教材涉及的专业设备、技术、标准等诸多方面也已发生了较大变化。为适应科技进步及职业教育当前需要，机械工业出版社在中国建设教育协会中等职业教育专业委员会的支持下，于2011年5月组织召开了该系列教材的修订工作会议，对当前职业教育建筑施工和建筑装饰专业的课程设置、教学大纲进行了认真的研讨。会议根据教育部关于"中等职业教育改革创新行动计划（2010—2012）"和2010年新颁布的《中等职业学校专业目录》，结合当前教学改革的现状，以实现"五个对接"为原则，将以前的课程体系进行了较大的调整，重新确定了课程名称，修订了教材体系和内容。

由于教学改革在不断推进，各个学校在实施过程中也在不断摸索、总结、调整，我们会密切关注各院校的教学改革情况，及时收集反馈信息，并不断补充、修订、完成本系列教材，也恳请各用书院校及时将本系列教材的意见和建议反馈给我们，以便进一步完善。

本系列教材编委会

# 第2版前言

本书是根据职业教育课程改革需要,结合国家职业岗位要求,在第1版的基础上修订而成。

本次修订以实际工作技能为重点,主要项目中增加了工程实例和实训内容,配以适量的插图,简单实用,易学易懂;检测验收标准采用了国家和行业中最新的技术规范,通过实验和实训的操作训练,加深对国家标准的理解和掌握。

本书主要修订了以下内容:单元1 建筑材料概述及水泥技术性能检测保留并修订了建筑材料概述、水泥技术性能检测,其他内容一概删去。单元2 常用装饰材料质量检测,保留并修订了常用装饰用天然石材、装饰用石膏制品、建筑陶瓷、建筑安全玻璃、建筑涂料等材料的检测,增加了常用金属材料、木材的检测。单元3 装饰工程施工现场质量检验与验收,保留并修订了施工现场抹灰工程、门窗工程、轻质隔墙工程、吊顶工程、饰面板(砖)工程、裱糊与软包工程、地面工程、细部工程、防水工程等的质量检验与验收,增加了油漆工程、内墙涂料工程,简单介绍了卫浴设备安装工程。单元4 室内装饰工程环境质量检测,保留了室内装饰工程环境质量检测,讲述民用建筑工程室内环境污染物的检测标准及要求、检测方法、数据分析及计算。

通过本书的学习,学生应能掌握以下方法和技能:①水泥技术性能检测方法、结果计算及评定。②常用装饰材料的检测及产品评定。③装饰工程施工现场质量检验与验收。④民用建筑工程室内环境污染物检测的标准、技术要求及方法、结果计算和评定;采样方法的选用等,会填写委托单和检测报告。

本书教学时数建议为100学时,实训学时为104学时,各单元学时分配见下表(供参考)。

| 单元 | 课题 | 教学时数 | | |
|---|---|---|---|---|
| | | 讲授 | 实训 | 合计 |
| 单元1 | 课题1 | 4 | | 4 |
| | 课题2 | 4 | 6 | 10 |
| 单元2 | 课题1 | 4 | 4 | 8 |
| | 课题2 | 4 | 4 | 8 |
| | 课题3 | 4 | 4 | 8 |
| | 课题4 | 4 | 4 | 8 |
| | 课题5 | 4 | 4 | 8 |
| | 课题6 | 6 | 6 | 12 |
| | 课题7 | 4 | 2 | 6 |
| 单元3 | 课题1 | 2 | | 2 |
| | 课题2 | 4 | 6 | 10 |
| | 课题3 | 4 | 6 | 10 |

(续)

| 单 元 | 课 题 | 教学时数 | | |
|---|---|---|---|---|
| | | 讲 授 | 实 训 | 合 计 |
| 单元3 | 课题4 | 6 | 6 | 12 |
| | 课题5 | 6 | 10 | 16 |
| | 课题6 | 6 | 10 | 16 |
| | 课题7 | 4 | 4 | 8 |
| | 课题8 | 4 | 4 | 8 |
| | 课题9 | 4 | 4 | 8 |
| | 课题10 | 4 | 4 | 8 |
| | 课题11 | 2 | 2 | 4 |
| | 课题12 | 2 | 2 | 4 |
| 单元4 | 课题1 | 2 | | 2 |
| | 课题2 | 2 | 2 | 4 |
| | 课题3 | 2 | 2 | 4 |
| | 课题4 | 2 | 2 | 4 |
| | 课题5 | 2 | 2 | 4 |
| | 课题6 | 2 | 2 | 4 |
| 机 动 | | 2 | 2 | 4 |
| 合 计 | | 100 | 104 | 204 |

注：实训可根据不同的教学情况自行安排。

本书由周明月任主编，崔东方、舒圣虎任副主编，由李宏魁任主审。编写人员及分工如下：周明月（单元1，单元3课题1、2、3）、舒圣虎（单元2课题1、3、4、7）、崔东方（单元2课题2、5、6，单元3课题8、9、10）、徐姗姗（单元3课题4、5）、张燕（单元3课题6）、李珊（单元3课题7）、李延虎（单元3课题11、12）、刘丽（单元4）。

本书在编写过程中除参考了有关国家和行业的最新标准和规范及一些建筑材料教材外，还参考了较多的文献资料，在此谨向这些文献的作者致以诚挚的敬意。

由于编者水平有限，书中难免有不妥之处，敬请读者批评指正。

编　者

# 第1版前言

本书是根据教育部和建设部2004年制定的《中等职业学校建设行业技能型紧缺人才培养培训指导方案》中相关教学内容与教学要求，并参照有关国家职业标准和行业岗位要求编写的建设行业技能型紧缺人才培养培训工程系列教材之一。

本书具有以下特点：在内容上突破了传统教材的学科体系的束缚，以工作过程为主线、以施工项目为单元，以实际工作技能为重点，配以适量的插图，主要项目中又增加了工程实例和实训内容，更为简单实用，易学易懂，通过实验和实训的操作训练，便于学生熟练掌握相关知识，并加深对国家标准的理解和掌握，使学生更符合实际工作岗位的要求。

通过本书的学习，学生应该能够掌握以下方法和技能：①常用建筑材料的技术要求及检测方法，结果的计算、处理及质量评定方法。②常用装饰材料的检测及产品评定方法。③施工现场工程质量检验与验收的方法。④民用建筑工程室内环境污染物检测的标准、技术要求及方法，结果的计算和评定方法，采样方法的选用等。⑤掌握见证取样、送样制度，会填写委托单和试验报告。

本书的教学时数建议为120学时，实训时间为120学时（4周），各单元学时分配见下表（供参考）。

| 单 元 | 课 题 | 教学时数 | | |
|---|---|---|---|---|
| | | 讲 授 | 实 训 | 合 计 |
| 单元1 | 课题1 | 2 | | 2 |
| | 课题2 | 4 | 4 | 8 |
| | 课题3 | 4 | 6 | 10 |
| | 课题4 | 4 | 4 | 8 |
| | 课题5 | 2 | 4 | 6 |
| | 课题6 | 2 | 4 | 6 |
| | 课题7 | 4 | 2 | 6 |
| 单元2 | 课题1 | 6 | 4 | 10 |
| | 课题2 | 6 | 4 | 10 |
| | 课题3 | 6 | 4 | 10 |
| | 课题4 | 6 | 4 | 10 |
| | 课题5 | 4 | 4 | 8 |
| | 课题6 | 4 | 2 | 6 |
| 单元3 | 课题1 | 2 | | 2 |
| | 课题2 | 6 | 4 | 10 |
| | 课题3 | 6 | 8 | 14 |
| | 课题4 | 6 | 8 | 14 |
| | 课题5 | 6 | 12 | 18 |
| | 课题6 | 6 | 10 | 16 |
| | 课题7 | 6 | 4 | 10 |

(续)

| 单元 | 课题 | 教学时数 | | |
|---|---|---|---|---|
| | | 讲授 | 实训 | 合计 |
| 单元3 | 课题8 | 6 | 8 | 14 |
| | 课题9 | 6 | 8 | 14 |
| | 课题10 | 2 | | 2 |
| 单元4 | 课题1 | 2 | | 2 |
| | 课题2 | 2 | 2 | 4 |
| | 课题3 | 2 | 2 | 4 |
| | 课题4 | 2 | 2 | 4 |
| | 课题5 | 2 | 2 | 4 |
| | 课题6 | 2 | 2 | 4 |
| 机　动 | | 2 | 2 | 4 |
| 合　计 | | 120 | 120 | 240 |

本书由周明月、胡朝志任主编，李宏魁、张华、舒圣虎任副主编，由周明月统稿。具体编写人员如下：辽宁省城市建设学校张华（单元1的课题1、课题2、课题3、课题5），魏诚（单元1的课题4、课题6、课题7），刘丽（单元4的课题1、课题2、课题3、课题4、课题5、课题6）；嘉兴市建筑工业学校舒圣虎（单元2的课题1、课题2、课题3、课题4），田少梅（单元2的课题5），戴亦军（单元2的课题6）；河南省建筑工程学校周明月、胡朝志（单元3的课题1、课题2、课题3、课题4），李延虎（单元3的课题10）；河南省基本建设工程质量检测站刘占成（单元3的课题5）；河南省建筑工程学校崔东方、李宏魁，郑州市青少年宫王朝阳（单元3的课题6、课题7、课题8、课题9）；实训练习册由相应部分的老师编写。

全书由河南省建筑科学研究院李美利博士（教授级高工）、华北水利水电学院李宗明教授任主审，在此表示感谢。

本书在编写过程中除参考了有关国家和行业的最新标准和规范及一些建筑材料教材外，还参考了较多的文献资料，谨向这些文献的作者致以诚挚的敬意。

由于编者水平有限，书中难免有不妥之处，敬请读者批评指正。

编　者

# 目 录

出版说明
第2版前言
第1版前言

## 单元1 建筑材料概述及水泥技术性能检测 ... 1
### 课题1 建筑材料概述 ... 1
1.1.1 建筑材料的定义 ... 1
1.1.2 建筑材料的分类 ... 1
1.1.3 建筑材料的标准化 ... 2
1.1.4 检测管理的基本知识 ... 3
1.1.5 数据分析与处理 ... 4
### 课题2 水泥技术性能检测 ... 7
1.2.1 水泥技术性能要求 ... 7
1.2.2 水泥的取样 ... 9
1.2.3 水泥标准稠度用水量检测（标准法） ... 10
1.2.4 水泥凝结时间检测 ... 12
1.2.5 水泥安定性测定 ... 13
1.2.6 水泥胶砂强度检测 ... 14
1.2.7 水泥胶砂流动度检测 ... 17
1.2.8 白色及彩色硅酸盐水泥 ... 19
复习思考题 ... 20

## 单元2 常用装饰材料质量检测 ... 21
### 课题1 装饰用天然石材检测 ... 21
2.1.1 天然石材技术指标 ... 21
2.1.2 天然大理石检测 ... 26
2.1.3 天然花岗石检测 ... 31
### 课题2 建筑装饰用石膏制品检测 ... 31
2.2.1 建筑装饰用石膏制品的技术指标 ... 31
2.2.2 石膏板检测方法 ... 34
### 课题3 建筑陶瓷砖检测 ... 38
2.3.1 建筑陶瓷砖的技术指标 ... 39
2.3.2 建筑陶瓷砖的检测方法 ... 43
### 课题4 建筑安全玻璃检测 ... 49
2.4.1 防火玻璃的技术指标 ... 50
2.4.2 防火玻璃的检测方法 ... 52
2.4.3 钢化玻璃的技术指标 ... 55
2.4.4 钢化玻璃的检测方法 ... 58
2.4.5 均质钢化玻璃的技术指标 ... 59

2.4.6　夹层玻璃的技术指标 …………………………………………………………… 59
　2.4.7　夹层玻璃的检测方法 …………………………………………………………… 62
课题5　常用金属材料及检测 …………………………………………………………………… 64
　2.5.1　铝塑复合板的质量检测 ………………………………………………………… 64
　2.5.2　吊顶铝合金方板的质量检测 …………………………………………………… 68
　2.5.3　吊顶铝合金条板、扣板的质量检测 …………………………………………… 71
　2.5.4　吊顶用涂层钢板的质量检测 …………………………………………………… 73
　2.5.5　装饰用不锈钢板的质量检测 …………………………………………………… 74
　2.5.6　常用紧固件、连接件的质量检测 ……………………………………………… 76
课题6　常用木材及制品的检测 ………………………………………………………………… 76
　2.6.1　实木材料的质量检测 …………………………………………………………… 76
　2.6.2　普通胶合板的质量检测 ………………………………………………………… 78
　2.6.3　装饰单板贴面胶合板的质量检测 ……………………………………………… 79
　2.6.4　细木工板的质量检测 …………………………………………………………… 82
　2.6.5　刨花板的质量检测 ……………………………………………………………… 83
　2.6.6　家具型中密度纤维板的质量检测 ……………………………………………… 85
　2.6.7　免漆实木地板的质量检测 ……………………………………………………… 87
　2.6.8　强化地板的质量检测 …………………………………………………………… 89
　2.6.9　实木复合地板的质量检测 ……………………………………………………… 91
　2.6.10　竹地板的质量检测 ……………………………………………………………… 94
课题7　建筑涂料检测 …………………………………………………………………………… 96
　2.7.1　合成树脂乳液内墙涂料的检测 ………………………………………………… 96
　2.7.2　合成树脂乳液外墙涂料的检测 ………………………………………………… 97
　2.7.3　复层建筑涂料的检测 …………………………………………………………… 98
复习思考题 ………………………………………………………………………………………… 99

# 单元3　装饰工程施工现场工程质量检验与验收 …………………………………………… 100
课题1　概述 ……………………………………………………………………………………… 100
　3.1.1　住宅装饰装修工程的基本规定 ………………………………………………… 100
　3.1.2　装饰装修工程质量验收规定 …………………………………………………… 102
　3.1.3　装饰装修工程质量检验方法 …………………………………………………… 107
课题2　抹灰工程的质量检验与验收 …………………………………………………………… 108
　3.2.1　常用抹灰材料的技术要求 ……………………………………………………… 108
　3.2.2　抹灰层砂浆的选用及厚度 ……………………………………………………… 108
　3.2.3　施工现场抹灰工程的质量检验 ………………………………………………… 109
　3.2.4　一般抹灰工程的质量验收 ……………………………………………………… 110
课题3　门窗工程的质量检验与验收 …………………………………………………………… 112
　3.3.1　门窗工程的基本规定 …………………………………………………………… 112
　3.3.2　门窗工程的质量检验 …………………………………………………………… 114
　3.3.3　门窗工程的质量验收 …………………………………………………………… 118
课题4　轻质隔墙工程的质量检验与验收 ……………………………………………………… 125
　3.4.1　轻质隔墙工程的质量检验 ……………………………………………………… 125
　3.4.2　轻质隔墙工程的质量验收 ……………………………………………………… 127
课题5　吊顶工程的质量检验与验收 …………………………………………………………… 131

|  |  |  |
|---|---|---|
| 3.5.1 | 预检项目 | *131* |
| 3.5.2 | 过程检验项目 | *131* |
| 3.5.3 | 吊顶工程的质量验收 | *136* |

### 课题6 饰面板（砖）工程的质量检验与验收 ············ *139*
- 3.6.1 石材类饰面工程的质量检验与验收 ············ *139*
- 3.6.2 饰面板（砖）工程的成品保护 ············ *146*
- 3.6.3 饰面板（砖）工程的质量检验与验收 ············ *146*

### 课题7 油漆（溶剂型涂料）工程质量检验与验收 ············ *150*
- 3.7.1 油漆的施工常识 ············ *150*
- 3.7.2 作业条件 ············ *151*
- 3.7.3 成品保护 ············ *151*
- 3.7.4 安全环保措施 ············ *152*
- 3.7.5 施工质量标准 ············ *152*

### 课题8 内墙涂料工程的质量检验与验收 ············ *153*
- 3.8.1 施工作业条件 ············ *153*
- 3.8.2 对基层的要求 ············ *153*
- 3.8.3 基层处理方法 ············ *154*
- 3.8.4 施工工艺流程 ············ *155*
- 3.8.5 成品保护 ············ *155*
- 3.8.6 刷涂法或滚涂法施工注意事项 ············ *155*
- 3.8.7 内墙、顶棚水性薄涂料的质量标准 ············ *156*

### 课题9 裱糊与软包工程的质量控制与验收 ············ *156*
- 3.9.1 裱糊与软包工程的质量控制 ············ *156*
- 3.9.2 裱糊与软包工程的质量检验与验收 ············ *161*

### 课题10 地面工程的质量控制与检验 ············ *163*
- 3.10.1 地面工程的质量控制 ············ *163*
- 3.10.2 地面装饰工程验收 ············ *175*

### 课题11 细部工程的质量控制与验收 ············ *178*
- 3.11.1 细部工程简介 ············ *178*
- 3.11.2 细部工程的质量控制 ············ *179*
- 3.11.3 细部工程的质量验收 ············ *189*

### 课题12 卫浴设备安装工程的质量检验与验收 ············ *190*
- 3.12.1 卫浴设备安装工程的质量检验 ············ *190*
- 3.12.2 卫浴设备安装工程的质量验收 ············ *192*

复习思考题 ············ *193*

## 单元4 室内装饰工程环境质量检测 ············ *195*

### 课题1 绪论 ············ *195*
- 4.1.1 室内装饰工程污染的主要来源及分类方法 ············ *195*
- 4.1.2 名词解释 ············ *196*
- 4.1.3 竣工验收 ············ *196*
- 4.1.4 室内空气污染物采样方法 ············ *196*
- 4.1.5 采样时间和频率 ············ *199*

### 课题2 室内环境中的甲醛及其检测 ············ *201*

| | |
|---|---|
| 4.2.1 甲醛的物理性质、来源、危害及技术指标 | 201 |
| 4.2.2 甲醛的检测方法 | 201 |
| 课题3 室内环境中的总挥发性有机化合物（TVOC）及其检测 | 206 |
| 4.3.1 TVOC的物理性质、来源、危害及技术指标 | 206 |
| 4.3.2 检测方法（气相色谱法） | 207 |
| 课题4 室内环境中的苯、甲苯、二甲苯及其检测 | 209 |
| 4.4.1 苯、甲苯、二甲苯的物理性质、来源、危害及技术指标 | 209 |
| 4.4.2 苯、甲苯、二甲苯的检测方法（气相色谱法） | 209 |
| 课题5 室内环境中的氡及其检测 | 212 |
| 4.5.1 氡的物理性质、来源、危害及技术指标 | 212 |
| 4.5.2 氡的检测方法 | 212 |
| 课题6 室内环境中的氨及其检测 | 219 |
| 4.6.1 氨的物理性质、来源、危害及技术指标 | 219 |
| 4.6.2 氨的检测方法 | 219 |
| 复习思考题 | 224 |

## 附录

| | |
|---|---|
| 附录A 水泥技术性能检测实训 | 225 |
| 附录B 装饰工程施工现场质量检验与验收实训 | 225 |
| 附录C 室内装饰工程环境质量检测实训 | 239 |

## 参考文献

245

# 单元 1　建筑材料概述及水泥技术性能检测

【单元概述】

本单元主要介绍建筑材料的分类和标准化；见证取样、送样制度；数值修约规则、数据分析与处理；水泥的分类、保管和取样；水泥技术性能检测方法和评定等。

【学习目标】

通过本单元的学习，重点掌握数值修约规则、水泥技术性能检测方法和评定标准。了解建筑材料的分类和标准化，数据分析与处理，水泥的分类、保管和取样。

## 课题 1　建筑材料概述

### 1.1.1　建筑材料的定义

广义的建筑材料，除了用于建筑物本身的各种材料之外，还包括卫生洁具、暖气及空调设备等器材。狭义的建筑材料即为构成建筑物及构筑物本身的材料，从地基、承重构件（梁、板、柱等），直到地面、墙体、屋面等所用的材料。

### 1.1.2　建筑材料的分类

建筑材料的分类方法很多，按材料的化学成分可分为有机材料、无机材料以及复合材料三大类，见表 1-1。

表 1-1　建筑材料按化学成分分类

| 分 | 类 | | 实例 |
|---|---|---|---|
| 无机材料 | 金属材料 | 黑色金属 | 生铁、碳素钢、合金钢等 |
| | | 有色金属 | 铜、铝及其合金 |
| | 非金属材料 | 天然石材 | 砂、石及石材制品 |
| | | 烧土制品 | 黏土砖、瓦、陶瓷制品等 |
| | | 胶凝材料及其制品 | 石灰、石膏及制品、水泥及混凝土制品、硅酸盐制品等 |
| | | 玻璃 | 普通平板玻璃、特种玻璃等 |
| | | 无机纤维材料 | 玻璃纤维、矿物棉等 |
| 有机材料 | 植物材料 | | 木材、竹材、植物纤维及制品等 |
| | 沥青材料 | | 煤沥青、石油沥青及其制品 |
| | 合成高分子材料 | | 塑料、涂料、胶粘剂、合成橡胶等 |
| 复合材料 | 有机与无机非金属材料的复合 | | 聚合物混凝土、玻璃纤维增强塑料等 |
| | 金属与无机非金属材料的复合 | | 钢筋混凝土、钢纤维混凝土等 |
| | 金属与有机材料的复合 | | PVC 钢板、有机涂层铝合金板 |

根据建筑材料在建筑物中的部位或使用功能，大体上可分为三大类，即建筑结构材料、墙体材料和建筑功能材料，见表 1-2。

表 1-2　建筑材料按使用功能分类

| 分 类 | 实 例 |
| --- | --- |
| 建筑结构材料 | 梁、板、柱、基础等材料（水泥混凝土、钢材等） |
| 墙体材料 | 砌墙砖、砌块、板材等 |
| 建筑功能材料 | 防水材料、绝热材料、吸声和隔声材料、采光材料、装饰材料等 |

**1. 建筑结构材料**

建筑结构材料主要是指构成建筑物受力构件和结构所用的材料，如梁、板、柱、基础、框架及其他受力构件和结构等所采用的材料。对这类材料技术性能的主要要求是强度和耐久性。目前，所用的主要结构材料有砖、石、水泥混凝土和钢材以及两者复合的钢筋混凝土和预应力钢筋混凝土。在相当长的时期内，钢筋混凝土和预应力钢筋混凝土仍是我国建筑工程中的主要结构材料之一。

**2. 墙体材料**

墙体材料是指建筑物内、外及分隔墙体所用的材料，有承重和非承重两类。由于墙体在建筑物中占有很大比例，所以合理选用墙体材料，对降低建筑物的成本、建筑节能和结构的安全耐久等都是很重要的。目前，我国大量使用的墙体材料为砌墙砖、加气混凝土砌块和混凝土等。

**3. 建筑功能材料**

建筑功能材料主要是指担负某些建筑功能的非承重材料，如防水材料、绝热材料、吸声和隔声材料、采光材料、装饰材料等。这类材料品种繁多，功能各异，随着节能的要求，将会越来越多地应用于建筑物上。

一般来说，建筑物的可靠度与安全度，主要取决于由建筑结构材料组成的构件和结构体系；建筑物的使用功能与建筑品位，主要取决于建筑功能材料。此外，对某一种具体材料来说，它可能兼有多种功能。

## 1.1.3　建筑材料的标准化

建筑材料的技术标准是生产、使用单位检验以及确定产品质量是否合格的技术文件。为了保证材料质量、现代化生产和科学管理，必须对材料产品的技术要求制定统一的执行标准。其内容主要包括：产品规格、分类、技术要求、检验方法、验收规则、标志、运输和储存注意事项等方面。

根据技术标准发布单位与适用范围，我国可分为国家标准、行业标准、地方标准和企业标准。另外，还有国际标准。

**1. 国家标准**

国家标准有强制性标准（代号 GB）和推荐性标准（代号 GB/T）。强制性标准是全国必须执行的技术指导文件，产品的技术指标都不得低于标准中规定的要求。推荐性标准在执行时也可采用其他相关标准的规定。

**2. 行业标准**

各行业（或主管部门）为了规范本行业的产品质量而制定的技术标准，也是全国性的指导文件，高于国家标准。如建筑工程行业标准（代号 JGJ）、建筑材料行业标准（代号

JC）、冶金行业标准（代号 YB）、交通行业标准（代号 JT）等。

**3. 地方标准**（代号 DB）

地方标准为地方主管部门发布的地方性技术指导文件，适用于在该地区使用，高于国家标准。

**4. 企业标准**（代号 QB）

企业标准是由企业制定发布的指导本企业生产的技术文件，仅适用于本企业，高于类似（或相关）产品的国家标准。

标准的一般表示方法：标准名称、部门代号、编号和批准年份。如：国家标准（强制性）—《通用硅酸盐水泥》（GB 175—2007/XG1—2009）；国家标准（推荐性）—《建设用砂》（GB/T 14684—2011）。

**5. 国际标准**

国际标准大致分为以下几类：

1）世界范围内统一使用的"ISO"国际标准。

2）国际上有影响的团体标准和公司标准，如美国材料与试验协会标准"ASTM"。

3）区域性标准是指工业先进国家的标准，如德国工业标准"DIN"、英国的"BS"标准、日本的"JIS"标准等。

目前，主要建筑材料都有统一的技术标准。标准的主要内容，包括材质和检验两大方面。有的将这两个方面核定在同一个标准；有的则分开几个标准。现场配制的一些材料，它们的原材料要符合相应的建材标准，制成成品的检验往往包含于施工验收规范和规程之中。由于标准的分工越来越细，各标准之间相互渗透，一种材料的检验，经常要涉及多个标准、规程和规定。

### 1.1.4 检测管理的基本知识

**1. 见证取样制度**

见证取样和送检是指在建设单位或工程监理单位人员的见证下，由施工单位的现场取样人员对工程中涉及结构安全的试块、试件和材料在现场取样，并送至经过省级以上建设行政主管部门对其资质认可和质量技术监督部门对其计量认证的质量检测单位（以下简称"检测单位"）进行检测。

涉及结构安全的试块、试件和材料等，见证取样和送检的比例不得低于有关技术标准中规定应取样数量的 30%。下列试块、试件和材料必须实施见证取样和送检：

1）用于承重结构的混凝土试块。

2）用于承重墙体的砌筑砂浆试块。

3）用于承重结构的钢筋及连接接头试件。

4）用于承重墙的砖和混凝土小型砌块。

5）用于拌制混凝土和砌筑砂浆的水泥。

6）用于承重结构的混凝土中使用的掺加剂。

7）地下、屋面、厕浴间使用的防水材料。

8）国家规定必须实行见证取样和送检的其他试块、试件和材料。

见证人员应由建设单位或该工程的监理单位中具备建筑施工试验知识的专业技术人员担

任,并由建设单位或该工程的监理单位书面通知施工单位、检测单位和负责该工程的质量监督机构。

在施工过程中,见证人员应按照见证取样和送检计划,对施工现场的取样和送检进行见证,取样人员应在试样或其包装上作出标志、封志。标志和封志应标明工程名称、取样部位、取样日期、样品名称和样品数量,并由见证人员和取样人员签字。见证人员应制作见证记录,并将见证记录归入施工技术档案。见证人员和取样人员应对试样的代表性和真实性负责。见证取样的试块、试件和材料送检时,应由送检单位填写委托单,委托单应有见证人员和送检人员签字。检测单位应检查委托单及试样上的标志和封志,确认无误后方可进行检测。检测单位应严格按照有关管理规定和技术标准进行检测,出具公正、真实、准确的检测报告。见证取样和送检的检测报告必须加盖见证取样检测的专用章。

检测单位发现试样检测结果不合格时,应立即通知该工程的质量监督单位和见证单位,同时还应通知施工单位。

**2. 抽检**

检测工作的主要目的是取得代表质量特征的有关数据,以便科学地评价工程质量。建设工程质量的常规检查一般都采用抽样检查。正确的抽样方法应保证抽样的代表性和随机性。抽样的代表性是指保证抽取的子样应代表母体的质量状况,抽样的随机性是指保证抽取的子样应由随机因素决定而并非人为因素决定。样品的真实性和代表性直接影响到检测数据的准确和公正。如何保证抽样的代表性和随机性,有关的技术规范标准中都做出了明确的规定。

样品抽取后,应将样品从施工现场送至有检测资格的工程质量检测单位进行检验,从抽取样品到送至检测单位检测的过程是工程质量检测管理工作中的第一步。为了强化这个过程的监督管理,杜绝因试件弄虚作假出现试件合格而工程实体质量不合格的现象,建设部颁发了《房屋建筑工程和市政基础设施工程实行见证取样和送检的规定》。实践证明,对建设工程质量检测工作实行见证取样与送检制度是保证试件、试样具有真实性和代表性的重要途径。

检测机构完成检测业务后,应当及时出具检测报告。检测报告加盖检测机构公章或者检测专用章后方可生效。检测报告由检测人员签字、检测机构法定代表人或者其授权的签字人签署,经建设单位或者工程监理单位确认后,由施工单位归档。

见证取样检测的检测报告中应当注明见证人单位及姓名。

任何单位和个人不得明示或者暗示检测机构出具虚假检测报告,不得篡改或者伪造检测报告。

检测机构应当将检测过程中发现的建设单位、监理单位、施工单位违反有关法律、法规和工程建设强制性标准的情况,以及涉及结构安全检测结果不合格的情况,及时报告工程所在地的建设主管部门。

### 1.1.5 数据分析与处理

建筑施工中,要对原材料和半成品进行试验并取得大量数据,对这些数据进行科学地分析,才能更好地评价原材料及工程质量并提出改进意见。以下简要介绍常用的数据统计方法。

**1. 平均值**

（1）算术平均值  算术平均值是最常用的一种方法，用来了解一批数据的平均水平，计算公式如下：

$$\overline{X} = \frac{X_1 + X_2 + \cdots + X_n}{n} = \frac{\sum X_i}{n} \tag{1-1}$$

式中　$\overline{X}$——算术平均值；

　　　$n$——试验数据的个数；

　　　$X_1$、$X_2$、$\cdots$、$X_n$——各试验数据值；

　　　$\sum X_i$——各试验数据的总和。

（2）均方根平均值  均方根平均值对数据大小跳动反映较为灵敏，计算公式如下：

$$S = \sqrt{\frac{X_1^2 + X_2^2 + \cdots + X_n^2}{n}} = \sqrt{\frac{\sum X_i^2}{n}} \tag{1-2}$$

式中　$S$——均方根平均值；

　　　$X_1$、$X_2$、$\cdots$、$X_n$——各试验数据值；

　　　$\sum X_i^2$——各试验数据的平方和；

　　　$n$——试验数据的个数。

（3）加权平均值  加权平均值是各试验数据和其对应数的算术平均值，计算公式如下：

$$m = \frac{X_1 g_1 + X_2 g_2 + \cdots + X_n g_n}{g_1 + g_2 + \cdots + g_n} = \frac{\sum X_i g_i}{\sum g_i} \tag{1-3}$$

式中　$m$——加权平均值；

　　　$X_1$、$X_2$、$\cdots$、$X_n$——各试验数据值；

　　　$g_1$、$g_2$、$\cdots$、$g_n$——试验数据的对应数；

　　　$\sum X_i g_i$——各试验数据值和其对应数乘积的总和；

　　　$\sum g_i$——各对应数的总和。

**2. 误差计算**

（1）范围误差  范围误差也称为极差，是试验数据最大值和最小值之差。例如：三块砂浆试件抗压强度分别为 5.2MPa、5.6MPa、5.7MPa。则这组试件的极差或范围误差为：5.7MPa − 5.2MPa = 0.5MPa

（2）算术平均误差  算术平均误差的计算公式如下：

$$\delta = \frac{|X_1 - \overline{X}| + |X_2 - \overline{X}| + \cdots + |X_n - \overline{X}|}{n} = \frac{\sum |X_i - \overline{X}|}{n} \tag{1-4}$$

式中　$\delta$——算术平均误差；

　　　$X_1$、$X_2$、$\cdots$、$X_n$——各试验数据值；

　　　$\overline{X}$——试验数据值的算术平均值；

　　　$n$——试验数据的个数。

（3）标准差  只知试件的平均水平是不够的，要了解数据的波动情况及其带来的危险性，还需知道其标准差，标准差（均方根差）是衡量波动性（离散性大小）的指标。标准差的计算公式为

$$\sigma = \sqrt{\frac{(X_1 - \overline{X})^2 + (X_2 - \overline{X})^2 + \cdots + (X_n - \overline{X})^2}{n-1}} = \sqrt{\frac{\sum (X_i - \overline{X})^2}{n-1}} \quad (1\text{-}5)$$

式中　　$\sigma$——标准差；

　　　　$X_1$、$X_2$、$\cdots$、$X_n$——各试验数据值；

　　　　$\overline{X}$——算术平均值；

　　　　$n$——试验数据的个数。

**3. 变异系数**

标准差是表示绝对波动大小的指标，当测量值较大时，绝对误差一般较大；当测量值较小时，绝对误差一般较小。为考虑相对波动的大小，可用平均值的百分率表示标准差，即变异系数。计算公式如下：

$$C_v = \frac{S}{\overline{X}} \times 100\% \quad (1\text{-}6)$$

式中　　$C_v$——变异系数；

　　　　$S$——标准差；

　　　　$\overline{X}$——算术平均值。

变异系数越大，则标准偏差的波动越大，说明数据偏离平均值的程度越大。变异系数能反映出标准偏差所表示不出来的数据波动情况。

【例题】　甲、乙两厂均生产 32.5 级矿渣水泥，甲厂某月生产的水泥抗压强度平均值为 38.8MPa，标准差为 1.67MPa。同月乙厂生产的水泥抗压强度平均值为 35.6MPa，标准差为 1.62MPa，求两厂的变异系数。

【解】

甲厂　　　　　　　　　　$C_v = \frac{1.67}{38.8} \times 100\% = 4.30\%$

乙厂　　　　　　　　　　$C_v = \frac{1.62}{35.6} \times 100\% = 4.55\%$

【分析】　从标准差看，甲厂大于乙厂；但从变异系数看，甲厂小于乙厂。说明乙厂生产的水泥强度相对波动比甲厂大，产品稳定性较差。

**4. 数值修约规则**

《标准化工作导则》（GB/T 1.1—2009）和《数值修约规则与极限数值的表示和判定》（GB/T 8170—2008）中对数值的修约规则作了具体规定。在制订、修订标准中，各种测量值、计算值需要修约时，应按下列规则进行。

1）在拟舍弃的数字中，保留数后（右）第一位数小于 5（不包括 5）时舍去，保留数的末位数字不变。例如：将 12.5442 修约到保留一位小数。修约前 12.5442，修约后 12.5。

2）在拟舍弃的数字中，保留数后（右）第一位数大于 5（不包括 5）时进一，保留数的末位数字加一。例如：将 17.5842 修约到保留一位小数。修约前 17.5842，修约后 17.6。

3）在拟舍弃的数字中，保留数后（右）第一位数等于 5 且 5 后的数字并非全部为零时进一，保留数的末位数字加一。例如：将 3.4502 修约到保留一位小数。修约前 3.4502，修约后 3.5。

4）在拟舍弃的数字中，保留数后（右）第一位数等于5且5后的数字全部为零时，保留数的末位数字为奇数则进一，为偶数（包括0）则不进。例如：将下列数字修约到保留一位小数；修约前3.6500，修约后3.6；修约前1.5500，修约后1.6。

5）所拟舍弃的数字若为两位以上数字，不得连续进行多次（包括二次）修约。应根据保留数后（右）第一位数字的大小，按上述规定一次修约出结果。例如：将35.4546修约成整数。正确的修约是：修约前35.4546，修约后35。不正确的修约是：修约前35.4546，一次修约35.455，二次修约35.46，三次修约35.5，四次修约36。

**5. 数据处理**

数据处理是试验中不可缺少的一部分，对原始的试验数据进行归纳、分析、计算以便得出最后的结果。数据处理的方法很多，主要有列表法、图示法、函数式。

（1）列表法　列表法就是制作一个二维表格，将试验中所测得的数据分类填入并把一些间接测量值和相关运算填入。它的特点是记录的数据一目了然，可以避免混乱、丢失。

（2）图示法　图示法就是将两列数据之间的关系用曲线表示出来。它简单、直观，是试验中最常用的数据处理方法，在报告与论文中都能看到，而且为整理成数学模型（方程式）提供了必要的函数形式。

（3）函数式　函数式就是借助于数学方法将试验数据按一定函数形式整理成方程即数学模型。

## 课题2　水泥技术性能检测

### 1.2.1　水泥技术性能要求

**1. 水泥的分类**

水泥的品种很多，按矿物组成分为硅酸盐、铝酸盐、硫铝酸盐、铁铝酸盐等多种系列水泥；按其用途和性能又可分为通用硅酸盐水泥、专用水泥和特性水泥三大类。通用硅酸盐水泥是指用于一般土木建筑工程的水泥，包括硅酸盐水泥、普通硅酸盐水泥、矿渣硅酸盐水泥、火山灰质硅酸盐水泥、粉煤灰硅酸盐水泥、复合硅酸盐水泥；专用水泥是指有专门用途的水泥，如大坝水泥、油井水泥、砌筑水泥等；特性水泥是指具有某种比较突出的性能的水泥，如膨胀水泥、白色水泥、快硬硅酸盐水泥等。本节主要介绍通用硅酸盐水泥的技术要求。

**2. 通用硅酸盐水泥的技术指标**

（1）化学指标　通用硅酸盐水泥的化学指标应符合表1-3的规定。不溶物是指经盐酸处理后的残渣以氢氧化钠溶液处理，经盐酸中和过滤后再经高温灼烧所剩的物质。烧失量是指水泥经高温灼烧处理后的质量损失率，用来限制石膏和混合材料中的杂质，以保证水泥的质量。

表1-3　通用硅酸盐水泥的化学指标　　　　　　　　　　（单位:%）

| 品　种 | 代　号 | 不溶物 | 烧失量 | 三氧化硫 | 氧化镁 | 氯离子 |
|---|---|---|---|---|---|---|
| 硅酸盐水泥 | P·Ⅰ | ≤0.75 | ≤3.0 | ≤3.5 | ≤5.0① | ≤0.06③ |
| | P·Ⅱ | ≤1.50 | ≤3.5 | | | |
| 普通水泥 | P·O | — | ≤5.0 | | | |

（续）

| 品　种 | 代　号 | 不溶物 | 烧失量 | 三氧化硫 | 氧化镁 | 氯离子 |
|---|---|---|---|---|---|---|
| 矿渣水泥 | P·S·A | — | — | ≤4.0 | ≤6.0② | ≤0.06③ |
| | P·S·B | — | — | | — | |
| 火山灰水泥 | P·P | — | — | ≤3.5 | ≤6.0② | |
| 粉煤灰水泥 | P·F | — | — | | | |
| 复合水泥 | P·C | — | — | | | |

① 如果水泥压蒸试验合格，则水泥中氧化镁的含量（质量分数）允许放宽至6.0%。
② 如果水泥中氧化镁的含量（质量分数）大于6.0%时，需进行水泥压蒸安定性试验并合格。
③ 当有更低要求时，该指标由供需双方确定。

（2）碱含量（选择性指标）碱含量是指水泥中 $Na_2O$ 和 $K_2O$ 的含量。水泥中碱含量过高，遇到有活性的骨料，易产生碱-骨料反应，造成工程危害。

水泥中碱含量按 $Na_2O+0.658K_2O$ 计算值来表示。若使用活性骨料，用户要求提供低碱水泥时，水泥中的碱含量（质量分数）应不大于0.60%或由供需双方协商确定。

（3）物理指标

1）凝结时间。水泥的凝结时间在施工中具有重要意义。为保证在水泥初凝之前有足够的时间完成混凝土成型等各工序的操作，初凝时间不宜过短；当混凝土浇捣完成后应尽早凝结硬化，以利于下道工序进行，故终凝时间不宜过长。

国家标准规定：硅酸盐水泥初凝不小于45min，终凝不大于390min；其他五种水泥初凝不小于45min，终凝不大于600min。

2）体积安定性。水泥的体积安定性是指水泥在凝结硬化过程中，体积变化的均匀性。引起水泥体积安定性不良的原因，是由于水泥熟料矿物组成中含有过多的游离氧化钙（$f$-CaO）、游离氧化镁（$f$-MgO）或者水泥磨细时石膏掺量过多。$f$-CaO 和 $f$-MgO 是在高温下生成，处于过烧状态，水化很慢，它们在水泥凝结硬化后还在慢慢水化并产生体积膨胀，从而导致硬化的水泥石开裂，而过量石膏会与已固化的水化铝酸钙作用，生成水化硫铝酸钙（钙矾石），产生体积膨胀，造成硬化水泥石开裂。

国家标准规定：由游离氧化钙引起的水泥体积安定性不良可采用沸煮法检验。沸煮法包括试饼法和雷氏法两种。有争议时，以雷氏法为准。

3）强度。水泥强度是选用水泥的主要技术指标，也是划分水泥强度等级的依据。不同品种不同强度等级的通用硅酸盐水泥，其不同龄期的强度应符合表1-4的规定。

表1-4　通用硅酸盐水泥的强度

| 品　种 | 强度等级 | 抗压强度/MPa | | 抗折强度/MPa | |
|---|---|---|---|---|---|
| | | 3d | 28d | 3d | 28d |
| 硅酸盐水泥 | 42.5 | ≥17.0 | ≥42.5 | ≥3.5 | ≥6.5 |
| | 42.5R | ≥22.0 | | ≥4.0 | |
| | 52.5 | ≥23.0 | ≥52.5 | ≥4.0 | ≥7.0 |
| | 52.5R | ≥27.0 | | ≥5.0 | |

(续)

| 品　　种 | 强度等级 | 抗压强度/MPa | | 抗折强度/MPa | |
|---|---|---|---|---|---|
| | | 3d | 28d | 3d | 28d |
| 硅酸盐水泥 | 62.5 | ≥28.0 | ≥62.5 | ≥5.0 | ≥8.0 |
| | 62.5R | ≥32.0 | | ≥5.5 | |
| 普通硅酸盐水泥 | 42.5 | ≥17.0 | ≥42.5 | ≥3.5 | ≥6.5 |
| | 42.5R | ≥22.0 | | ≥4.0 | |
| | 52.5 | ≥23.0 | ≥52.5 | ≥4.0 | ≥7.0 |
| | 52.5R | ≥27.0 | | ≥5.0 | |
| 矿渣硅酸盐水泥 火山灰硅酸盐水泥 粉煤灰硅酸盐水泥 复合硅酸盐水泥 | 32.5 | ≥10.0 | ≥32.5 | ≥2.5 | ≥5.5 |
| | 32.5R | ≥15.0 | | ≥3.5 | |
| | 42.5 | ≥15.0 | ≥42.5 | ≥3.5 | ≥6.5 |
| | 42.5R | ≥19.0 | | ≥4.0 | |
| | 52.5 | ≥21.0 | ≥52.5 | ≥4.0 | ≥7.0 |
| | 52.5R | ≥23.0 | | ≥4.5 | |

注：R 为早强。

4）细度（选择性指标）。细度是指水泥颗粒的粗细程度。硅酸盐水泥和普通水泥的细度以比表面积表示，不小于 $300m^2/kg$；其他四种水泥的细度用筛析法，以筛余表示，$80\mu m$ 方孔筛筛余不大于 10% 或 $45\mu m$ 方孔筛筛余不大于 30%。

对以上水泥的主要技术要求，国家标准还规定，凡符合三氧化硫、氧化镁、氯离子、安定性、凝结时间、强度等规定者，为合格品，同时硅酸盐水泥还得符合不溶物和烧失量的规定，普通水泥符合烧失量的规定。反之，不符合上述规定的任何一项技术要求者为不合格品。

**3. 通用硅酸盐水泥的包装、标志、运输与贮存**

（1）包装　国家标准规定：水泥可以散装或袋装，袋装水泥每袋净含量为50kg，且应不少于标志质量的99%；随机抽取20袋总质量（含包装袋）应不少于1000kg。其他包装形式由供需双方协商确定，但有关袋装质量要求，应符合上述规定。

（2）标志　国家标准规定了水泥包装袋上应清楚标明：执行标准、水泥品种、代号、强度等级、生产者名称、生产许可证标志（QS）及编号、出厂编号、包装日期、净含量。包装袋两侧应根据水泥的品种采用不同的颜色印刷水泥名称和强度等级，硅酸盐水泥和普通水泥采用红色，矿渣水泥采用绿色，火山灰水泥、粉煤灰水泥和复合水泥采用黑色或蓝色。散装发运时应提交与袋装标志相同内容的卡片。

（3）运输与贮存　水泥在运输与贮存时不得受潮和混入杂物，不同品种和强度等级的水泥在贮运中避免混杂。通用水泥的有效贮存期为90d。在90d内，买方对水泥质量有疑问时，供需双方应将共同认可的试样送省级或省级以上国家认可的水泥质量监督检验机构进行仲裁检验。

### 1.2.2　水泥的取样

**1. 检验批的确定**

依据《混凝土结构工程施工质量验收规范》（GB 50204—2002）规定，水泥进场时按同一生产厂家、同一强度等级、同一品种、同一批号且连续进场的水泥，袋装的不超过200t为一检验批；散装的不超过500t为一检验批，每批抽样不少于一次。

**2. 取样**

取样按《水泥取样方法》（GB 12573—2008）规定进行。对于建筑工程原材料应进场检验，取样应有代表性。袋装水泥取样时，应在袋装水泥料场进行取样，随机从不少于20个水泥袋中取等量样品，将所取样品充分混合均匀后，至少称取12kg作为送检样品；散袋水泥取样时，随机从不少于3个车罐中取等量水泥并混合均匀后，至少称取12kg作为送检样品。

**3. 水泥复验**

用于承重结构和用于使用部位有强度等级要求的混凝土用水泥，或水泥出厂超过三个月（快硬硅酸盐水泥为一个月）和进口水泥，在使用前必须进行复验，并提供检测报告。通常水泥复验项目只做安定性、凝结时间和胶砂强度三个项目。

**4. 检测条件**

检测室温度为20℃±2℃，相对湿度≥50%；湿气养护箱的温度为20℃±1℃，相对湿度≥90%；试体养护池水温度应在20℃±1℃范围内。

**5. 检测用水**

检测用水必须是洁净的饮用水，如有争议时应以蒸馏水为准。

**6. 采用标准**

采用标准有以下几个：

1)《通用硅酸盐水泥》（GB 175—2007/XG1—2009）。
2)《水泥比表面积测定方法 勃氏法》（GB/T 8074—2008）。
3)《水泥细度检验方法筛析法》（GB/T 1345—2005）。
4)《水泥标准稠度用水量、凝结时间、安定性检验方法》（GB/T 1346—2011）。
5)《水泥胶砂流动度测定方法》（GB/T 2419—2005）。
6)《水泥胶砂强度检验方法（ISO法）》（GB/T 17671—1999）。

### 1.2.3 水泥标准稠度用水量检测（标准法）

本方法适用于通用硅酸盐水泥及指定采用本方法的其他品种水泥。

**1. 目的**

测定水泥净浆达到标准稠度时的用水量，为检测水泥的凝结时间和体积安定性做准备。

**2. 仪器设备**

水泥净浆搅拌机（见图1-1）、标准法维卡仪（见图1-2，试杆为有效长度为50mm±1mm，由直径$\phi$10mm±0.05mm的圆柱形耐腐蚀金属制成，滑动部分总质量为300g±1g)、试模（见图1-2a）、量水器、天平等。

**3. 检测步骤**

1) 将维卡仪调整至试杆接触玻璃板时，指针对准零点，其金属棒能自由滑动，同时，搅拌机正常运转。
2) 取水泥试样500g，拌和水量按经验找水。

# 单元1 建筑材料概述及水泥技术性能检测

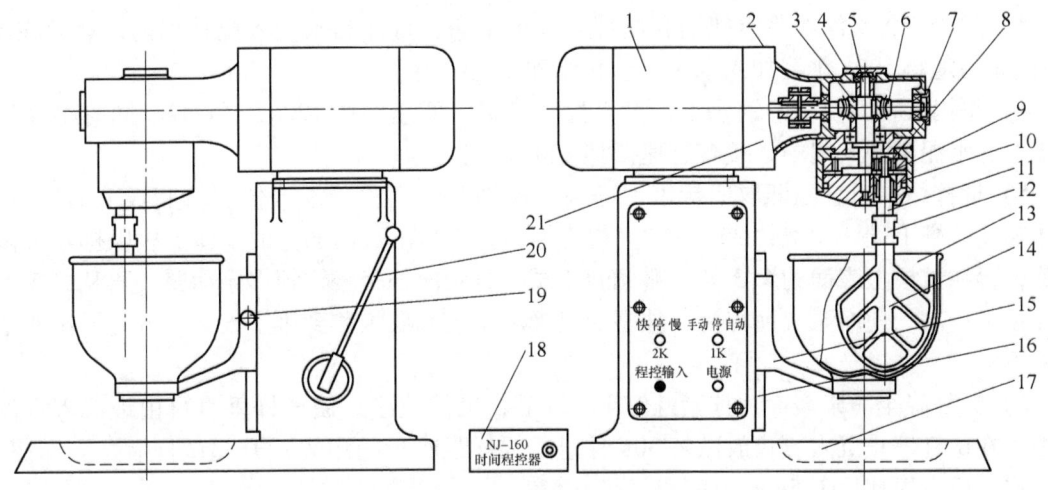

图1-1 水泥净浆搅拌机示意图

1—双速电动机 2—联接法兰 3—蜗轮 4—轴承盖 5—蜗杆轴 6—蜗轮轴 7—轴承盖 8—行星齿轮 9—内齿圈 10—行星定位套 11—叶片轴 12—调节螺母 13—搅拌锅 14—搅拌叶片 15—滑板 16—立柱 17—底座 18—时间控制器 19—定位螺钉 20—升降手柄 21—减速器

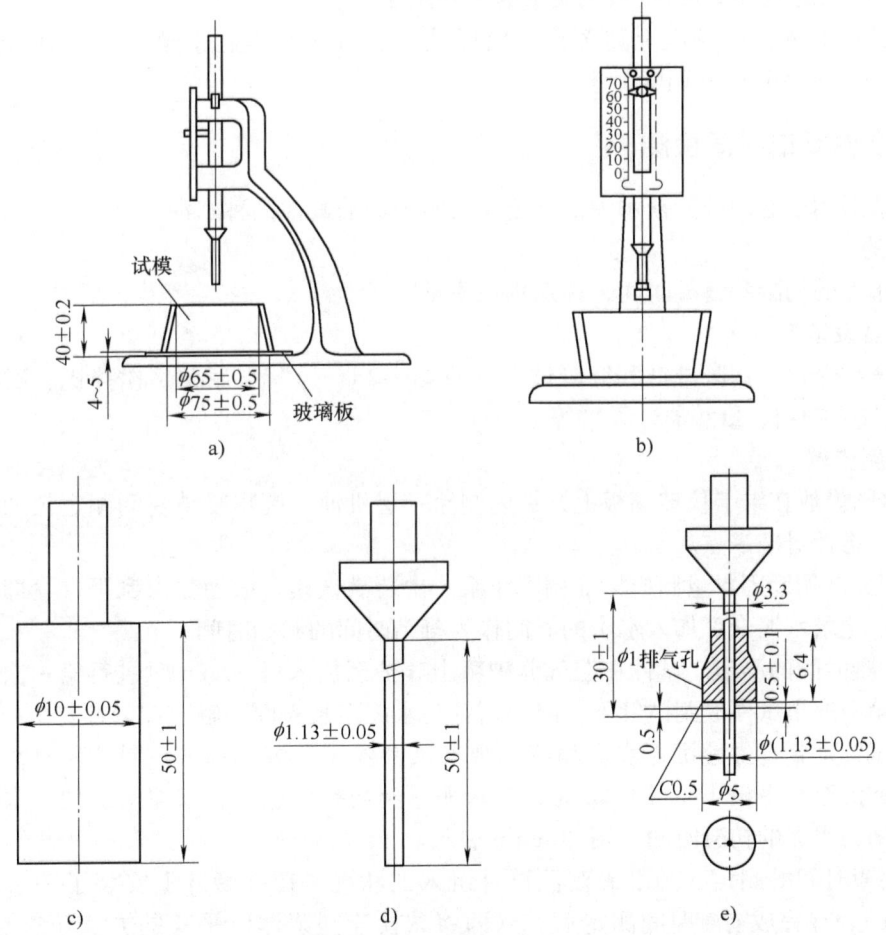

图1-2 测定水泥标准稠度和凝结时间用的维卡仪

a) 初凝时间测定用立式试模的侧视图  b) 终凝时间测定用反转试模的前视图
c) 标准稠度试杆  d) 初凝用试针  e) 终凝用试针

3）用湿布将水泥净浆搅拌锅和搅拌叶片擦干净，将拌和水倒入搅拌锅内，然后在 5～10s 内小心地将 500g 水泥加入水中，防止水和水泥溅出。

4）将锅放在搅拌机的锅座上，升至搅拌位置，低速搅拌 120s，停 15s，同时将叶片和锅壁上的水泥浆刮入锅中，接着高速搅拌 120s 停机。

5）搅拌结束后，立即取适量水泥净浆一次性装入已置于维卡仪玻璃底板上的试模中，浆体超过试模上端，用宽约 25mm 的直边刀轻轻拍打超出试模部分的浆体 5 次以排除浆体中孔隙，再在试模上表面约 1/3 处，略倾斜于试模分别向外轻轻锯掉多余净浆，再从试模边沿轻抹顶部一次，使净浆表面光滑，抹平后迅速将试模和底板移到维卡仪上，并将其中心定在试杆下。

6）试杆降至净浆表面，拧紧螺钉 1～2s 后，突然放松，使试杆垂直自由地沉入水泥净浆中。在试杆停止沉入或释放试杆 30s 时记录试杆距底板的距离，升起试杆后，立即擦净。整个操作应在搅拌后 1.5min 内完成。

**4. 结果评定**

以试杆沉入净浆并距底板 6mm±1mm 的水泥净浆为标准稠度净浆。其拌和水量为该水泥的标准稠度用水量（$P$），按水泥质量的百分比计。

如果试杆下沉深度超出上述范围，应增减用水量，重复上述操作，直到达到 6mm±1mm 时为止。即达到标准稠度为止。

## 1.2.4　水泥凝结时间检测

本方法适用于通用硅酸盐水泥及指定采用本方法的其他品种水泥。

**1. 目的**

测定水泥的初凝和终凝时间，评定水泥质量。

**2. 仪器设备**

标准法维卡仪、初凝试针和终凝试针（见图 1-2d、e）、水泥净浆搅拌机、试模（见图 1-2a）、湿气养护箱、量水器、天平等。

**3. 检测步骤**

1）将圆模放在维卡仪玻璃板上，在内侧涂一层机油。调整凝结时间测定仪的试针接触玻璃板时，指针对准零点。

2）用标准稠度用水量制成标准稠度净浆一次装满试模，振动数次刮平，立即放入湿气养护箱中。记录水泥全部加入水中的时间作为凝结时间的起始时间。

3）初凝时间的测定。试件在湿气养护箱中养护至加水后 30min 时进行第一次测定。从湿气养护箱中取出试模放到试针下，降低试针与水泥净浆表面接触。拧紧螺钉 1～2s 后，突然放松，试针垂直自由地沉入水泥净浆，观察试针停止下沉或释放试针 30s 时，指针的读数。当试针沉至距底板 4mm±1mm 时，为水泥达到初凝状态。由水泥全部加入水中至初凝状态的时间为水泥的初凝时间，用"min"表示。

4）终凝时间的测定。为准确观测试针沉入的状况，在终凝针上安装了一个环形附件（见图 1-2e），在完成初凝时间测定后，立即将试模连同浆体以平移的方式从玻璃板取下，翻转 180°，直径大端向上，小端向下放在玻璃板上，再放入湿气养护箱中继续养护，临近终凝时间时，每隔 15min 测定一次，当试针沉入试体 0.5mm 时，即环形附件开始不能在试体上留下痕迹时，为水泥达到终凝状态，由水泥全部加入水中至终凝状态的时间为水泥的终凝时间。用"min"表示。

**4. 结果评定**

凡初凝时间、终凝时间有一项不合格者为不合格品。

**5. 注意事项**

1) 在最初测定的操作时，应轻扶金属柱，使其慢慢下落，以防试针撞弯，但结果以自由下落为准。

2) 在整个测试过程中，试针沉入的位置要距试模内壁至少 10mm。

3) 临近初凝时，每隔 5mim 测定一次，临近终凝时，每隔 15min 测定一次，到达初凝时应立即多测一次，当两次结论相同时才能定为达到初凝状态，到达终凝时，需要在试件另外两个不同点测试，确认结论相同才能确定到达终凝状态。

4) 每次测定都不能让试针落入原针孔。

5) 每次测试完毕须将试针擦净，并将试模放回湿气养护箱，整个测试过程要防止试模受振。

### 1.2.5 水泥安定性测定

本方法适用于通用硅酸盐水泥及指定采用本方法的其他品种水泥。水泥安定性的测定方法有标准法（雷氏法）和代用法（试饼法）两种。有争议时以雷氏法为准。

**1. 目的**

检测水泥浆在硬化时体积变化的均匀性，评定水泥质量。

**2. 仪器设备**

1) 沸煮箱。有效容积约为 410mm×240mm×310mm，能在 30min±5min 内将箱内试验用水由室温升至沸腾状态，并恒沸 3h 以上，整个过程不需要补充水量。

2) 雷氏夹。由铜质材料制成（见图 1-3、1-4），当用 300g 砝码校正时，两根指针的针尖距离增加应在 17.5mm±2.5mm 范围内，去掉砝码后针尖的距离应恢复原状。

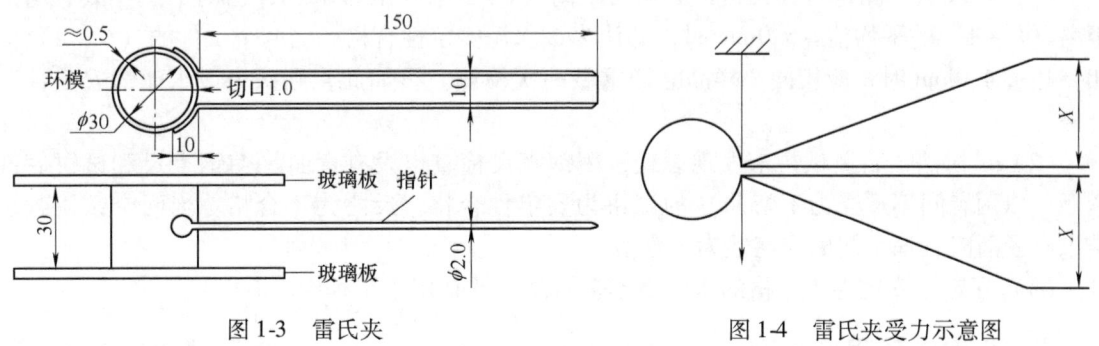

图 1-3　雷氏夹　　　　　　　　图 1-4　雷氏夹受力示意图

3) 其他设备。雷氏夹膨胀值测定仪（标尺最小刻度为 0.5mm）（见图 1-5）、水泥净浆搅拌机、量水器、湿气养护箱、天平等。

**3. 检测步骤**

1) 称取水泥试样 500g（精确至 1g），以标准稠度用水量搅拌成标准稠度的水泥净浆，将与水泥净浆接触的玻璃板和雷氏夹内侧涂一薄层机油。

2）试件成型。

①雷氏法。将预先准备好的雷氏夹放在擦过油的玻璃板上，并立即将已制好的标准稠度净浆一次装满雷氏夹，装浆时一只手轻轻扶持雷氏夹，另一只手用宽约 25mm 的直边刀在浆体表面轻轻插捣三次，然后抹平，盖上稍涂油的玻璃板。

②试饼法。将制好的标准稠度水泥净浆取出一部分，分成两等份，使之成球形，放在涂过油的玻璃板上，轻轻振动玻璃板并用湿布擦过的小刀由边缘向中央抹，做成直径 70～80mm，中心厚约 10mm，边缘渐薄、表面光滑的试饼。

3）养护。成型后立即将试件放入湿气养护箱内养护 24h ± 2h。

4）沸煮。调整好沸煮箱内的水位，能保证在整个沸煮过程中都超过试件，不需中途加水，同时又能保证在 30min ± 5min 内升至沸腾。

①雷氏法。脱去玻璃板，取下试件，先测量雷氏夹指针尖端间的距离（A），精确到 0.5mm，接着将试件放入沸煮箱水中的篦板上，指针朝上，试件之间互不交叉，然后在 30min ± 5min 内加热至沸腾，并恒沸 180min ± 5min。

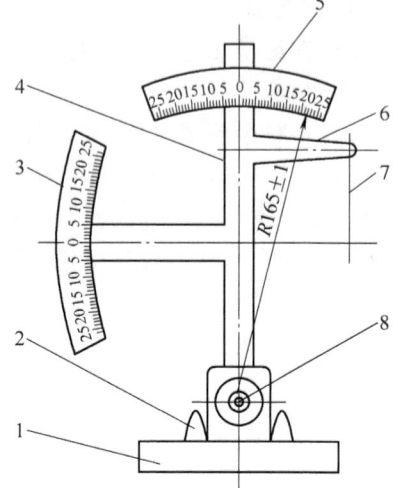

图 1-5　雷氏夹膨胀测定仪
1—底座　2—模子座　3—测弹性标尺
4—立柱　5—测膨胀标尺　6—悬臂
7—悬丝　8—弹簧顶扭

②试饼法。脱去玻璃板取下试饼，在试饼无缺陷的情况下，将试饼放在沸煮箱水中的篦板上，然后在 30min ± 5min 内加热至沸腾，并恒沸 180min ± 5min。

5）沸煮结束后，立即放掉沸煮箱中的热水，打开箱盖，将箱体冷却至室温，取出试件进行判别。

**4. 结果评定**

（1）雷氏法　测量雷氏夹指针尖端的距离（C），精确至 0.5mm，当两个试件煮后增加距离（C - A）的平均值≤5.0mm 时，即认为该水泥安定性合格，当两个试件的（C - A）值相差超过 4.0mm 时，应用同一样品立即重做一次检测。再如此，则认为该水泥为安定性不合格。

（2）试饼法　目测试饼未发现裂缝，用钢直尺检查也没有弯曲（使钢直尺和试饼底部紧靠，以两者间不透光为不弯曲）的试饼为安定性合格，反之为不合格。当两个试饼判别结果有矛盾时，该水泥的安定性为不合格。

（3）评定　安定性不合格的水泥属不合格品，严禁用于工程中。

## 1.2.6　水泥胶砂强度检测

本方法适用于通用硅酸盐水泥，但对火山灰水泥、粉煤灰水泥、复合水泥和掺火山灰混合材料的普通水泥在进行胶砂强度检测时，其用水量按 0.50 水灰比和胶砂流动度不小于 180mm 来确定。当流动度小于 180mm 时，应以 0.01 的整倍数递增的方法将水灰比调整至胶砂流动度不小于 180mm。

**1. 目的**

测定水泥胶砂的强度，评定水泥的强度等级。

**2. 仪器设备**

行星式水泥胶砂搅拌机（见图1-6）、胶砂振实台（见图1-7）、试模（三联模的三个内腔尺寸均为40mm×40mm×160mm）（见图1-8）、模套、抗折试验机（见图1-9）、抗压试验机、夹具（见图1-10）、刮平直尺、下料漏斗、天平、标准养护箱等。

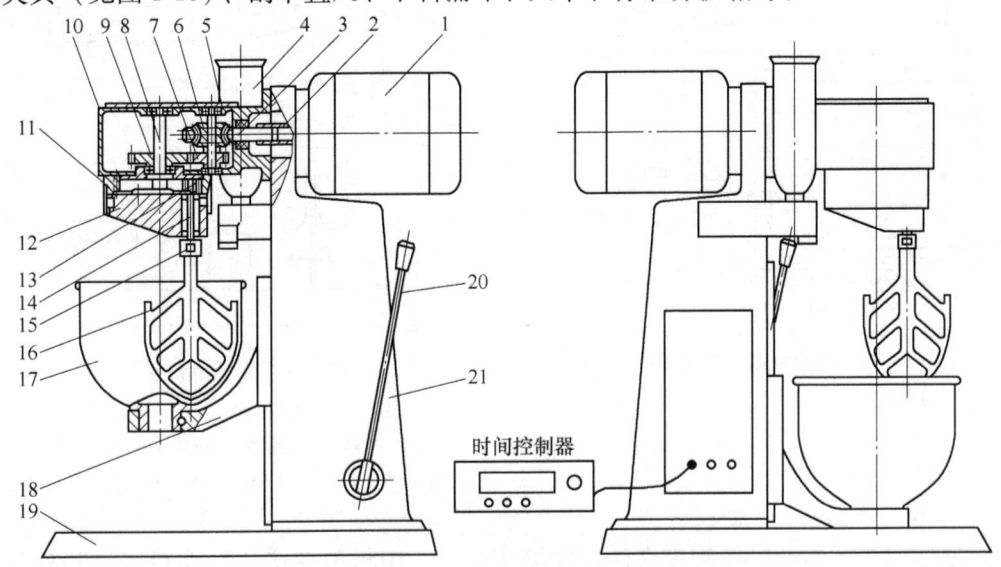

图1-6 行星式水泥胶砂搅拌机结构示意图

1—电动机 2—联轴套 3—蜗杆 4—砂罐 5—传动箱盖 6—蜗轮 7—齿轮Ⅰ 8—主轴 9—齿轮Ⅱ
10—传动箱 11—内齿轮 12—偏心座 13—行星齿轮 14—搅拌叶轴 15—调节螺母
16—搅拌叶 17—搅拌锅 18—支座 19—底座 20—手柄 21—立柱

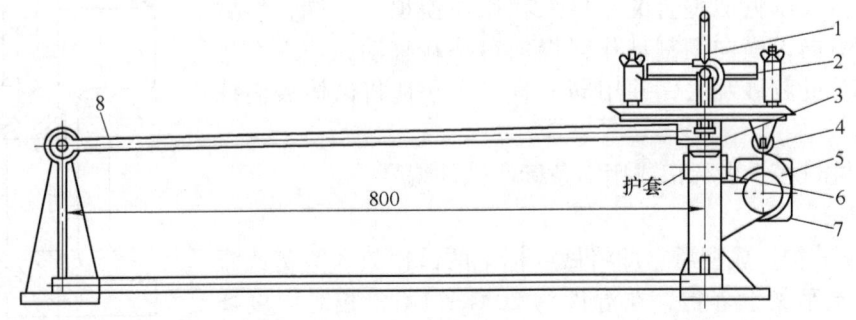

图1-7 胶砂振实台

1—卡具 2—模套 3—突头 4—随动轮 5—凸轮 6—止动器 7—同步电动机

**3. 检测步骤**

（1）成型

1）胶砂制备。将试模擦净，四周的模板与底座的接触面上应涂黄油，紧密装配，防止漏浆，内壁均匀刷一层薄机油。水泥与ISO标准砂的质量比为1∶3，水灰比为0.5。一锅胶砂成三条试体，每锅材料需要量：水泥（450±2）g、标准砂（1350±5）g、水（225±1）g。胶砂搅拌：把水加入锅里，再加入水泥，把锅放在固定架上，上升至固定位置。立即启动搅拌机，低速搅拌 30s 后，在第二个 30s 开始均匀地将砂子加入。高速搅拌 30s，停拌 90s，在第一个 15s 内用一胶皮刮具将叶片和锅壁上的胶砂刮入锅中间。在高速下继续搅拌 60s。各个搅拌阶段时间误差应在 ±1s 以内。

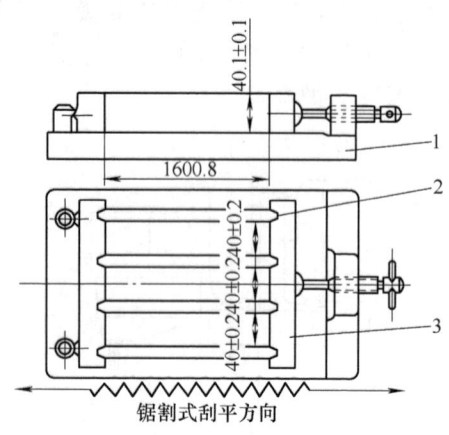

图 1-8　水泥胶砂强度检验试模
1—隔板　2—端板　3—底板

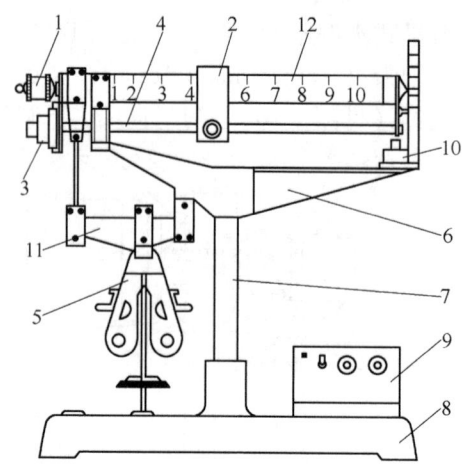

图 1-9　电动抗折试验机
1—平衡锤　2—游动砝码　3—电动机　4—传动丝杠　5—抗折夹具　6—机架　7—立柱　8—底座　9—电器控制箱　10—启动开关　11—下杠杆　12—上杠杆

2）试件制备。将空试模和模套固定在振实台上，用料勺直接从搅拌锅里将胶砂分两层装入试模。装第一层时，每个槽里约放 300g 胶砂，用大播料器垂直架在模套顶部沿每个模槽来回一次将料层播平，振实 60 次。接着装入第二层胶砂，用小播料器播平，再振实 60 次。移走模套，从振实台上取下试模，用金属直尺以近似垂直的角度架在试模模顶的一端，然后沿试模长度方向以横向锯割动作慢慢向另一端移动，一次性将超过试模部分的胶砂刮去，并用同一直尺水平地将试体表面抹平。

成型后在试模上做标记或用字条标明试件编号。

（2）养护

1）带模养护。成型后立即将做好标记的试模放入雾室或湿气养护箱的水平架上养护，在温度为 20℃±1℃，相对湿度≥90%的条件下进行。养护时不应将试模放在其他试模上，到规定的脱模时间时取出脱模。脱模前，用防水墨汁或颜料笔对试体进行编号和做标记。两个龄期以上的试体，在编号时应将同一试模中的 3 条试体分在两个以上龄期内。

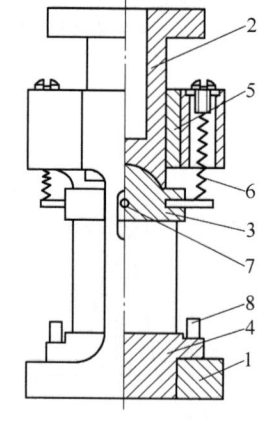

图 1-10　抗压夹具
1—框架　2—传压柱　3—上压板和球座　4—下压板　5—铜套　6—吊簧　7—定向销　8—定位销

2）脱模。脱模应非常小心，对于 24h 龄期的，应在破型前 20min 内脱模，对于 24h 以上龄期的，应在成型后 20～24h 之间脱模。脱模时应防止试件受到损伤。硬化较慢的水泥允许延长脱模时间，但需记录脱模时间。

3）水中养护。试件脱模后立即水平或竖直放在 20℃±1℃水中养护，水平放置时刮平面应朝上。试件之间间隔或试体上表面的水深不得小于5mm。

每个养护池只能养护同类型的水泥试件。随时加水保持适当的恒定水位，不允许在养护期间全部换水。除24h龄期或延迟至48h脱模的试体外，任何到龄期的试体应在检测前15min从水中取出，擦去试体表面沉积物，并用湿布覆盖至检测为止。

(3) 强度测定

1) 龄期。试体龄期是从水泥加水搅拌开始检测时算起，不同龄期强度检测在下列时间里进行：24h±15min、48h±30min、72h±45min、7d±2h、28d±8h。

2) 抗折强度检测。每龄期取出3条试件先做抗折强度检测，检测前擦拭试体表面，把试体放入抗折夹具内，应使侧面与圆柱接触，试体放入前应使杠杆成平衡状态，试体放入后，调整夹具，使杠杆在试件折断时尽可能地接近平衡状态。以 (50±10) N/s 的速率均匀地将荷载垂直地加在棱柱体相对侧面上，直至折断（保持两个半截棱柱体处于潮湿状态直至抗压检测）。记录折断时的荷载 $F_f$。

3) 抗压强度检测。抗折强度检测后的6个断块应立即进行抗压强度检测。抗压强度检测需用抗压夹具进行，以试件的侧面作为受压面，并使夹具对准压力机压板中心。以 (2400±200) N/s 的速率均匀地加荷至破坏。记录破坏荷载 $F_c$。

**4. 结果计算与评定**

1) 抗折强度按下式计算，结果精确至0.1MPa。

$$R_f = \frac{1.5 F_f L}{b^3} = 0.00234 F_f \tag{1-7}$$

式中 $R_f$——抗折强度（MPa）；

$F_f$——折断时荷载（N）；

$L$——支撑圆柱之间的距离，取 $L=100$mm；

$b$——棱柱体正方形截面的边长，取 $b=40$mm。

抗折强度以一组3个棱柱体抗折结果的平均值作为检测结果，当3个强度值中有超出平均值±10%时，应剔除后再取平均值作为抗折强度检测结果。

2) 抗压强度按下式计算，结果精确至0.1MPa。

$$R_c = \frac{F_c}{A} = 0.000625 F_c \tag{1-8}$$

式中 $R_c$——抗压强度（MPa）；

$F_c$——破坏时的最大荷载（N）；

$A$——受压面积（mm²），取 $A=40\text{mm}\times40\text{mm}=1600\text{mm}^2$。

3) 抗压强度以一组3个棱柱体上得到的6个抗压强度测定值的算术平均值为检测结果。如6个测定值中有一个超出平均值的±10%，就应剔除这个结果，而以剩下5个值的平均值作为检测结果。如果5个测定值中再有超出它们平均值的±10%，则此组结果作废。

4) 评定。根据该组水泥的抗折、抗压强度检测结果，评定该水泥的强度等级。

## 1.2.7 水泥胶砂流动度检测

**1. 目的**

通过测量一定配比的水泥胶砂在规定振动状态下的扩展范围来衡量其流动性。

**2. 仪器设备**

水泥胶砂流动度测定仪（简称跳桌）（见图1-11）、水泥胶砂搅拌机、试模（由截锥圆模和模套组成）、捣棒（由金属材料制成，直径为20mm±0.5mm，长度约200mm）、卡尺（量程≥300mm，分度值≤0.5mm）、小刀、天平等。

**3. 检测步骤**

1）如跳桌在24h内未被使用，应先空跳一个周期25次。

2）胶砂制备按上述规定进行。在制备胶砂的同时，用潮湿棉布擦拭跳桌台面、试模内壁、捣棒以及与胶砂接触的用具，将试模放在跳桌台面中央并用潮湿棉布覆盖。

3）将拌好的胶砂分两层迅速装入试模，第一层装至截锥圆模高度约2/3处，用小刀在相互垂直的两个方向各划5次，用捣棒由边缘至中心均匀捣压15次（见图1-12），随后装第二层胶砂，装至高出截锥圆模约20mm，用小刀在相互垂直的两个方向各划5次，再用捣棒由边缘至中心均匀捣压10次

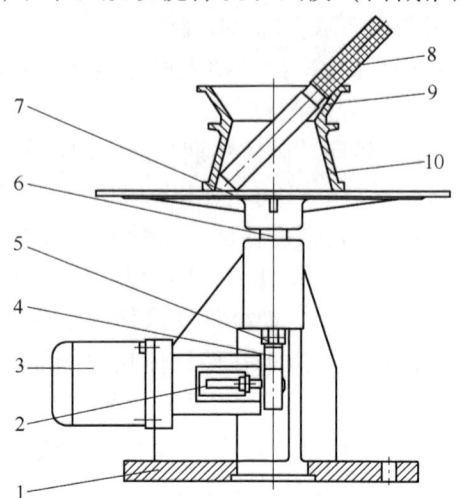

图1-11 跳桌结构示意图
1—机架 2—接近开关 3—电机 4—凸轮
5—滑轮 6—推杆 7—圆盘桌面 8—捣棒
9—模套Ⅱ 10—截锥圆模

（见图1-13）。捣压后胶砂应略高于试模。对于捣压深度的控制，第一层捣至胶砂高度的1/2，第二层捣实不应超过已捣实底层表面。装胶砂和捣压时，用手扶稳试模，不要使其移动。

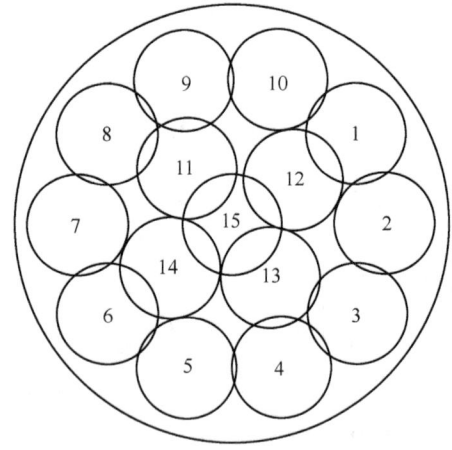

图1-12 第一层插捣位置示意图

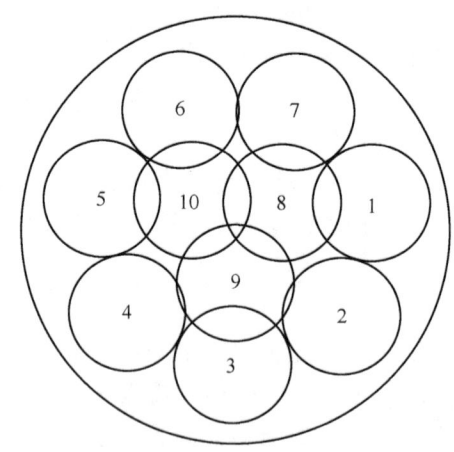

图1-13 第二层插捣位置示意图

4）捣压完毕，取下模套，将小刀倾斜，从中间向边缘分两次以近水平的角度抹去高出截锥圆模的胶砂，并擦去落在桌面上的胶砂。将截锥圆模垂直向上轻轻提起，立刻开动跳桌，以每秒钟一次的频率，在25s±1s内完成25次跳动。

5）流动度检测。从胶砂加水开始到测量扩散直径结束，应在6min内完成。

**4. 结果计算与评定**

跳动完毕，用卡尺测量胶砂底面互相垂直的两个方向直径，计算平均值，取整数，单位

为毫米（mm）。该平均值即为该水量的水泥胶砂流动度。

### 1.2.8 白色及彩色硅酸盐水泥

**1. 白色硅酸盐水泥**

由含少量氧化铁的硅酸盐水泥熟料，适量石膏及占水泥质量 0~10% 的混合材料（石灰石、窑灰），磨细制成的水硬性胶凝材料称为白色硅酸盐水泥，简称白水泥，代号 P·W。

根据国家标准《白色硅酸盐水泥》（GB/T 2015—2005）规定：白水泥熟料中氧化镁的质量分数不宜超过 5.0%，如果水泥经压蒸安定性试验合格，则熟料中氧化镁的质量分数允许放宽到 6.0%；三氧化硫的质量分数应不超过 3.5%；细度为 80μm 方孔筛筛余不超过 10%；初凝不早于 45min，终凝不迟于 10h；体积安定性用沸煮法检验必须合格；白度应不低于 87；分为 32.5、42.5、52.5 三个强度等级，各龄期强度值应不低于表 1-5 规定。

表 1-5 白色硅酸盐水泥各龄期强度指标

| 强度等级 | 抗压强度/MPa | | 抗折强度/MPa | |
|---|---|---|---|---|
| | 3d | 28d | 3d | 28d |
| 32.5 | 12.0 | 32.5 | 3.0 | 6.0 |
| 42.5 | 17.0 | 42.5 | 3.5 | 6.5 |
| 52.5 | 22.0 | 52.5 | 4.0 | 7.0 |

根据规定，凡三氧化硫、初凝时间、安定性中任一项不符合标准规定或强度低于最低等级的指标时为废品；凡细度、终凝时间、强度和白度中任一项不符合标准规定时为不合格品。水泥包装标志中水泥品种、生产者名称和出厂编号不全的也属于不合格品。白水泥的有效贮存期为 3 个月。

**2. 彩色硅酸盐水泥**

凡由硅酸盐水泥熟料及适量石膏（或白色硅酸盐水泥）、混合材及着色剂磨细或混合制成的带有色彩的水硬性胶凝材料称为彩色硅酸盐水泥。常用的着色剂有氧化铁（红、黄、褐、黑色）、氧化锰（褐、黑色）、氧化铬（绿色）、群青（蓝色）、赭石（赭色）等。

根据国家标准《彩色硅酸盐水泥》（JC/T 870—2000）规定：彩色硅酸盐水泥的技术要求包括三氧化硫（三氧化硫的质量分数应不超过 4.0%）、细度（80μm 方孔筛筛余不超过 6.0%）、凝结时间（初凝不早于 1h，终凝不迟于 10h）、安定性（沸煮法检验必须合格）、强度（分为 27.5、32.5、42.5 三个强度等级，各龄期强度值应不低于表 1-6 规定）、色差以及颜色耐久性。

根据规定，凡三氧化硫、初凝时间、安定性中任一项不符合标准规定时为废品；凡细度、终凝时间、色差、颜色耐久性任一项不符合标准规定或强度低于商品强度等级规定的指标时为不合格品。水泥包装标志中水泥品种、强度等级、颜色、工厂名称和和出厂编号不全的也属于不合格品。

白色和彩色硅酸盐水泥主要用于装饰工程，可配成彩色砂浆、混凝土等，用于制造各种水磨石、水刷石、斩假石等饰面、雕塑和装饰部件等制品。

表 1-6　彩色硅酸盐水泥各龄期强度指标

| 强度等级 | 抗压强度/MPa | | 抗折强度/MPa | |
|---|---|---|---|---|
| | 3d | 28d | 3d | 28d |
| 27.5 | 7.5 | 27.5 | 2.0 | 5.0 |
| 32.5 | 10.0 | 32.5 | 2.5 | 5.5 |
| 42.5 | 15.0 | 42.5 | 3.5 | 6.5 |

【复习思考题】

1-1　简述建筑材料的分类。

1-2　常用的标准有哪些？符合什么原则？

1-3　请将下面的数值修约到 0.01：

35.35001；26.186；4.755；6.674；712.745；28.3705；23.1651

1-4　下面的数值修约到整数：

12.619；32.351；81.501；48.252；9.418；25.496；37.815；21.5001

1-5　通用硅酸盐水泥的定义是什么？分为几种？他们的技术指标有何区别？

1-6　何谓水泥的体积安定性？引起水泥体积安定性不良的原因是什么？国家标准是如何规定的？

1-7　国家标准对通用硅酸盐水泥的标志、运输、贮存有哪些要求？

1-8　水泥的检验批如何确定？怎么进行取样？

1-9　何种条件下，水泥需要复验？

# 单元 2　常用装饰材料质量检测

【单元概述】

本单元主要介绍常用装饰石材、装饰石膏板、装饰陶瓷、建筑安全玻璃、金属装饰材料、装饰木材、建筑涂料等材料的主要技术要求、抽样检测项目和产品评定。

【学习目标】

通过本单元的学习，重点掌握天然大理石、天然花岗石、陶瓷砖、木质人造板材的检测及产品评定。了解建筑涂料、石膏板、建筑安全玻璃、金属装饰材料等的检测及产品评定。

## 课题 1　装饰用天然石材检测

### 2.1.1　天然石材技术指标

天然大理石的质量应符合 GB/T 19766—2005《天然大理石建筑板材》的规定；天然花岗石的质量应符合 GB/T 18601—2009《天然花岗石建筑板材》的规定。

**1. 规格尺寸**

（1）天然大理石板材的规格尺寸　天然大理石按形状分为普型板、圆弧形板、异型板三种。

1）天然大理石普型（正方形或长方形）板材规格尺寸允许偏差应符合表 2-1 的规定。

表 2-1　天然大理石普型板材规格尺寸允许偏差　　　　（单位：mm）

| 部　　位 | | 优等品 | 一等品 | 合格品 |
|---|---|---|---|---|
| 长、宽度 | | 0<br>-1.0 | | 0<br>-1.5 |
| 厚度 | ≤12mm | ±0.5 | ±0.8 | ±1.0 |
|  | >12mm | ±1.0 | ±1.5 | ±2.0 |
| 干挂板材厚度 | | +2.0<br>0 | | +3.0<br>0 |

注：板材厚度小于或等于 15mm 时，同一块板材上的厚度允许极差为 1mm；板材厚度大于 15mm 时，同一块板材上的厚度允许极差为 2mm。所谓极差是指同块板材上的厚度偏差的最大值和最小值之间的差值。

2）圆弧形板壁最小厚度不应小于 18mm，规格尺寸允许偏差见表 2-2。圆弧形板各部位名称如图 2-1 所示。

表 2-2　圆弧板规格尺寸允许偏差　　　　（单位：mm）

| 项　　目 | 等　级 | | |
|---|---|---|---|
|  | 优等品 | 一等品 | 合格品 |
| 弦长 | 0<br>-1.0 | | 0<br>-1.5 |
| 高度 | 0<br>-1.0 | | 0<br>-1.5 |

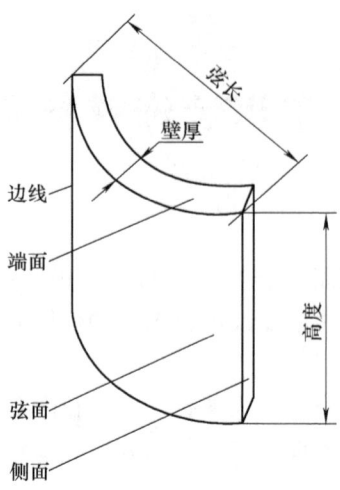

图 2-1 圆弧形板各部位名称

（2）天然花岗石板材的规格尺寸　天然花岗石板材按形状可分为：毛光板（MG）、普型板（PX）、圆弧板（HM）、异型板（YX）；按表面加工程度不同可分为：镜面板（JM）、细面板（YG）、粗面板（CM）。

天然花岗石板材的规格很多，定型产品规格见表 2-3。圆弧板、异型板和特殊要求的普型板规格尺寸由供需双方商定。圆弧板壁最小厚度不应小于 18mm。

表 2-3　天然花岗石板材定型产品规格　　　　　　　　　　　（单位：mm）

| 边长系列 | 300*，305*，400，500，600*，800，900，1000，1200，1500，1800 |
|---|---|
| 厚度系列 | 10*，12，15，18，20*，25，30，35，40，45 |

注：打 * 为常用尺寸。

普型板材规格尺寸允许偏差应符合表 2-4 的规定。

表 2-4　天然花岗石普型板材规格尺寸允许偏差　　　　　　　（单位：mm）

| 分类 | | 细面和镜面板材 | | | 粗面板材 | | |
|---|---|---|---|---|---|---|---|
| 等级 | | 优等品 | 一等品 | 合格品 | 优等品 | 一等品 | 合格品 |
| 长、宽度 | | 0<br>-1.0 | 0<br>-1.5 | 0<br>-1.5 | 0<br>-1.0 | 0<br>-1.0 | 0<br>-1.5 |
| 厚度 | ≤12 | ±0.5 | ±1.0 | +1.0<br>-1.5 | — | — | — |
| | >12 | ±1.0 | ±1.5 | ±2.0 | +1.0<br>-2.0 | ±2.0 | +2.0<br>-3.0 |

圆弧板规格尺寸允许偏差应符合表 2-5 的规定。

表 2-5　圆弧板规格尺寸允许偏差　　　　　　　　　　　　　（单位：mm）

| 分类 | 细面和镜面板材 | | | 粗面板材 | | |
|---|---|---|---|---|---|---|
| 等级 | 优等品 | 一等品 | 合格品 | 优等品 | 一等品 | 合格品 |
| 弦长 | 0<br>-1.0 | | 0<br>-1.5 | 0<br>-1.5 | 0<br>-2.0 | 0<br>-2.0 |
| 高度 | | | | 0<br>-1.0 | 0<br>-1.0 | 0<br>-1.5 |

## 2. 平面度

(1) 天然大理石平面度　天然大理石板材的平面度是指板材表面用钢平尺所测得的平整程度，用与钢平尺偏差的缝隙尺寸（mm）表示。

天然大理石板材平面度允许公差应符合表2-6的规定。

表2-6　天然大理石板材平面度允许公差　　　　　　　　　　（单位：mm）

| 板材长度范围 | 允许极限公差值 | | |
|---|---|---|---|
| | 优等品 | 一等品 | 合格品 |
| ≤400 | 0.20 | 0.30 | 0.50 |
| 400~799 | 0.50 | 0.60 | 0.80 |
| 800~1000 | 0.70 | 0.80 | 1.00 |
| ≥1000 | 0.80 | 1.00 | 1.20 |

圆弧板直线度与线轮廓度允许公差应符合表2-7的规定。

表2-7　圆弧板直线度与线轮廓度允许公差　　　　　　　　　（单位：mm）

| 项　目 | | 分类与等级 | | |
|---|---|---|---|---|
| | | 优等品 | 一等品 | 合格品 |
| 直线度（按板材高度） | ≤800 | 0.60 | 0.80 | 1.0 |
| | >800 | 0.80 | 1.0 | 1.20 |
| 线轮廓度 | | 0.80 | 1.0 | 1.20 |

(2) 天然花岗石平面度　天然花岗石平面度允许极限公差应符合表2-8的规定。

表2-8　天然花岗石普型板材平面度允许极限公差　　　　　（单位：mm）

| 板材长度范围 | 细面和镜面板材 | | | 粗面板材 | | |
|---|---|---|---|---|---|---|
| | 优等品 | 一等品 | 合格品 | 优等品 | 一等品 | 合格品 |
| ≤400 | 0.20 | 0.35 | 0.50 | 0.60 | 0.80 | 1.00 |
| 401~800 | 0.50 | 0.65 | 0.80 | 1.20 | 1.50 | 1.80 |
| >800 | 0.70 | 0.85 | 1.00 | 1.50 | 1.80 | 2.00 |

天然花岗石圆弧板直线度与线轮廓度允许公差应符合表2-9的规定。

表2-9　圆弧板直线度与线轮廓度允许公差　　　　　　　　（单位：mm）

| 项　目 | | 细面和镜面板材 | | | 粗面板材 | | |
|---|---|---|---|---|---|---|---|
| | | 优等品 | 一等品 | 合格品 | 优等品 | 一等品 | 合格品 |
| 直线度（按板材高度） | ≤800 | 0.80 | 1.00 | 1.2 | 1.00 | 1.20 | 1.50 |
| | >800 | 1.00 | 1.20 | 1.50 | 1.50 | 1.50 | 2.00 |
| 线轮廓度 | | 0.80 | 1.00 | 1.00 | 1.00 | 1.50 | 2.00 |

## 3. 角度

角度偏差是指板材正面各角与直角偏差的大小，用板材角部与标准钢角尺间缝隙的尺寸

（mm）表示。

（1）天然大理石角度　天然大理石的角度允许极限公差应符合表 2-10 的规定。

表 2-10　天然大理石板材角度允许极限公差　　　　（单位：mm）

| 板材长度范围 | 允许极限公差值 | | |
| --- | --- | --- | --- |
| | 优等品 | 一等品 | 合格品 |
| ≤400 | 0.30 | 0.40 | 0.50 |
| >400 | 0.40 | 0.50 | 0.70 |

拼缝板材，正面与侧面的夹角不得大于 90°。板材拼镶时，板缝的宽度不易控制。异型板材角度允许极限公差由供需双方商定。

圆弧板端面角度允许公差：优等品为 0.4mm；一等品为 0.60mm；合格品为 0.80mm。圆弧侧面角 α 应不小于 90°。

（2）天然花岗石板材角度　天然花岗石普型板材的角度极限公差应符合表 2-11 的规定。

表 2-11　天然花岗石普型板材角度允许极限公差　　　　（单位：mm）

| 板材长度 | 技术指标 | | |
| --- | --- | --- | --- |
| | 优等品 | 一等品 | 合格品 |
| ≤400 | 0.3 | 0.50 | 0.80 |
| >400 | 0.4 | 0.60 | 1.00 |

圆弧板端面角度允许公差：优等品为 0.4mm；一等品为 0.60mm；合格品为 0.80mm。圆弧侧面角 α 应不小于 90°。

**4. 外观质量**

（1）天然大理石外观质量　同一批板材的色调应基本调和，花纹应基本一致。外观质量缺陷应符合表 2-12 的规定。

表 2-12　天然大理石板材外观质量要求

| 缺陷名称 | 优等品 | 一等品 | 合格品 |
| --- | --- | --- | --- |
| 翘曲 | 不允许 | 不明显 | 有,但不影响使用 |
| 裂纹 | | | |
| 砂眼 | | | |
| 凹陷 | | | |
| 色斑 | | | |
| 污点 | | | |
| 正面棱缺陷长≤8mm,宽≤3mm | | | 1 处 |
| 正面棱缺陷长≤3mm,宽≤3mm | | | 1 处 |

（2）天然花岗石外观质量　同一批板材的花纹色调应基本调和。外观质量缺陷应符合表 2-13 的规定。

表 2-13　天然花岗石板材外观质量要求

| 名称 | 规定内容 | 优等品 | 一等品 | 合格品 |
|---|---|---|---|---|
| 缺棱 | 长度≤10mm，宽度≤1.2mm（长度<5mm，宽度<1.0mm不计），周边每米长/个 | 不允许 | 1 | 2 |
| 缺角 | 沿板材边长，长度≤3mm，宽度≤3mm（长度≤2mm，宽度≤2mm不计），每块板/个 | 不允许 | 1 | 2 |
| 裂纹 | 长度不超过两端顺延至板边总长度的1/10（长度小于20mm不计）每块板/条 | 不允许 | | |
| 色斑 | 面积不超过15mm×30mm（面积小于10mm×10mm不计），每块板/个 | 不允许 | 2 | 3 |
| 色线 | 长度不超过两端顺延至板边总长度1/10（长度小于40mm不计），每块板/条 | 不允许 | 2 | 3 |

注：干挂板材不允许有裂纹存在。

**5. 镜面光泽度**

镜面光泽度是指饰面板材表面对可见光的反射程度。板材的抛光面应具有镜面光泽，能清晰地反映出景物。

（1）天然大理石板材的光泽度　天然大理石镜面板材的光泽度不低于70光泽单位，特殊需要由供需双方协商确定。

（2）花岗石镜面光泽度　天然花岗石镜面板材的镜面光泽度指标不应低于80光泽单位，特殊需要和圆弧板由供需双方协商确定。

**6. 物理力学性能**

天然大理石板材为保证其质量，要求体积密度不小于2.3g/cm³，吸水率不大于0.5%，干燥状态下的抗压强度不小于50MPa，弯曲强度（干燥，水饱和）不小于7.0MPa。

天然大理石的物理力学性能应符合表2-14的规定要求。

天然花岗石板材的物理力学性能应符合表2-15的规定要求。

表 2-14　天然大理石的物理力学性能

| 项　目 | | 指　标 |
|---|---|---|
| 体积密度/(g/cm³)，≥ | | 2.30 |
| 吸水率(%)，≤ | | 0.5 |
| 干燥压缩强度/MPa，≥ | | 50 |
| 弯曲强度/MPa，≥ | 干燥 | 7.0 |
| | 水饱和 | |
| 耐磨性[①](1/cm³)，≥ | | 10 |

① 为了颜色和设计效果，以两块或多块大理石组合拼接时，耐磨性差异应不大于5，适用于严重踩踏的阶梯。地面和月台使用的石材耐磨度最小为12。

表 2-15　天然花岗石板材的物理力学性能

| 项　目 | | 一般用途 | 功能用途 |
|---|---|---|---|
| 体积密度/(g/cm³)，≥ | | 2.56 | 2.56 |
| 吸水率(%)，≤ | | 0.60 | 0.40 |
| 压缩强度/MPa，≥ | 干燥 | 100 | 131 |
| | 水饱和 | | |
| 弯曲强度/MPa，≥ | 干燥 | 8.0 | 8.3 |
| | 水饱和 | | |
| 耐磨性[①](1/cm³)，≥ | | 25 | 25 |

① 使用在地面、楼梯踏步、台面等严重踩踏或磨损部位的花岗石石材应检验此项。

**7. 天然放射性**

天然石材中的放射性是引起人们普遍关注的问题。经检验证明，绝大多数天然石材中所含放射性物质极微,不会对人体造成任何危害,但部分花岗石产品会在长期使用过程中对环境造成污染,因此有必要进行控制。天然石材产品(花岗石和部分大理石)根据镭当量浓度和放射性比活度限值分为三类:

1)A类产品。装修材料中天然放射性核素镭-226、钍-232、钾-40的放射性比活度同时满足$I_{Ra}\leq1.0$和$I_r\leq1.3$要求的为A类装修材料。A类装修材料产销与使用范围不受限制。

2)B类产品。不满足A类装修材料要求但同时满足$I_{Ra}\leq1.3$和$I_\gamma\leq1.9$要求的为B类装修材料。B类装修材料不可用于Ⅰ类民用建筑的内饰面,但可用于Ⅰ类民用建筑的外饰面及其他一切建筑物的内、外饰面。

3)C类产品。不满足A、B类装修材料要求但满足$I_r\leq2.8$要求的为C类装修材料。C类装修材料只可用于建筑物的外饰面及室外其他用途。

放射性比活度大于C类控制值的石材产品,只可用于海堤、桥墩及碑石等其他用途。

放射性水平超过此限值的花岗石和大理石产品,其中的镭、钍等放射性元素衰变过程中将生成天然放射性气体氡。氡是一种无色、无味、感官不能觉察的气体,特别是易在通风不良的地方聚集,可导致肺、血液、呼吸道发生病变。

在全部的天然装饰石材中,大理石类、绝大多数的板石类、暗色系列(包括黑色、蓝色、暗色中的绿色)和灰色系列的花岗岩类,其放射性强度小,即使不进行任何检测也能确认是A类产品,可以放心大胆地用在家庭室内装修和任何场合中。

## 2.1.2 天然大理石检测

**1. 天然大理石规格尺寸的检测**

(1)普通板材的规格尺寸检测

1)目的。检验普通板材规格尺寸允许偏差是否满足要求。

2)仪器设备。分度值为0.01mm的游标卡尺,如图2-2所示;分度值为1mm钢直尺,如图2-3所示。

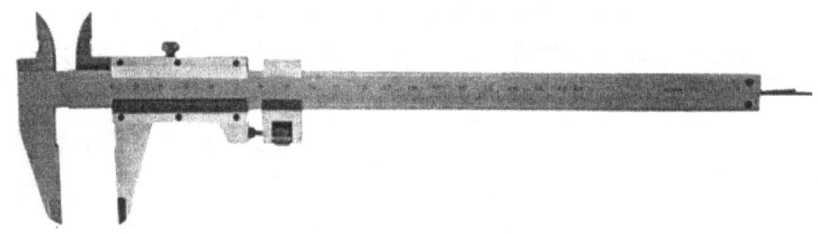

图2-2 游标卡尺示意图

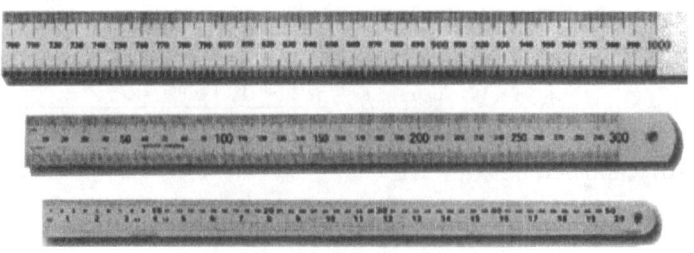

图2-3 钢直尺示意图

3）检测步骤。

①长度测量。用分度值为 1mm 钢直尺，分别测量图 2-4 中 $1'$，$2'$，$3'$ 三条直线的长度 $L_1'$，$L_2'$，$L_3'$。

②宽度测量。用分度值为 1mm 钢直尺，分别测量图 2-4 中 1，2，3 三条直线的长度 $L_1$，$L_2$，$L_3$。

③厚度测量。用分度值为 0.01mm 的游标卡尺，分别测量图 2-5 中 4 条边的 4 个中点处的厚度 $d_1$、$d_2$、$d_3$、$d_4$。

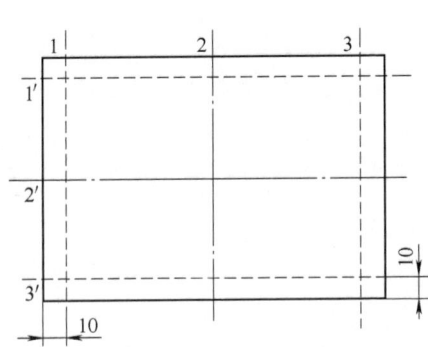 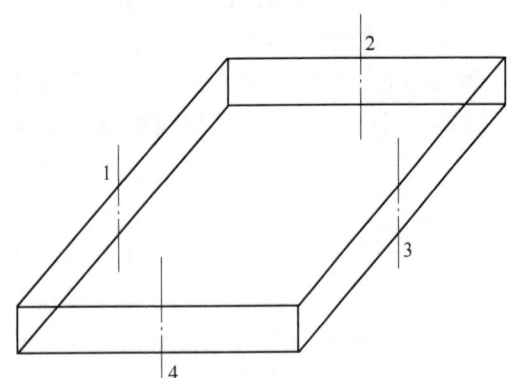

图 2-4　板材规格尺寸测量位置　　　　　　　　图 2-5　板材厚度测量位置

1、2、3—宽度测量线　$1'$、$2'$、$3'$—长度测量线　　　　　1、2、3、4—厚度测量线

4）结果计算与评定

①长度、宽度、厚度的平均值分别按下式计算，结果精确至 0.1mm。

长度的平均值为：$L' = \dfrac{L_1' + L_2' + L_3'}{3}$；宽度的平均值为：$L = \dfrac{L_1 + L_2 + L_3}{3}$；

厚度的平均值为：$D = \dfrac{d_1 + d_2 + d_3 + d_4}{4}$。

②评定。其计算结果和表 2-1 对照检查，进行评定。

（2）圆弧板规格尺寸的检测

1）目的。检验圆弧板规格尺寸偏差是否满足要求。

2）仪器设备。游标卡尺（见图 2-2）或能满足精度要求的量器具。

3）检测步骤。

①弦长测量。用游标卡尺或能满足精度要求的量器具在圆弧板的两端面处测量弦长（见图 2-1），精确至 0.1mm。

②壁厚测量。如图 2-1 所示，用游标卡尺在圆弧板端面与侧面测量壁厚，精确至 0.1mm。

③高度测量。用满足精度要求的量器具测量圆弧板的高度，精确至 0.1mm。测量部位如图 2-6 所示。

4）结果计算与评定。

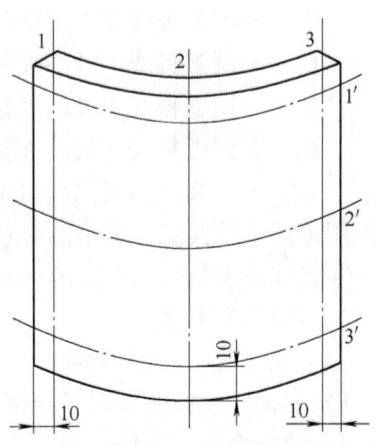

图 2-6　圆弧板测量位置

1，2，3—高度和直线度测量线

$1'$，$2'$，$3'$—线轮廓度测量线

①弦长按下式计算，结果精确至0.1mm。

$$L_1' = L_1 - L \qquad (2\text{-}1a)$$

$$L_2' = L_2 - L \qquad (2\text{-}1b)$$

式中　$L_1'$——上端面弦长的计算偏差（mm）；

$L_2'$——圆弧板下端面弦长的计算偏差（mm）；

$L_1$——圆弧板量测的上端面弦长（mm）；

$L_2$——圆弧板量测的下端面弦长（mm）；

$L$——圆弧板名义弦长（mm）。

用偏差的最大值和最小值表示弦长的尺寸偏差。

②厚度按下式计算，结果精确至0.1mm。

$$D_1' = D_1 - D \qquad (2\text{-}2a)$$

$$D_2' = D_2 - D \qquad (2\text{-}2b)$$

式中　$D_1'$——圆弧板端面厚度的计算偏差（mm）；

$D_2'$——圆弧板侧面厚度的计算偏差（mm）；

$D_1$——圆弧板端面厚度量测值（mm）；

$D_2$——圆弧板侧面厚度量测值（mm）；

$D$——圆弧板名义厚度（mm）。

用偏差的最大值和最小值表示壁厚的尺寸偏差。

③高度按下式计算，结果精确至0.1mm。

$$H_1' = H_1 - H \qquad (2\text{-}3a)$$

$$H_2' = H_2 - H \qquad (2\text{-}3b)$$

$$H_3' = H_3 - H \qquad (2\text{-}3c)$$

式中　$H_1'$——圆弧板线1处高度的计算偏差（mm）；

$H_2'$——圆弧板线2处高度的计算偏差（mm）；

$H_3'$——圆弧板线3处高度的计算偏差（mm）；

$H_1$——圆弧板线1处高度量测值（mm）；

$H_2$——圆弧板线2处高度量测值（mm）；

$H_3$——圆弧板线3处高度量测值（mm）；

$H$——圆弧板名义高度（mm）。

用偏差的最大值和最小值表示高度的尺寸偏差。

④将圆弧板弦长和高度的计算结果与表2-2对照检查，进行评定。

**2. 平面度的检测**

（1）普型板平面度的检测

1）目的。检验普型板平面度是否满足要求。

2）仪器设备。塞尺（见图2-7）、钢平尺（见图2-8）。

3）检测步骤。直线度公差为0.1mm的钢平尺贴放在被检平面的两条对角线上，用塞尺测量尺面与板面间的间隙。被检面对角线长度大于1000mm时，用长度为1000mm的钢平尺沿对角线分段检测，以最大间隙的塞尺片读数表示板材的平面度极限公差，读数精确至

0.05mm。

4）结果评定。将平面度极限公差测定结果和表2-6对照检查，进行评定。

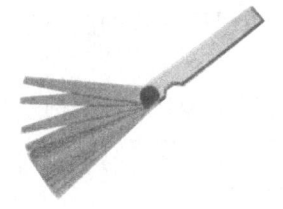

图2-7 塞尺

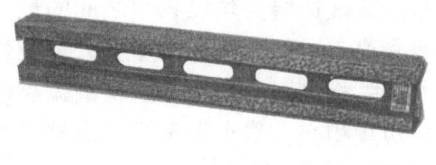

图2-8 钢平尺

（2）圆弧板直线度与线轮廓度的检测

1）目的。检验圆弧板直线度与线轮廓度是否满足要求。

2）仪器设备。平面度公差为0.1mm的钢平尺；塞尺；尺寸精度为JS7（js7）的圆弧靠模。

3）检测步骤。

①将平面度公差为0.1mm的1000mm钢平尺沿圆弧板母线方向贴放在被检弧面上，用塞尺测量尺面与板面的间隙，测量位置如图2-6所示。当被检圆弧板高度大于1000mm时，用1000mm的平尺沿被检测母线分段测量，以最大间隙的测量值表示圆弧板的直线度公差，测量值精确至0.05mm。

②采用尺寸精度为JS7（js7）的圆弧靠模贴靠被检弧面，圆弧靠模与被检弧面的弧长之比不小于2:3。用塞尺测量靠模与圆弧之间的间隙，测量位置如图2-6所示，以最大间隙的测量值表示圆弧板的线轮廓度公差，测量值精确至0.05mm。

4）结果评定。将圆弧板直线度和圆弧板线轮廓度的测定结果和表2-2对照检查，进行评定。

**3. 角度检测**

（1）普型板角度检测

1）目的。检验普型板的角度偏差是否满足要求。

2）仪器设备。内角边长为500mm×400mm、内角垂直度公差为0.13mm的90°钢角尺（见图2-9）；塞尺。

3）检测步骤。测量时，将角尺的长短边分别与板材的长短边靠紧。用塞尺测量板材长边与角尺长边之间的间隙。板材的四个角都要进行测量，以最大间隙的塞尺片读数表示板材的角度极限公差，精确至0.05mm。

4）结果评定。将板材的角度极限公差结果和表2-10对照检查，进行评定。

（2）圆弧板的检测

1）目的。检验圆弧板的角度偏差是否满足要求。

2）仪器设备。内角垂直度公差为0.13mm、内角边长为500mm×400mm的90°钢角尺；塞尺；圆弧靠模；小平尺。

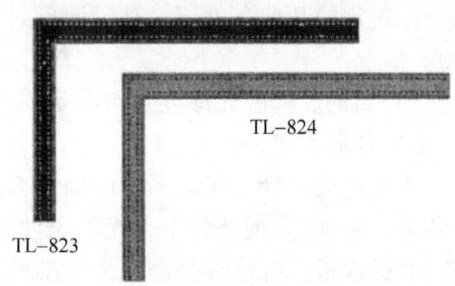

图2-9 钢角尺

3）检测步骤。

①端面角度的检测。将角尺短边紧靠圆弧板端面，用角尺长边贴靠圆弧板的边线，用塞尺测量圆弧板边线与角尺长边之间的最大间隙。用上述方法测量圆弧板的四个角。以最大间隙的测量值表示圆弧板的角度公差，测量值精确至 0.05mm。

②圆弧板侧面角的检测。将圆弧靠模贴靠圆弧板装饰面并使其上的径向刻度线延长线与圆弧板边线相交，将小平尺沿径向刻度线置于圆弧靠模上，测量圆弧板侧面与小平尺间的夹角，如图 2-10 所示。

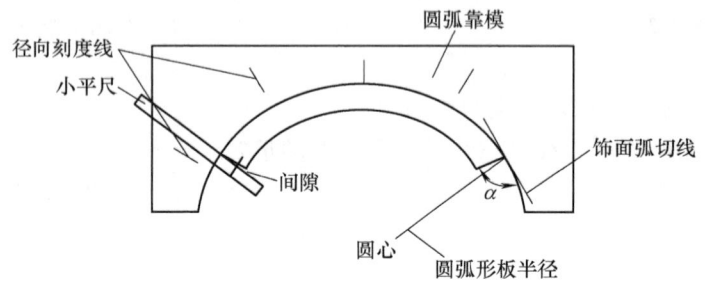

图 2-10　侧面角测量

4）结果评定。

①圆弧板端面角度的测定结果应符合允许公差：优等品为 0.4mm；一等品为 0.60mm；合格品为 0.80mm。

②圆弧侧面角 $\alpha$ 的测定结果应不小于 90°。

**4. 外观质量检测**

1）目的。检验同一批板材的花纹色调是否基本调和，有无外观质量缺陷。

2）仪器设备。协议样板、卷尺、钢直尺。

3）检测步骤。

①花纹色调。将所选定的协议样板与被检板同时平放在地面上，距 1.5m 处目测。

②缺陷。将板材平放在地面上，距板材 1.5m 处明显可见的视为有缺陷；距板材 1.5m 处不明显，但在 1m 处可见的缺陷视为无缺陷，缺楞掉角的用钢直尺测量长度和宽度。

4）结果评定。同一批板材的花纹色调应基本协调。将外观质量缺陷和表 2-12 对照检查，进行评定。

**5. 镜面光泽度的检测**

在规定的几何条件下，其镜面反射光通量与相同条件下标准黑玻璃镜面光能量之比乘以 100。

1）目的。检验光泽度是否满足要求。

2）仪器设备。

①光电光泽计：光源系统应满足 C 级光源及视觉函数 $V(\lambda)$ 的要求，光泽计光束孔径为 $\phi 30$，在 60° 几何条件下，光学条件见表 2-16。

②标准板：标准板分高光泽标准板和低光泽标准板两种。高光泽标准板采用表面平整并经抛光的黑玻璃，其折射率为 1.567，规定 60° 几何条件镜面光泽度为 100；低光泽标准板采用陶瓷板。二者的光泽值经授权的计量单位标定。

表 2-16 光源系统的光学条件

| 孔 径 | 测量平面内(°) | 垂直于测量平面(°) |
|---|---|---|
| 光源 | 0.75 ± 0.25 | 3.0 |
| 接收器 | 4.40 ± 0.10 | 11.70 ± 0.20 |

3）检测步骤。从以上抽取的表面抛光板材中取 5 块进行。

①仪器校正。先打开光源预热，将仪器开口置于高光泽标准板中央，并将仪器的读数调整到标准黑玻璃的定标值，再测定低光泽工作标准板，如读数与定标值相差一个单位之内，则仪器已准备好。

②用镜头纸或无毛的布擦干净试样表面，按光泽计操作说明测量每块板材的光泽度，测试位置与点数如图 2-11 所示。

4）结果计算与评定。计算每块板材光泽度的算术平均值，然后取 5 块板材光泽度的算术平均值作为检测结果。天然大理石镜面板材的光泽度不低于 70 光泽单位。

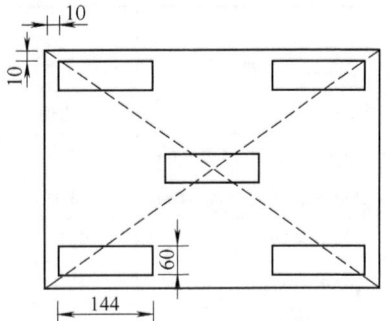

图 2-11 光泽度的测点布置

### 2.1.3 天然花岗石检测

天然花岗石的各项目的检测同大理石的检测。

## 课题 2　建筑装饰用石膏制品检测

### 2.2.1　建筑装饰用石膏制品的技术指标

**1. 装饰石膏板技术要求**

装饰石膏板的质量应符合 JC/T 799—2007《装饰石膏板》的规定。

（1）分类与代号　装饰石膏板的分类与代号见表 2-17。

表 2-17 装饰石膏板的分类与代号

| 分　类 | 普通板 | | | 防潮板 | | |
|---|---|---|---|---|---|---|
| | 平板 | 孔板 | 浮雕板 | 平板 | 孔板 | 浮雕板 |
| 代号 | F | K | D | FP | FK | FD |

（2）规格　规格有 500mm×500mm×9mm、600mm×600mm×11mm 两种。

（3）外观质量　装饰石膏板正面不应有影响装饰效果的气孔、污痕、裂纹、缺角、色彩不均和图案不完整等缺陷。

（4）尺寸偏差　装饰石膏板的尺寸偏差应符合表 2-18 的规定。

（5）物理性能　装饰石膏板的物理性能应符合表 2-19 的规定。

表 2-18　装饰石膏板的长度、厚度、直角偏离度要求

| 项目 | 单位 | 最大允许偏差 | 项目 | 单位 | 最大允许偏差 |
| --- | --- | --- | --- | --- | --- |
| 边长 | mm | +1.0<br>-2.0 | 不平度 | mm | ±2.0 |
| 厚度 | mm | ±1 | 直角偏离度 | mm | ±2.0 |

表 2-19　装饰石膏板含水率、吸水率、受潮挠度要求

| 项目 | | 指标 | | | | | |
| --- | --- | --- | --- | --- | --- | --- | --- |
| | | P、PK、FP、FK | | | D、DF | | |
| | | 平均值 | 最大值 | 最小值 | 最大值 | 平均值 | 最小值 |
| 单位面积质量 /(kg/m²) | 厚度9mm | 10.0 | 11.0 | — | 13.0 | 14.0 | — |
| | 厚度11mm | 12.0 | 13.0 | — | — | — | — |
| 含水率(%) ≤ | | 2.5 | 3.0 | — | 25.0 | 3.0 | — |
| 吸水率(%) ≤ | | 8.0 | 9.0 | — | 8.0 | 9.0 | — |
| 断裂荷载/N | | 14.7 | — | 132 | 167 | — | 150 |
| 受潮挠度/mm ≤ | | 10 | 12 | — | 10 | 12 | — |

注：1. P、PK 分别是指普通板平板和普通孔板；FP、FK 分别是指防潮平板和防潮孔板；D、FD 分别是指普通浮雕板和防潮浮雕板；
　　2. D 和 FD 的厚度是指棱边的厚度。

**2. 嵌装式装饰石膏板技术要求**

嵌装式装饰石膏板的质量应符合 JC/T 800—2007《嵌装式装饰石膏板》的规定。

（1）分类与代号　嵌装式装饰石膏板分普通嵌装式装饰石膏板（QP）和吸声用嵌装式装饰石膏板（QS）两种。

（2）规格　500mm×500mm，边厚不小于 25mm；600mm×600mm，边厚不小于 28mm；其他规格和型号由供需双方商定。

（3）外观质量（同装饰石膏板）

（4）尺寸偏差　嵌装式装饰石膏板的尺寸偏差应符合表 2-20 的规定。

表 2-20　嵌装式装饰石膏板的长度、厚度、直角偏离度要求

| 项目 | 单位 | 最大允许偏差 |
| --- | --- | --- |
| 边长 | mm | ±1 |
| 厚度 | mm | 边长为 500mm 的厚度不能小于 25mm<br>边长为 600mm 的厚度不能小于 28mm |
| 安装后表面高度差 | mm | ±1 |
| 不平度 | mm | 1.0 |
| 直角偏离度 | mm | 1.0 |

（5）物理力学性能　嵌装式装饰石膏板的物理力学性能应符合表 2-21 的规定。

表 2-21  嵌装式装饰石膏物理性能要求

| 项　　目 | | 技 术 要 求 |
|---|---|---|
| 单位面积质量/(kg/m²) | 平均值 | ≤16 |
| | 最大值 | ≤18 |
| 含水率(%),≤ | 平均值 | ≤3.0 |
| | 最大值 | ≤4.0 |
| 断裂荷载/N | 平均值 | ≥157 |
| | 最小值 | ≥127 |

注：1. 吸声用嵌装式装饰石膏板 6 个频率（125、250、500、1000、2000、4000）的混响室法平均吸声系数 $\alpha \geq 0.3$；
　　2. 对于每种吸声用嵌装式装饰石膏板产品必须附有贴实和采用不同构造方法安装的吸声频谱曲线；
　　3. 穿孔率、孔洞形式和吸声材料类型由生产厂商自定。

### 3. 纸面石膏板技术要求

纸面石膏板的质量应符合 GB/T 9775—2008《纸面石膏板》的规定。

（1）分类与代号　纸面石膏板分为普通纸面石膏板（P）、耐水纸面石膏板（S）、耐火纸面石膏板（H）、耐水耐火纸面石膏板（SH）等四大类。

（2）外观质量　产品板面平整，不得有影响使用的波纹、沟槽、亏料、漏料、划伤破损和污痕等缺陷。

（3）尺寸偏差　纸面石膏板的尺寸偏差应符合表 2-22 的规定。

表 2-22  纸面石膏板的尺寸偏差

| 项　　目 | 长　度 | 宽　度 | 对角线长度差 | 厚　度 | |
|---|---|---|---|---|---|
| | | | | 9.5mm | ≥12mm |
| 尺寸偏差 | -6~0mm | -5~0mm | ≤5mm | ±0.5mm | ±0.6mm |

（4）楔形棱边板材棱边断面尺寸　对于以棱边形状为楔形的板材，楔形棱边宽度应为 30~80mm，楔形棱边深度应为 0.6~1.9mm。

（5）面密度　纸面石膏板的面密度（kg/m³）不应大于板材标称厚度（mm）。

（6）断裂荷载　纸面石膏板的断裂荷载应符合表 2-23 的规定。

表 2-23  纸面石膏板的断裂荷载

| 板材厚度/mm | 断裂荷载/N | | | |
|---|---|---|---|---|
| | 纵向 | | 横向 | |
| | 平均值 | 最小值 | 平均值 | 最小值 |
| 9.5 | 400 | 360 | 160 | 140 |
| 12 | 520 | 460 | 200 | 180 |
| 15 | 650 | 580 | 250 | 220 |
| 18 | 770 | 700 | 300 | 270 |
| 21 | 900 | 810 | 350 | 320 |
| 25 | 1100 | 970 | 420 | 380 |

(7) 硬度　棱边硬度和端头硬度不应小于70N。

(8) 抗冲击性　经抗冲击性试验后板材背面应无裂纹。

(9) 护面纸与芯材结合性　护面纸与芯材应不剥离。

(10) 吸水率　吸水率不大于10%（此项仅适用于耐水纸面石膏板和耐水耐火纸面石膏板）。

(11) 表面吸水量　表面吸水量不大于160g/m²（此项仅适用于耐水纸面石膏板和耐水耐火纸面石膏板）。

(12) 遇火稳定性　板材的遇火稳定时间不应小于20min（此项仅适用于耐火纸面石膏板和耐水耐火纸面石膏板）。

(13) 受潮挠度　此项由供需双方商定。

(14) 剪切力　此项由供需双方商定。

**4. 装饰纸面石膏板技术要求**

装饰纸面石膏板的质量应符合JC/T 997—2006《装饰纸面石膏板》的规定。

(1) 外观质量　产品的正面不应有影响装饰效果的污痕、色彩不匀、图案不完整等缺陷。产品不得有裂纹、翘曲、扭曲，不得有妨碍使用及装饰效果的缺棱、缺角。

(2) 装饰纸面石膏板的尺寸偏差　装饰纸面石膏板的尺寸偏差应符合表2-24的规定。

表2-24　装饰纸面石膏板的尺寸允许偏差

| 长度 | ±2 |
| --- | --- |
| 宽度 | ±2 |
| 厚度 | ±0.5<br>吊顶用板基材厚度不能小于6.5mm；<br>隔墙用板基材厚度不能小于12mm |
| 对角线差 | ≤4 |

(3) 装饰纸面石膏板的物理性质、力学性能

1) 单位面积质量：不大于（厚度明示值 -0.5）kg/m²。

2) 含水率：不大于1.0%。

3) 横向断裂荷载：吊顶板不小于110N，隔墙板不小于180N。

4) 护面纸与石膏芯的结合性能：护面纸与石膏芯结合良好，石膏不应裸露。

5) 受潮挠度：防潮板受潮挠度不大于3.0mm。

## 2.2.2　石膏板检测方法

**1. 外观质量检测**

(1) 目的　检测石膏板的外观质量是否符合标准规定，以评定产品的质量。

(2) 仪器设备　钢直尺（最大量程1000mm，分度值1mm）。

(3) 检测步骤　在0.5m远处光照明亮的条件下，对3块试件的正面逐个进行目测检查。记录每块试件影响装饰效果的气孔、污痕、裂纹、缺角、色彩不均匀和图案不完整等缺陷。

(4) 结果评定　装饰石膏板正面不应有影响装饰效果的气孔、污痕、裂纹、缺角、色彩不均和图案不完整等缺陷。

**2. 边长的检测**

(1) 目的　检测石膏板的边长是否符合标准规定，以评定产品的质量。

(2) 仪器设备　钢直尺（最大量程1000mm，分度值1mm）。

(3)检测步骤 用钢直尺逐个测量3块试件,精确至1mm。一般在试件正面测定,如果棱边有倒角时,应以背面测得的边长尺寸为准。每块试件在相互垂直的方向上各测三个值,其中两个值在离棱边20mm处测定,另一个值在对称轴上测定,测点位置如图2-12所示。记录每块试件两个垂直方向上各三个值。

(4)结果计算与评定

①每块试件边长的平均值按下式计算,结果精确至1mm:

$$L_X = \frac{L_1 + L_2 + L_3 + L_4 + L_5 + L_6}{6} \tag{2-4}$$

式中 $L_X$——分别是3块试件边长的平均值(mm);

$L_1$、$L_2$、$L_3$、$L_4$、$L_5$、$L_6$——分别是试件两个垂直方向上各三个值(mm)。

②边长的偏差值按下式计算,结果精确至1mm。

$$L' = L_X - L \tag{2-5}$$

式中 $L'$——边长的偏差值(mm);

$L$——石膏板名义边长(mm)。

③评定 将边长的偏差值$L'$和标准要求对照,进行评定。

**3. 厚度检测**

(1)目的 检测石膏板的厚度是否符合标准规定,以评定产品的质量。

(2)仪器设备 板厚测定仪(最大量程30mm,分度值0.01mm)。

(3)检测步骤 用板厚测定仪逐个测量3块试件。测定时,在每块试件棱边的中点布置四个测点,位置如图2-13所示。记录每块试件四个测点的厚度,精确至0.1mm。

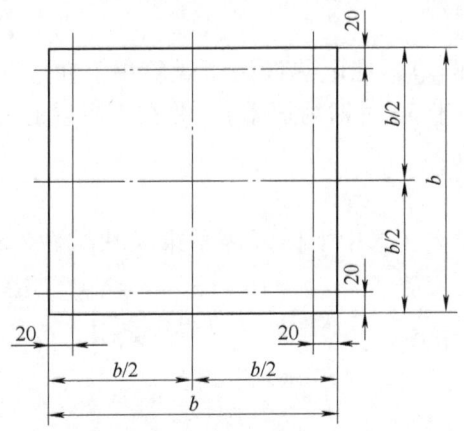
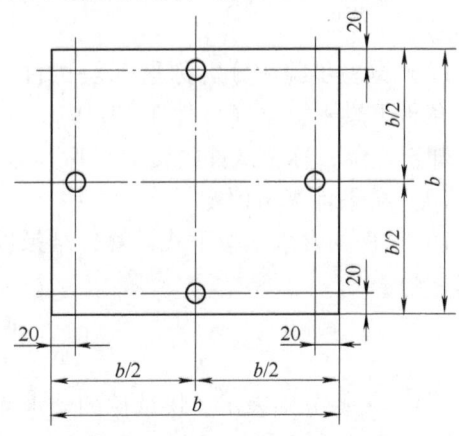

图2-12 石膏板边长测点位置图　　图2-13 石膏板厚度测定位置图

(4)结果计算与评定

1)每块试件四个测点的算术平均值按下式计算,结果精确至0.1mm。

$$D_X = \frac{D_1 + D_2 + D_3 + D_4}{4} \tag{2-6}$$

式中 $D_X$——分别是3块试件厚度的平均值(mm);

$D_1$、$D_2$、$D_3$、$D_4$——分别是试件四个测点的厚度值(mm)。

2) 厚度的偏差值按下式计算,结果精确至 0.1mm。

$$D' = D_X - D \qquad (2-7)$$

式中 $D'$——厚度的偏差值（mm）；

$D$——石膏板名义厚度值（mm）。

3) 评定。将厚度的偏差值 $D'$ 和标准对照,进行评定。

**4. 不平度检测**

(1) 目的 检测石膏板的平整度是否符合标准规定,以评定产品的质量。

(2) 仪器设备 钢直尺（最大量程 1000mm,分度值 1mm）、塞尺（分度值 0.01mm）。

(3) 检测步骤 将钢直尺立放在试件正面两对角线上,用塞尺测量板面与钢尺间隙的最大值,作为板材的不平度,精确至 0.1mm。

(4) 结果计算与评定 测定结果和标准对照,进行评定。

**5. 直角偏离度检测**

(1) 目的 检测石膏板的直角偏离度是否符合标准规定,以评定产品的质量。

(2) 仪器设备 钢直尺（最大量程 1000mm,分度值 1mm）。

(3) 试验步骤 用钢直尺测量两对角线的长度,精确至 1mm。计算两对角线长度的差值,作为板材的直角偏离度。

(4) 结果评定 对直角偏离度的计算结果和标准对照,进行评定。

**6. 含水率检测**

(1) 目的 检测石膏板的含水率是否符合标准规定,以评定产品的质量。

(2) 仪器设备 台秤（最大称量 5kg,感量 5g）、电热鼓风干燥箱（控温器灵敏度 ±1℃）。

(3) 试验步骤 分别称量 3 块试件的质量（$W_{1X}$）,在电热鼓风干燥箱中,在（40±2）℃条件下烘干恒重（试件在 24h 内的质量变化小于 5g 时即为恒重）,并在不吸湿的条件下冷却至室温,称量试件的质量（$W_{2X}$）,精确至 5g。

(4) 结果计算与评定

1) 试件的含水率按下式计算,结果精确至 0.5%（式中下标 $X$ 表示第 $X$ 块试件,$X$ = 1,2,3）。

$$W_{hX} = \frac{W_{1X} - W_{2X}}{W_{2X}} \times 100\% \qquad (2\text{-}8a)$$

式中 $W_{hX}$——分别表示 3 块试件的含水率（%）；

$W_{1X}$——3 块试件烘干前的质量（g）；

$W_{2X}$——3 块试件烘干后的质量（g）。

2) 计算 3 块试件含水率的平均值,并记录其中的最大值,结果精确至 0.5%,计算如下式：

$$W_h = \frac{W_{h1} + W_{h2} + W_{h3}}{3} \qquad (2\text{-}8b)$$

式中 $W_h$——3 块试件含水率的平均值（%）；

$W_{h1}$、$W_{h2}$、$W_{h3}$——分别表示 3 块试件的含水率（%）。

3) 将计算结果 $W_h$ 和 $W_{h1}$,$W_{h2}$,$W_{h3}$ 的最大值与标准对照,进行评定。

### 7. 单位面积质量的检测

（1）目的　检测石膏板的单位面积质量是否符合国标规定，以评定产品的质量。

（2）检测步骤　计算 $W_{2X}$（3块试件烘干后的质量）的平均值，并记录其中的最大值（以 kg 计，精确至 0.1kg），分别乘以表 2-25 所列系数，即可求得板材平均的单位面积质量和最大的单位面积质量（$kg/m^2$）。

表 2-25　计算板材单位面积质量和最大单位面积质量的折算系数

| 规格/（mm×mm） | 折算系数（$\beta$） |
| --- | --- |
| 500×500 | 4.0 |
| 600×600 | 2.8 |

（3）结果计算与评定

1）平均值的单位面积质量和最大的单位面积质量计算如下式，结果精确至 0.1kg。

$$W = \frac{W_1 + W_2 + W_3}{3} \tag{2-9a}$$

$$\overline{UAM} = \beta \times W \tag{2-9b}$$

$$UAM_{max} = \beta \times W_{max} \tag{2-9c}$$

式中　$W_1$、$W_2$、$W_3$——3块试件烘干后的质量（g）；

　　　$\overline{UAM}$——平均值的单位面积质量（$kg/m^2$）；

　　　$UAM_{max}$——最大的单位面积质量（$kg/m^2$）；

　　　$W_{max}$——3块试件烘干后的最大质量（g）。

2）评定。将计算结果 $\overline{UAM}$、$UAM_{max}$ 和标准检查，进行评定。

### 8. 断裂荷载检测

（1）目的　检测石膏板的断裂荷载是否符合标准规定，以评定产品的质量。

（2）仪器设备　板材抗折机一级精度，示值误差 ±1℃。

（3）检测步骤　利用前文"7. 单位面积质量检测"测定的3块试件，分别进行断裂荷载的测定。将试件安放在板材抗折试验机上、下压辊之间，试件的正面向下放置，下压辊中心间距（$B$）为试件长度（$L$）减去 50mm。在跨距中央，通过上压辊施加荷载，加荷速度为（4.9±1.0）N/s，直至试件断裂。

（4）结果计算与评定　计算3块试件断裂荷载的平均值，并记录其中的最小值，精确至 1N。

评定：结果和标准对照进行评定。

### 9. 受潮挠度检测

（1）目的　检测石膏板的受潮挠度是否符合标准规定，以评定产品的质量。

（2）仪器　受潮挠度测定仪（分度值 1mm，温度波动 ±1℃，湿度波动度 ±2%）、电热鼓风干燥箱、台秤（最大称量 5kg，感量 5g）。

（3）检测步骤　将3块试件放在（40±2）℃的电热鼓风干燥箱中烘干恒重（试件在 24h 内的重量变化小于 5g 时即为恒重），并在不吸湿的条件下冷却至室温。然后将每块试件正面向下，分别悬放在受潮挠度测定仪试验箱中三个试验架的支座上，支座中心距为试样长度减去20mm。

(4) 结果计算与评定

1) 计算3个试件受潮挠度的平均值,并记录其中的最大值,精确至1mm。

2) 评定:计算结果和标准对照,进行评定。

**10. 吸水率检测**

(1) 目的　检测石膏板的吸水率是否符合标准规定,以评定产品的质量。

(2) 仪器设备　水槽(足以水平放下整块石膏板)、电热鼓风干燥箱、湿毛巾、台秤(最大称量5kg,感量5g)。

(3) 检测步骤　将3块试件放在(40±2)℃的电热鼓风干燥箱中烘干至恒重(试件在24h内的重量变化小于5g时即为恒重),并在不吸湿的条件下冷却至室温。然后称重,一起浸入水温控制在(20±3)℃的水槽中。试件上表面低于水面300mm。试件不互相紧贴,也不与水槽底部紧贴。在水中浸泡2h后,取出试件,用湿毛巾吸去试件表面的水,称重,精确至5g。

(4) 结果计算和评定

1) 试件的吸水率按下式计算,结果精确至0.5%。

$$W_x = \frac{W_{x1} - W_{x2}}{W_{x2}} \times 100 \qquad (2\text{-}10)$$

式中　$W_x$——试件的吸水率(%);

　　　$W_{x1}$——试件浸泡后的质量(g);

　　　$W_{x2}$——试件浸泡前的质量(g)。

2) 计算3块试件的吸水率平均值,并记录其中的最大值。

3) 评定。将吸水率平均值和标准对照,进行评定。

## 课题3　建筑陶瓷砖检测

建筑陶瓷砖按吸水率可分为:瓷质砖(又叫玻化石,吸水率$E \leqslant 0.5\%$);炻瓷砖(吸水率$0.5\% < E \leqslant 3\%$);细炻砖(吸水率$3\% < E \leqslant 6\%$);炻质砖(吸水率$6\% < E \leqslant 10\%$);陶质砖(吸水率$E > 10\%$)。

建筑陶瓷砖按成型方法不同可分为:①挤压砖:将可塑性坯料经过挤压挤出成型,再将所成型的泥条按砖的预定尺寸进行切割,可分为精细和普通的,主要由它们的性能决定。②干压砖:是将混合好的粉料置于模具中于一定压力下压制成型的。③其他方法成型砖:是用挤或压以外方法成型的陶瓷砖。

陶瓷砖按吸水率和成型方法,总的分类如下:

1) 低吸水率砖(Ⅰ类):吸水率$E \leqslant 3\%$。Ⅰ类干压砖可进一步分为BⅠa类(吸水率$E \leqslant 0.5\%$)和BⅠb类(吸水率$0.5\% < E \leqslant 3$)。

2) 中吸水率砖(Ⅱ类):吸水率$3\% < E \leqslant 10\%$。Ⅱ类挤压砖可进一步分为AⅡa类——第1部分和第2部分(吸水率$3\% < E \leqslant 6\%$)和AⅡb类——第1部分和第2部分(吸水率$6\% < E \leqslant 10\%$)。Ⅱ类干压砖可进一步分为BⅡa类(吸水率$3\% < E \leqslant 6\%$)和BⅡb类(吸水率$6\% < E \leqslant 10\%$)。

3）高吸水率砖（Ⅲ类）：吸水率 $E>10\%$。

陶瓷砖的质量应符合 GB/T 4100—2006《陶瓷砖》的规定。

### 2.3.1 建筑陶瓷砖的技术指标

**1. 全瓷抛光地砖的技术要求**

全瓷抛光地砖属于干压陶瓷砖（吸水率 $E\leqslant 0.5\%$，BⅠa类），常用于室内大厅等处的地面铺装，也可用于墙面镶贴或干挂工程，属于高档地砖。常用规格为 800mm×800mm、600mm×600mm。

（1）全瓷抛光地砖的外观质量和尺寸偏差要求

1）至少 95% 的全瓷抛光地砖表面及正面棱角没有明显缺陷。

2）每块全瓷抛光地砖（2或4条边）的平均尺寸相对于工作尺寸的允许偏差为 ±1.0mm。

3）全瓷抛光地砖的边直度允许偏差为 ±0.2%，且最大偏差≤2.0mm。

4）全瓷抛光地砖的直角度允许偏差为 ±0.2%，且最大偏差≤2.0mm。边长>600mm 的砖，直角度用对边长度差和对角线长度差表示，最大偏差≤2.0mm。

5）全瓷抛光地砖的表面平整度允许偏差为 ±0.2%，且最大偏差≤2.0mm。边长>600mm 的砖，表面平整度用上凸和下凹表示，其最大偏差≤2.0mm。

（2）全瓷抛光地砖（吸水率 $E\leqslant 0.5\%$ BⅠa类）的物理性能的技术要求 全瓷抛光砖的物理性能的技术要求应符合表2-26的规定。

表2-26　全瓷抛光地砖（吸水率 $E\leqslant 0.5\%$，BⅠa类）的物理性能技术要求

| 物理性能 | 要　　求 |
|---|---|
| 吸水率①，质量百分数 | 平均值≤0.5%，单值≤0.6% |
| 破坏强度/N | ≥1300 |
| 断裂模数/MPa，不适于破坏强度≥3000N 的砖 | 平均值≥35，单值≥32 |
| 耐磨性 | ≤175/mm³<br>经试验后报告陶瓷砖耐磨性级别和转数 |
| 线性热膨胀系数（从环境温度到100℃） | 大多数陶瓷砖都有微小的线性热膨胀，若陶瓷砖安装在有高热变性的情况下，应进行该项试验 |
| 抗热震性 | 所有陶瓷砖都具有耐高温性，凡是有可能经受热震应力的陶瓷砖都应进行该项试验 |
| 抗冻性 | 对于明示并准备用在受冻环境中的产品必须通过该试验，一般对明示不用于受冻环境中的产品不要求该项试验 |
| 地砖摩擦因数 | 制造商应报告陶瓷地砖的摩擦因数 |
| 湿膨胀/(mm/m) | 大多数砖都有微小的湿膨胀。当正确铺帖时，不会引起铺帖问题，但在不规范安装和一定的湿度条件下，当湿膨胀大于0.06%时(0.60mm/m)就有可能出问题 |
| 抗冲击性 | 对抗冲击性有特别要求的场所，一般轻负荷场所要求的恢复系数为0.55，重负荷场所要求更高的恢复系数 |

① 吸水率最大单个值为 0.5% 的砖是全玻化砖（常被认为是不吸水的）。

抛光地砖（指有镜面效果的抛光砖，不包括半抛光砖和局部抛光砖）的光泽度不低于55 光泽度。

（3）全瓷抛光地砖的化学性能的技术要求　全瓷抛光地砖的化学性能的技术要求应符合表2-27 的规定。

表 2-27　全瓷抛光地砖的化学性能技术要求

| 化学性能 | | 要　　求 |
|---|---|---|
| 耐污染性能 | | 建议制造商考虑耐污染性问题 |
| 抗化学腐蚀性 | 耐低浓度酸和碱 | 制造商应报告耐化学腐蚀性等级 |
| | 耐高浓度酸和碱 | 陶瓷砖通常都具有抗普通化学药品的性能。若准备将陶瓷砖在有可能受腐蚀的环境下使用时，应按国标规定进行高浓度酸和碱的耐化学腐蚀性试验 |
| | 耐家庭化学试剂和游泳池盐类 | 不低于 UB 级 |

注：如果色泽有微小变化，不应算是化学腐蚀。

**2. 釉面地砖的技术要求**

釉面地砖根据吸水率通常分两大类，即细炻砖，吸水率 $3\% < E \leqslant 6\%$ （BⅡa 类）和炻质砖，吸水率 $6\% < E \leqslant 10\%$ （BⅡb 类）。现通常采用干压工艺制成。

釉面地砖通常用于卫生间和厨房等处的地面镶贴，属于中档地面材料，其主要特点是耐污染性能突出。常用的规格为 300mm×300mm、330mm×300mm、400mm×400mm 等。

（1）釉面地砖（吸水率 $3\% < E \leqslant 6\%$，BⅡa 类）—细炻砖的尺寸和表面质量的技术要求　釉面地砖（吸水率 $3\% < E \leqslant 6\%$，BⅡa 类）的尺寸和表面质量的技术要求应符合表2-28 的规定。

表 2-28　釉面地砖的尺寸和表面质量技术要求

| 尺寸和表面质量 | | 产品表面面积 $S/cm^2$ | | | |
|---|---|---|---|---|---|
| | | $S \leqslant 90$ | $90 < S \leqslant 190$ | $190 < S \leqslant 410$ | $S > 410$ |
| 长度和宽度[①] | 每块砖（2 或 4 条边）的平均尺寸相对于工作尺寸的允许偏差(%) | ±1.2 | ±1.0 | ±0.75 | ±0.6 |
| | 每块砖（2 或 4 条边）的平均尺寸相对于 10 块砖（20 或 40 条边）平均尺寸的允许偏差(%) | ±0.75 | ±0.5 | ±0.5 | ±0.5 |
| 厚度 | 每块砖厚度的平均值相对工作尺寸厚度的最大允许偏差(%) | ±10.0 | ±10.0 | ±5.0 | ±5.0 |
| 边直度[②]（正面）相对于工作尺寸的最大允许偏差(%) | | ±0.75 | ±0.5 | ±0.5 | ±0.5 |
| 直角度[②]（正面）相对于工作尺寸的最大允许偏差(%) | | ±1.0 | ±0.6 | ±0.6 | ±0.6 |
| 表面平整度相对于工作尺寸的最大允许偏差(%) | 对于由工作尺寸计算的对角线的中心弯曲度 | ±1.0 | ±0.5 | ±0.5 | ±0.5 |
| | 对于由工作尺寸计算的对角线的翘曲度 | ±1.0 | ±0.5 | ±0.5 | ±0.5 |
| | 对于由工作尺寸计算的边弯曲度 | ±1.0 | ±0.5 | ±0.5 | ±0.5 |
| 表面质量[③] | 至少 95% 的砖主要区域没有明显缺陷 | | | | |

① 模数砖名义尺寸连接宽度为（2～5）mm，非模数砖工作尺寸与名义尺寸之间的偏差不大于 ±2%（最大 ±5mm）。

② 不适合有弯曲形状的砖。

③ 用于装饰目的的色斑或斑点不能看作缺陷。产品表面有意制造的色差也不能看作缺陷。

（2）釉面地砖的物理性能的技术要求　釉面地砖砖（吸水率3%＜$E$≤6%，BⅡa类）—细炻砖的物理性能的技术要求应符合表2-29的规定。

表2-29　釉面地砖（吸水率3%＜$E$≤6%，BⅡa类—细炻砖）的物理性能技术要求

| 物理性能 | 要求 |
| --- | --- |
| 吸水率，质量百分数 | 3%＜平均值≤6%，单个最大值≤6.5% |
| 破坏强度/N | ≥1000 |
| 断裂模数/MPa，不适于破坏强度≥3000N的砖 | 平均值≥22，单值≥20 |
| 表面耐磨性 | 经试验后报告陶瓷砖耐磨性级别和转数 |
| 线性热膨胀系数（从环境温度到100℃） | 大多数陶瓷砖都有微小的线性热膨胀，若陶瓷砖安装在有高热变性的情况下，应进行该项试验 |
| 抗热震性 | 所有陶瓷砖都具有耐高温性，凡是有可能经受热震应力的陶瓷砖都应进行该项试验 |
| 抗釉裂性 | 经试验应无釉裂 |
| 抗冻性 | 对于明示并准备用在受冻环境中的产品必须通过该试验，一般对明示不用于受冻环境中的产品不要求该项试验 |
| 地砖摩擦系数 | 制造商应报告陶瓷地砖的摩擦系数 |
| 湿膨胀/(mm/m) | 大多数釉面地砖都有微小的湿膨胀。当正确铺帖时，不会引起铺帖问题，但在不规范安装和一定的湿度条件下，当湿膨胀大于0.06%时(0.60mm/m)就有可能出问题 |
| 小色差 | 在特定环境下的单色有釉砖，而且仅在认为单色有釉砖之间的小色差是重要情况下采用本标准方法 |
| 抗冲击性 | 对抗冲击性有特别要求的场所，一般轻负荷场所要求的恢复系数为0.55，重负荷场所要求更高的恢复系数 |

釉面地砖砖（吸水率6%＜$E$≤10%，BⅡb类）— 炻质砖的物理性能的技术要求应符合表2-30的规定。

表2-30　釉面地砖（吸水率6%＜$E$≤10%，BⅡb类—炻质砖）的物理性能技术要求

| 物理性能 | 要求 |
| --- | --- |
| 吸水率，质量百分数 | 6%＜平均值≤10%，单个最大值≤11% |
| 破坏强度/N | ≥800 |
| 断裂模数/MPa，不适于破坏强度≥3000N的砖 | 平均值≥18，单值≥16 |
| 地砖表面耐磨性 | 经试验后报告陶瓷砖耐磨性级别和转数 |
| 线性热膨胀系数（从环境温度到100℃） | 大多数陶瓷砖都有微小的线性热膨胀，若陶瓷砖安装在有高热变性的情况下，应进行该项试验 |
| 抗热震性 | 所有陶瓷砖都具有耐高温性，凡是有可能经受热震应力的陶瓷砖都应进行该项试验 |
| 抗釉裂性 | 经试验应无釉裂 |
| 抗冻性 | 对于明示并准备用在受冻环境中的产品必须通过该试验，一般对明示不用于受冻环境中的产品不要求该项试验 |

(续)

| 物理性能 | 要 求 |
|---|---|
| 地砖摩擦系数 | 制造商应报告陶瓷地砖的摩擦系数 |
| 湿膨胀/(mm/m) | 大多数釉面地砖都有微小的湿膨胀。当正确铺帖时,不会引起铺帖问题,但在不规范安装和一定的湿度条件下,当湿膨胀大于0.06%时(0.60mm/m)就有可能出问题 |
| 小色差 | 在特定环境下的单色有釉砖,而且仅在认为单色有釉砖之间的小色差是重要情况下采用本标准方法 |
| 抗冲击性 | 对抗冲击性有特别要求的场所,一般轻负荷场所要求的恢复系数为0.55,重负荷场所要求更高的恢复系数 |

（3）釉面地砖的化学性能的技术要求　釉面地砖的化学性能的技术要求应符合表2-31的规定。

表2-31　釉面地砖（吸水率3%<$E$≤6%，BⅡa类—细炻砖）的化学性能技术要求

| 化 学 性 能 | | 要 求 |
|---|---|---|
| 耐污染性 | | 最低3级 |
| 抗化学腐蚀性 | 耐低浓度酸和碱 | 制造商应报告耐化学腐蚀性等级 |
| | 耐高浓度酸和碱 | 陶瓷砖通常都具有抗普通化学药品的性能。若准备将陶瓷砖在有可能受腐蚀的环境下使用时,应按国标规定进行高浓度酸和碱的耐化学腐蚀性试验 |
| | 耐家庭化学试剂和游泳池盐类 | 不低于GB级 |
| 铅和镉的溶出量 | | 当有釉砖是用于加工食品的工作台或墙面且砖的釉面与食品有可能接触的场所时,则要求进行该项试验 |

注：如果色泽有微小变化,不应算是化学腐蚀。

**3. 内墙砖（吸水率$E$>10%，BⅢ类）的技术要求**

内墙砖又称白瓷片、瓷砖,主要用于厨房、卫生间、浴室等墙面的镶贴,属于精陶制品,现多用干压法生产。内墙砖的吸水率一般都超过10%。

（1）内墙砖的尺寸偏差和表面质量的技术要求　内墙砖的尺寸偏差和表面质量的技术要求应符合表2-32的规定。

表2-32　内墙砖的尺寸和表面质量技术要求

| 尺寸和表面质量 | | 无间隔凸缘 | 有间隔凸缘 |
|---|---|---|---|
| 长度和宽度[①] | 每块砖(2或4条边)的平均尺寸相对于工作尺寸的允许偏差[②](%) | $L$≤12cm：±0.75<br>$L$>12cm：±0.50 | +0.60<br>-0.30 |
| | 每块砖(2或4条边)的平均尺寸相对于10块砖(20或40条边)平均尺寸的允许偏差[②](%) | $L$≤12cm：±0.50<br>$L$>12cm：±0.30 | ±0.25 |
| 厚度 | 每块砖厚度的平均值相对工作尺寸厚度的最大允许偏差 | ±10.0 | ±10.0 |
| 边直度[②](正面)相对于工作尺寸的最大允许偏差(%) | | ±10.0 | ±10.0 |

(续)

| 尺寸和表面质量 | | 无间隔凸缘 | 有间隔凸缘 |
|---|---|---|---|
| 直角度②（正面）相对于工作尺寸的最大允许偏差（%） | | ±0.3% | ±0.3% |
| 表面平整度相对于工作尺寸的最大允许偏差（%） | 对于由工作尺寸计算的对角线的中心弯曲度 | ±0.5 | ±0.3 |
| | 对于由工作尺寸计算的对角线的翘曲度 | +0.5<br>-0.3 | +0.5<br>-0.3 |
| | 对于由工作尺寸计算的边弯曲度 | ±0.5 | ±0.5 |
| 表面质量③ | 至少95%的砖主要区域没有明显缺陷 | | |

① 模数砖名义尺寸连接宽度为2～5mm，非模数砖工作尺寸与名义尺寸之间的偏差不大于±2%（最大±5mm）。
② 不适合有弯曲形状的砖。
③ 用于装饰目的的色斑或斑点不能看作缺陷。产品表面有意制造的色差也不能看作缺陷。

（2）内墙砖的物理性能的技术要求  内墙砖的物理性能的技术要求应符合表2-33的规定。

表2-33  内墙砖的物理性能技术要求

| 物 理 性 能 | 要　　　求 |
|---|---|
| 吸水率，质量百分数 | 平均值＞10%，单个最大值＞9%<br>当平均值＞20%时，制造商应说明 |
| 破坏强度/N | ≥600 |
| 断裂模数/MPa，不适于破坏强度≥3000N的砖 | 平均值≥15，单值≥12 |
| 线性热膨胀系数（从环境温度到100℃） | 大多数陶瓷砖都有微小的线性热膨胀，若陶瓷砖安装在有高热变性的情况下，应进行该项试验 |
| 抗热震性 | 所有陶瓷砖都具有耐高温性，凡是有可能经受热震应力的陶瓷砖都应进行该项试验 |
| 抗釉裂性 | 经试验应无釉裂 |
| 抗冻性 | 对于明示并准备用在受冻环境中的产品必须通过该试验，一般对明示不用于受冻环境中的产品不要求该项试验 |
| 湿膨胀/（mm/m） | 大多数陶瓷砖都有微小的湿膨胀。当正确铺帖时，不会引起铺帖问题，但在不规范安装和一定的湿度条件下，当湿膨胀大于0.06%时(0.60mm/m)就有可能出问题 |
| 小色差 | 在特定环境下的单色有釉砖，而且仅在认为单色有釉砖之间的小色差是重要情况下采用本标准方法 |
| 抗冲击性 | 对抗冲击性有特别要求的场所，一般轻负荷场所要求的恢复系数为0.55，重负荷场所要求更高的恢复系数 |

（3）内墙砖的化学性能的技术要求  内墙砖的化学性能的技术要求同釉面地砖。

## 2.3.2  建筑陶瓷砖的检测方法

**1. 长度和宽度检测**

（1）目的  检测陶瓷砖的长度和宽度是否符合国标规定，以评定产品的质量。
（2）仪器设备  游标卡尺或其他适合测量长度的器具。

(3) 检测步骤

1) 试样制备。每种类型的砖取 10 块整砖进行测量。

2) 在离砖顶角 5mm 处测量砖的每边,并记录其测量值,测量值精确至 0.1mm。正方形砖的平均尺寸是四边测量结果的平均值。试样的平均尺寸是 40 次测量的平均值。长方形砖以对边二次测量的平均尺寸作为相应的平均尺寸,试样的长度和宽度的平均值各为 20 个测量值的平均值。

(4) 结果计算与评定

1) 计算正方形砖每块试样的平均尺寸、长方形砖每块试样的平均长度和宽度,以及计算正方形砖 10 块试样的平均尺寸、长方形砖 10 块试样的平均长度和宽度。结果精确至 0.1mm。

2) 计算每块砖 2 条或 4 条边的平均值与工作尺寸的偏差,以及计算每块砖 2 条或 4 条边的平均值与 10 块试样 20 条边或 40 条边的平均值的偏差。结果均以百分比表示,精确至 0.05%。

3) 评定。将计算结果和标准对照,进行评定。

**2. 厚度检测**

(1) 目的 检测陶瓷砖的厚度是否符合国标规定,以评定产品的质量。

(2) 仪器设备 测头直径为 5~10mm 的螺旋测微卡或其他合适的仪器。

(3) 检测步骤 对于表面平整的砖,在砖面上划两条对角线,测量 4 条线段每段上最厚的点,每块试样 4 点,结果精确至 0.1mm。对于表面不平的砖,垂直于挤出方向划出 4 条线,线的位置分别为从砖的末端起测量至该线的距离为砖的长度 0.125 倍、0.375 倍、0.625 倍、0.875 倍,在每条直线上最厚点测量厚度。所有砖以 4 次测量值的平均值作为单块砖的厚度。试样的平均厚度是 40 次测量值的平均值。

(4) 结果计算与评定

1) 计算每块砖的平均厚度,结果精确至 0.1mm。

2) 计算每块砖的平均厚度与砖厚度工作尺寸的偏差,用 % 表示,结果精确至 0.05%。

3) 评定。将计算结果和标准对照,进行评定。

**3. 边直度、直角度检测**

(1) 目的 检测陶瓷砖的边直度、直角度是否符合国标规定,以评定产品的质量。

(2) 仪器设备

1) 如图 2-14 所示的仪器或其他合适的仪器,其中千分表($D_F$)用于测量边直度。

2) 钢制标准板,有精确的尺寸和平直的边。

(3) 检测步骤

1) 边直度的检测。

①每种类型的砖取 10 块整砖进行测量。

②选一台尺寸合适的仪器(见图 2-14),当砖放在仪器的支承销($S_A$、$S_B$、$S_C$)上时,使定位销($I_A$、$I_B$、$I_C$)离被测边每一角的距离为 5 mm。将合适的标准板准确地置于仪器的测量位置上,调整千分表的读数至合适的起始值。

取出标准板,将砖的正面恰当地放在仪器的测量位置上,记录边中央处的千分表读数,如是正方形砖,转动砖的位置得到 4 次测量值。每块砖都重复上述步骤,如果是长方形砖,分别使用合适尺寸的仪器来测量其长边和宽边的直度，测量结果精确到 0.1mm。

2）直角度的检测。选择一台合适的仪器（见图 2-14），当砖放在仪器的支承销（$S_A$、$S_B$、$S_C$）上时，使定位销（$I_A$、$I_B$、$I_C$）离被测边每一角的距离为 5 mm。千分表（$D_A$）的测杆也应在离测量边一个角的 5mm 处。

将合适的标准板，准确地置于仪器的测量位置上，调整千分表的读数至合适的起始值。取出标准板，将砖的正面恰当地放在仪器的定位销上，记录边中央处的千分表读数和离角 5mm 处的千分表读数。如果是正方形砖，转动砖的位置得到 4 次测量值。每块砖都重复上述步骤。如果是长方形砖，分别使用合适尺寸的仪器来测量其长边和宽边的直角度，测量结果精确到 0.1mm。

(3) 结果计算与评定

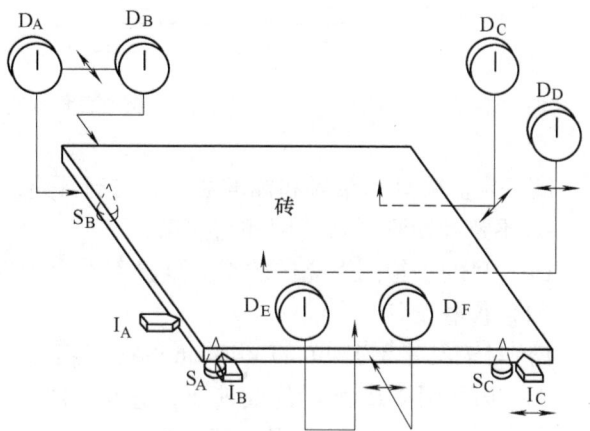

图 2-14　测量边直角度、直角度和平整度的仪器

1）边直度指在砖的平面内，边的中央偏离直线的偏差，如图 2-15 所示。这种测量只适用砖的直边。

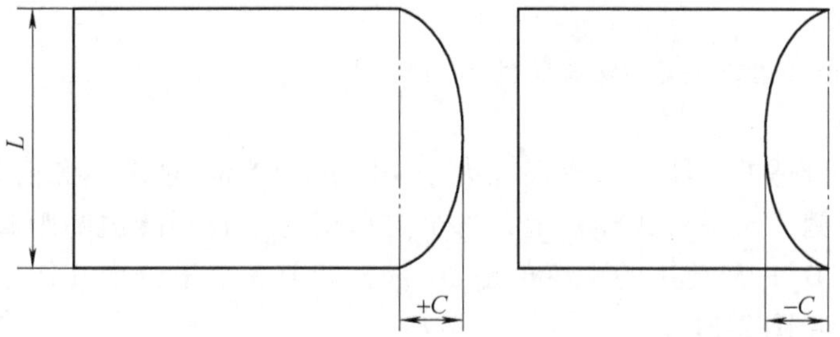

图 2-15　边直度测量示意图

① 边直度用百分比表示，用下式计算，结果精确至 0.05%。

$$边直度 = \frac{C}{L} \times 100\% \tag{2-11}$$

式中　$C$——测量边的中央偏离直线的偏差（边直度的测量值）（mm）；

　　　$L$——测量边长度（mm）。

② 评定。将计算结果和标准对照，进行评定。

2）直角度是指将砖的一个角紧靠着放在用标准板校正过的直角上（见图 2-16），测量此角与标准直角的偏差。

① 直角度用百分比表示，用下式计算：

$$直角度 = \frac{\delta}{L} \times 100\% \tag{2-12}$$

式中　$\delta$——砖的测量边与标准板相应边在距转角 5mm 处测得的偏差值（mm）；

　　　$L$——砖相邻两边的长度。

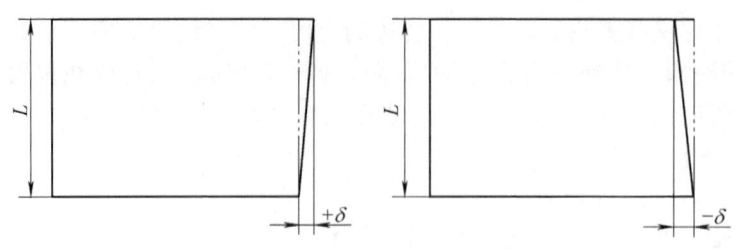

图 2-16　直角度测量示意图

②评定。将计算结果和标准对照，进行评定。

**4. 平整度检测**（弯曲度和翘曲度）

（1）目的　检测陶瓷砖的平整度是否符合国标规定，以评定产品的质量。

（2）仪器设备

1）对于尺寸大于 40mm×40mm 的砖采用的检测设备如下。

①采用如图 2-15 所示的或其他合适的仪器。检验表面平滑的砖，采用直径为 5mm 的支承销（$S_A$、$S_B$、$S_C$）。对其他表面的砖，为得到有意义的结果，应采用其他适当的支承销。

②使用一块理想平整的金属或玻璃标准板，其厚度至少为 10mm。

2）对于尺寸等于或小 40mm×40mm 的砖采用的检测设备有金属直尺和塞尺。

（3）检测步骤

1）试样。每一类型的砖取 10 块整砖进行检验。

2）检测步骤。

①选一台尺寸合适的仪器。对于尺寸大于 40mm×40mm 的砖，将相应的标准板准确地放在 3 个定位支承销（$S_A$、$S_B$、$S_C$）上，每个支承销的中心到砖边的距离为 10mm，2 个边部的千分表（$D_E$、$D_C$）离砖边的距离也是 10mm，调节 3 个千分表（$D_D$、$D_E$、$D_C$）的读数至合适的初始值（见图 2-14）。

取出标准板，将一块砖的釉面或合适的面朝下置于仪器上，记录 3 个千分表的读数，如果是正方形砖，转动试样，每块试样得到 4 个测量值，每块砖重复上述步骤。对长方形砖，要分别选用尺寸合适的仪器，记录每块砖最大的中心弯曲度（$D_D$）、边弯曲度（$D_E$）和翘曲度（$D_C$），测量结果精确到 0.1mm。

②对于尺寸等于或小于 40mm×40mm 的砖，将一把直尺靠在砖的测量边上，用塞尺测量直尺下的间隙来测定边弯曲度。中心弯曲度用同样的方法测量，只是把直尺靠在砖的对角线上。

尺寸小于或等于 40mm×40mm 的砖不检验翘曲度。

中心弯曲度以对角线长的百分数表示。长方形砖以长度和宽度的百分数表示边弯曲度；正方形砖以边长的百分数表示边弯曲度。翘曲度以对角线长的百分数表示。有间隔凸缘的砖检验时用 mm 表示。

（4）结果计算与评定

1）表面平整度由砖面上 3 点的测量来定义。有凸纹浮雕的砖，如果正面无法检测，可能时应在其背面检测。

2）边弯曲度指砖一条边的中心偏离由该边两角为直线的距离，如图 2-17 所示。

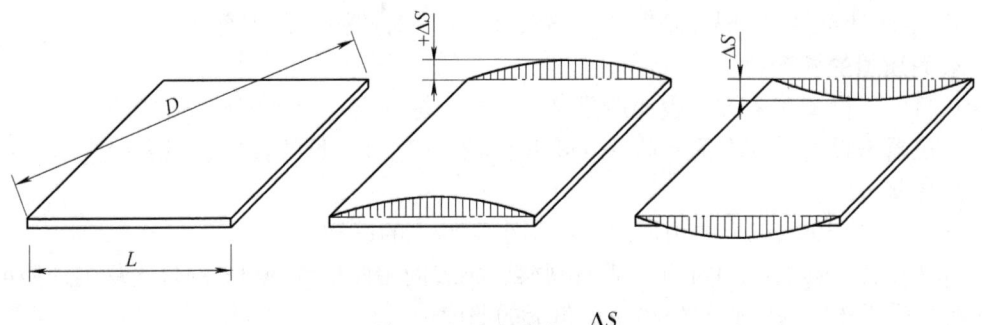

图 2-17　边弯曲度 $=\dfrac{\Delta S}{L}$

3）中心弯曲度指砖的中心点偏离由砖 4 个角中 3 个角所决定的平面的距离，如图 2-18 所示。

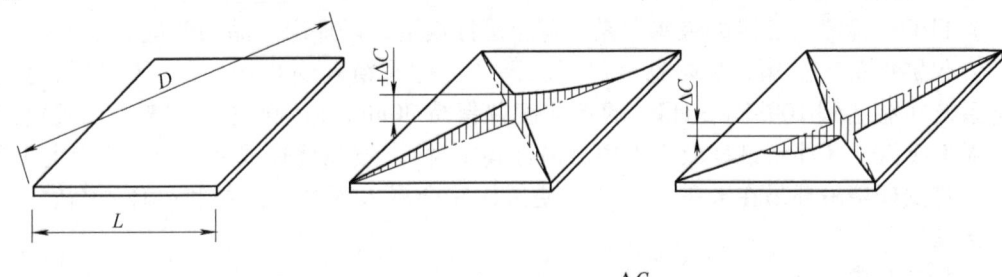

图 2-18　中心弯曲度 $=\dfrac{\Delta C}{D}$

4）翘曲度指砖的 3 个角决定一个平面，其第 4 个角偏离该平面的距离，如图 2-19 所示。

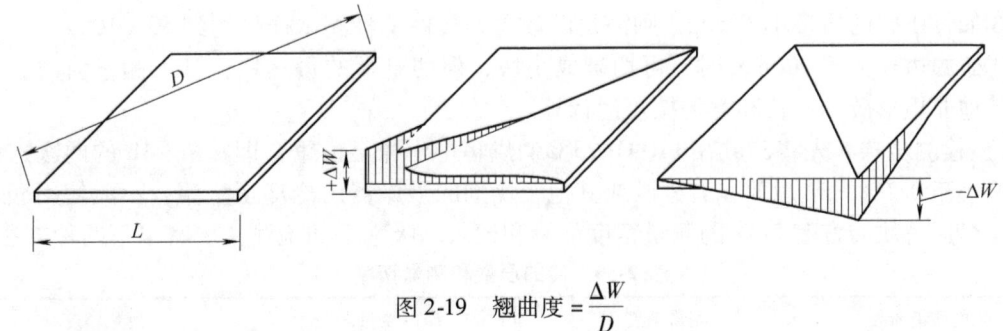

图 2-19　翘曲度 $=\dfrac{\Delta W}{D}$

5）计算时注意事项如下。

①由工作尺寸计算的最大边弯曲度，用％表示或 mm 表示，结果精确至 0.1％ 或 0.1mm。

②由工作尺寸计算的对角线中心弯曲，用％表示或 mm 表示，结果精确至 0.1％ 或 0.1mm。

③由工作尺寸计算的对角线长的最大翘曲度，用％表示或 mm 表示，结果精确至 0.1％ 或 0.1mm。

6)评定。计算结果和表2-34、表2-35、表2-36对照检查,进行评定。

**5. 表面质量的检测**

(1)目的　检测陶瓷砖的表面质量是否符合国标规定,以评定产品的质量。

(2)仪器与设备　色温为6000~6500K的荧光灯、1m长的直尺、照度计。

(3)检测步骤

1)至少检验30块以上的由砖组成的不小于$1m^2$的试样。

2)将砖的正面放置在1m远处垂直观察,砖表面用照度为300lx的灯光均匀地照射,用肉眼观察被检测砖组的中心部分和每个角上的照度。

(4)结果计算与评定　计算表面无缺陷砖的百分数。结果要求:

1)优等品。至少有95%的砖距0.8m远处垂直观察表面无缺陷。

2)合格品。至少有95%的砖距1m远处垂直观察表面无缺陷。

**6. 吸水率的检测**

(1)目的　检测陶瓷砖的吸水率是否符合国标规定,以评定产品的质量。

(2)仪器设备　烘箱、加热器、热源、天平(称量精确到0.01%)、干燥器、真空箱和真空系统(能达到100kPa±1kPa的真空度并保持30min。)、麂皮、去离子水或蒸馏水、吊环、绳索或篮子(能将试样放入水中悬吊称其质量)、玻璃烧杯或者大小和形状与其类似的容器(将试样用吊环吊在天平的一端,使试样完全浸入水中,试样和吊环不与容器的任何部分接触)。

(3)检测步骤

1)试样制备。

①每种类型的砖用10块整砖测试。

②如每块砖的表面积大于$0.04m^2$时,只需用5块整砖作测试。如每块砖的表面积大于$0.16m^2$时,至少在3块整砖中间部位切割最小边长为100mm的5块试样。

③如每块砖的质量小于50g,则需足够数量的砖使每种测试样品达到50~100g。

④砖的边长大于200mm时,可切割成小块,但切割下的每一块应计入测量值内。多边形和其他非矩形砖,其长和宽均按矩形计算。

2)检测步骤。先将砖放在110℃±5℃的烘箱中干燥至恒重,即每隔24h的两次连续质量之差小于0.1%。然后放在有硅胶或其他干燥剂的干燥器内冷却至室温,不能使用酸性干燥剂。最后每块砖按表2-34的测量精度称量和记录。吸水率的检测主要有以下两种方法。

表2-34　砖的质量和测量精度

| 砖的质量$m/g$ | 测量精度/g | 砖的质量$m/g$ | 测量精度/g |
| --- | --- | --- | --- |
| $50 \leqslant m \leqslant 100$ | 0.02 | $1000 < m \leqslant 3000$ | 0.50 |
| $100 < m \leqslant 500$ | 0.05 | $m > 3000$ | 1.00 |
| $500 < m \leqslant 1000$ | 0.25 | | |

①煮沸法。将砖竖直放在盛有去离子水或蒸馏水的加热器中,使砖互不接触。砖的上部应保持有5cm深的水,在整个试验中都应保持高于砖5cm的水面。将水加热至沸腾并保持煮沸2h,然后切断热源,使砖完全浸泡在水中冷却4h±0.25h至室温。也可用常温下的水或制冷器将样品冷却至室温。将一块浸湿过的麂皮用手拧干,并将麂皮放在平台上轻轻地依

次擦干每块砖的表面；对于凹凸或有浮雕的表面应用麂皮轻轻地擦去表面水分，然后称重，记录每块试样的称量结果，保持与干燥状态下的相同精度。

②真空法。将砖竖直放入真空箱中，使砖互不接触。抽真空至100kPa±1kPa，并保持30min。在保持真空的同时，加入足够的水将砖覆盖并高出5cm，停止抽真空，让砖浸泡15min。将一块浸湿过的麂皮用手拧干，将麂皮放在平台上依次轻轻地擦干每块砖的表面，对于凹凸或有浮雕的表面应用麂皮轻轻地擦去表面水分，然后立即称重，记录每块试样的测量结果，保持与干燥状态下的相同精度。

(4) 结果计算与评定

1) 吸水率的计算。每一块砖的吸水率 $E_{(b,v)}$，由下式计算（用干砖质量的百分数表示），结果精确至0.01%。

$$E_{(b,v)} = \frac{m_{2(b,v)} - m_1}{m_1} \qquad (2-13)$$

式中 $m_1$——干砖的质量（g）；

$m_2$——湿砖的质量 g，其中 $m_{2b}$ 为在沸水中饱和的砖的质量（g）；$m_{2v}$ 为真空法吸水饱和的砖的质量（g）。

$E_b$ 表示用 $m_{2b}$ 测定的吸水率，$E_v$ 表示用 $m_{2v}$ 测定的吸水率。$E_b$ 代表水仅注入容易进入的气孔，而 $E_v$ 最大可能地注入所有气孔。

在上面的计算中，假设1cm³水重1g，此假设室温下误差在0.3%以内。

2) 评定。将计算结果和标准对照检查，进行评定。

**7. 抗热震性的检测**

(1) 目的　检测陶瓷砖的抗热震性是否符合国标规定，以评定产品的质量。

(2) 检测仪器与设备　低温水槽、烘箱（工作温度为145～150℃）。

(3) 检测步骤

1) 试样的初步检查。首先用肉眼（平常戴眼镜的可戴上眼镜）在距砖25～30cm，光源照度约300lx的光照条件下观察砖面。所有试样在试验前应没有缺陷。可用亚甲基蓝溶液进行检测前的检验。

2) 浸没试验。吸水率不大于质量分数为10%的低气孔率砖，垂直浸没在15℃±5℃的冷水中，并使它们互不接触。

3) 非浸没试验。吸水率大于质量分数为10%的有釉砖，使其釉面向下与15℃±5℃的冷水槽上的铝粒接触。

4) 对上述两项步骤，在低温下保持5min后，立即将试样移到145℃±5℃的烘箱内重新达到此温度后保温（通常为20min），然后立即将它们移回低温环境中，重复此过程10次循环。用肉眼（平常戴眼镜的可戴上眼镜）在距试样25～30cm，光源照度约300lx的条件下观察试样的可见缺陷。为帮助检查，可将合适的染色溶液（如含有少量湿润剂的1%亚甲基蓝溶液）刷在试样的釉面上，1min后，用湿布抹去染色液体。

(4) 结果计算与评定　经10次抗热震检测不出现炸裂或裂纹。

## 课题4　建筑安全玻璃检测

建筑安全玻璃是指与普通玻璃相比，具有力学强度高、抗冲击能力好的玻璃。其主要品种有防火玻璃、钢化玻璃、夹层玻璃和均质钢化玻璃。安全玻璃被击碎时,其碎块不会伤人,并兼具有防盗、防火功能。根据生产时所用的玻璃片不同,安全玻璃也可具有一定的装饰效果。

## 2.4.1 防火玻璃的技术指标

防火玻璃的技术指标应符合 GB/T 15763.1—2009《建筑用安全玻璃 第1部分:防火玻璃》的规定。防火玻璃按结构可分为复合防火玻璃(FFB)和单片防火玻璃(DFB);按耐火性能可分为隔热型防火玻璃(A类)和非隔热型防火玻璃(C类);按耐火极限可分为五个等级:0.50h、1.00h、1.50h、2.00h、3.00h。

**1. 防火玻璃的外观质量**

复合防火玻璃外观质量应符合表 2-35 的规定;单片防火玻璃的外观质量应符合表 2-36 的规定。

表 2-35 复合防火玻璃的外观质量

| 缺陷名称 | 要 求 |
|---|---|
| 气泡 | 直径 300mm 圆内允许长 0.5~1.0mm 的气泡 1 个 |
| 胶合层杂质 | 直径 500mm 圆内允许长 2.0mm 以下的杂质 2 个 |
| 划伤 | 宽度≤0.1mm,长度≤50mm 的轻微划伤,每平方米面积内不超过 4 条 |
| | 0.1mm<宽度<0.5mm,长度<50mm 的轻微划伤,每平方米面积内不超过 1 条 |
| 爆边 | 每米边长允许有长度不超过 20mm,自边部向玻璃表面延伸深度不超厚度一半的爆边 4 个 |
| 叠差、裂纹、脱胶 | 脱胶、裂纹不允许存在,总叠差不应大于 3mm |

表 2-36 单片防火玻璃的外观质量

| 缺陷名称 | 要 求 |
|---|---|
| 爆边 | 不允许存在 |
| 划伤 | 宽度≤0.1mm,长度≤50mm 的轻微划伤,每平方米面积内不超过 2 条 |
| | 0.1mm<宽度<0.5mm,长度≤50mm 的轻微划伤,每平方米面积内不超过 1 条 |
| 结石、裂纹、缺角 | 不允许存在 |

**2. 防火玻璃的尺寸,厚度的允许偏差**

复合防火玻璃的尺寸,厚度的允许偏差应符合表 2-37 的要求。单片防火玻璃(FFB)的尺寸,厚度允许偏差应符合表 2-38 的规定。

表 2-37 复合防火玻璃(FFB)的尺寸和厚度允许偏差 (单位:mm)

| 玻璃的公称厚度 | 长度或宽度($L$)允许偏差 | | 厚度允许偏差 |
|---|---|---|---|
| | $L≤1200$ | $1200<L≤2400$ | |
| $5<d≤11$ | ±2 | ±3 | ±1.0 |
| $11<d≤17$ | ±3 | ±4 | ±1.0 |
| $17<d≤24$ | ±4 | ±5 | ±1.3 |
| $24<d≤35$ | ±5 | ±6 | ±1.5 |
| $d>35$ | ±5 | ±6 | ±2.0 |

注:当长度或宽度 $L$ 大于 2400mm 时,尺寸允许偏差由供需双方商定。

表 2-38 单片防火玻璃（FFB）的尺寸和厚度允许偏差 （单位：mm）

| 玻璃的公称厚度 | 长度或宽度（L）允许偏差 | | | 厚度允许偏差 |
|---|---|---|---|---|
| | L≤1000 | 1000<L≤2000 | L>2000 | |
| 5，6 | +1，-2 | ±3 | ±4 | ±0.2 |
| 8，20 | +2，-3 | | | ±0.3 |
| 12 | | | | ±0.3 |
| 15 | ±4 | ±4 | | ±0.5 |
| 19 | ±5 | ±5 | ±6 | ±0.7 |

**3. 防火玻璃的耐火性能**

隔热型防火玻璃（A类）和非隔热型防火玻璃（C类）的耐火性能应符合表 2-39 的规定。

表 2-39 防火玻璃的耐火性能

| 分类名称 | 耐火极限 | 耐 火 性 能 要 求 |
|---|---|---|
| 隔热型防火玻璃（A类） | 3.0h | 耐火隔热性时间≥3.0h，且耐火完整性时间≥3.0h |
| | 2.0h | 耐火隔热性时间≥2.0h，且耐火完整性时间≥2.0h |
| | 1.5h | 耐火隔热性时间≥1.5h，且耐火完整性时间≥1.5h |
| | 1.0h | 耐火隔热性时间≥1.0h，且耐火完整性时间≥1.0h |
| | 0.5h | 耐火隔热性时间≥0.5h，且耐火完整性时间≥0.5h |
| 非隔热型防火玻璃（C类） | 3.0h | 耐火完整性时间≥3.0h，耐火隔热性无要求 |
| | 2.0h | 耐火完整性时间≥2.0h，耐火隔热性无要求 |
| | 1.5h | 耐火完整性时间≥1.5h，耐火隔热性无要求 |
| | 1.0h | 耐火完整性时间≥1.0h，耐火隔热性无要求 |
| | 0.5h | 耐火完整性时间≥0.5h，耐火隔热性无要求 |

**4. 弯曲度**

防火玻璃的弓形弯曲度不应超过 0.3%，波形弯曲度不应超过 0.2%。

**5. 可见光透射比**

防火玻璃的可见光透射比应符合表 2-40 的规定。

表 2-40 防火玻璃的可见光透射比

| 项 目 | 允许偏差最大值（明示标称值） | 允许偏差最大值（未明示标称值） |
|---|---|---|
| 可见光透射比 | ±3% | ≤5% |

**6. 耐热性能**

试验后复合防火玻璃试样的外观质量应符合表 2-38 的规定。

**7. 耐寒性能**

试验后复合防火玻璃试样的外观质量应符合表 2-38 的规定。

**8. 耐紫外线辐照性能**

当复合防火玻璃使用在有建筑采光要求的场合时，应进行耐紫外线辐射性能测试。复合防火玻璃试样试验后试样不应产生显著变色、气泡及浑浊现象，且试验前后可见光透射比相对变化率 $\Delta T$ 应不大于10%。

**9. 抗冲击性能**

取6块钢化玻璃试样进行检测，试样破坏数不超过1块为合格，多于或等于3块为不合格。破坏数为2块时，再另取6块进行检测，6块必须全部不被破坏为合格。

单片防火玻璃不破坏是指试验后不破碎；复合防火玻璃不破坏是指试验后玻璃不破碎或玻璃破碎但钢球未穿透试样。

**10. 碎片状态**

取4块样品进行检测，样品尺寸为 1100mm×360mm，每块试样在 50mm×50mm 区域内的碎片数必须超过40个，且允许有少量长条形碎片，其长度不超过75mm，其端部不是刀刃状，延伸至玻璃边缘的长条形碎片与边缘形成的角不大于45°。

## 2.4.2 防火玻璃的检测方法

**1. 防火玻璃尺寸，厚度的检验**

（1）目的　通过对尺寸，厚度检验，以评定产品质量。

（2）仪器设备　最小刻度为1mm的钢直尺或钢卷尺，分度值为0.01mm的外径千分尺或具有相同精度的仪器。

（3）检测步骤

1）尺寸检测用分度值为1mm的钢直尺或钢卷尺测量。

2）厚度检测使用分度值为0.01mm的千分尺或与此同等精度的器具，测量玻璃四边的中点，测量结果的算术平均值即为厚度值。并以毫米（mm）为单位，修约到小数点后两位。

（4）结果评定　将尺寸偏差结果与标准对照，进行评定；厚度结果与标准对照，进行评定。

**2. 防火玻璃的外观检验**

（1）目的　通过外观检验，以评定产品的质量。

（2）仪器设备　分度值为1mm的金属直尺和（或）最小分度值为0.01mm的读数显微镜。

（3）检测步骤　制品为试样，在较好的自然光或散射光照条件下，用肉眼观察的方式距离玻璃表面600mm进行检查。缺陷的尺寸以能清楚观察到的最大边缘为限。采用分度值为1mm的金属直尺和（或）最小分度值为0.01mm的读数显微镜测量缺陷的尺寸。

（4）将结果和标准对照，进行评定。

**3. 防火玻璃耐火性能检验**

（1）目的　通过对耐火性能检验，以评定产品的耐火质量。

（2）仪器设备　实验炉、固定框架。

（3）检测步骤　按 GB/T 12513—2006《镶玻璃构件耐火试验方法》进行耐火性能试验，试样受火尺寸应选择实际使用的最大尺寸来进行试验，且不应小于 1100mm×600mm。

试验时所使用的固定框架和安装方式应与实际工程配套使用的相同,并以图纸或其他相应的方法记录固定框架的结构和安装方式,对于隔热型(A类)防火玻璃固定框架背火面温度测量值仅做记录,不作为隔热性能的判定条件。

**4. 弯曲度检测**

(1) 目的  通过对玻璃弯曲度的检测,以评定产品的质量。

(2) 仪器设备  钢直尺、塞尺。

(3) 检测步骤  将玻璃垂直放置,不施加外力,沿板边水平放一足够长的钢直尺。玻璃弓形弯曲时,用塞尺测量对应弦长的弧高,用钢直尺测量弦长;波形时,用塞尺测量对应波峰到波峰(或波谷到波谷)距离间的波谷的深度(或波峰高度),用钢直尺测量波峰到波峰(或波谷到波谷)间的距离。

(4) 结果计算与评定

1) 弯曲度按下式计算,结果精确至0.1%。

$$C = \frac{H}{L} \tag{2-14}$$

式中  $C$——弯曲度(%);

$H$——弦高或波谷深度(或波峰高度)(mm);

$L$——弦长或波峰到波峰的距离(或波谷到波谷的距离)(mm)。

2) 评定。防火玻璃的弓形弯曲度不应超过0.3%,波形弯曲度不应超过0.2%。

**5. 可见光透射比检验**

取3块试样,按GB/T 2680—1994《建筑玻璃 可见光透射比、太阳光直接透射比、太阳能总透射比、紫外线透射比及有关窗玻璃参数的测定》中的3.1规定的方法进行检验,对于明示标称值的产品,以标值作为偏差的基准;对于未明示标称值的产品,则取3块试样进行测试,取3块试样之间差值的最大值。

**6. 防火玻璃耐热性能检测**

(1) 目的  通过对防火玻璃耐热性能的检测,以评定产品的质量。

(2) 仪器设备  恒温箱。

(3) 检测步骤  取6块试样进行试验,其中3块为备样。试样规格应为300mm×300mm,应与制品材料相同、在相同加工工艺下制作。试验前,试样应在20℃±5℃下垂直放置6h以上,检查其外观质量并详细记录缺陷情况,然后将试样垂直放入恒温箱,保持50℃±2℃,恒温6h后取出。将取出的试样,在20℃±5℃下垂直放置6h以上,检查其外观质量。

**7. 防火玻璃耐寒性能检测**

(1) 目的  通过对防火玻璃耐寒性能的检测,以评定产品的质量。

(2) 仪器设备  恒温箱。

(3) 检测步骤  取6块试样进行试验,其中3块为备样。试样规格应为300mm×300mm,应与制品材料相同、在相同加工工艺下制作。试验前,试样应在20℃±5℃下垂直放置6h以上,检查其外观质量并详细记录缺陷情况,然后将试样垂直放入低温箱,保持-20℃±2℃,恒温6h后取出。将取出的试样,在20℃±5℃下垂直放置6h以上,检查其外观质量。

**8. 抗冲击性检测**

（1）目的　通过抗冲击性检测，以评定产品质量。

（2）仪器设备　铁框支撑试样（见图2-20）、直径为63.5mm（质量约1040g）表面光滑的钢球。

（3）检测步骤

1）试样为与制品相同厚度的同种类的原板玻璃，且与制品在同一工艺条件下制造的尺寸约为610mm×610mm的玻璃。要求取12块进行检测，6块为备样。

2）用图2-20所示的铁框支撑试样，使冲击面水平。检测曲面钢化玻璃时，需要使用相应的辅助框架支承。

3）用直径为63.5mm，（质量约1040g）表面光滑的钢球放在距离试样表面1000mm的高度，使其自由落下。冲击点应在距试样中心25mm的范围内。对每块试样的冲击仅限一次，以观察其是否破坏。检测在常温下进行。

（4）结果评定　取6块钢化玻璃试样进行检测，试样破坏数不超过1块为合格，多于或等于3块为不合格。破坏数为2块时，再另取6块进行检测，6块必须全部不被破坏为合格。单片防火玻璃不破坏是指试验后不破碎；复合防火玻璃不破坏是指试验后玻璃不破碎或玻璃破碎但钢球未穿透试样。

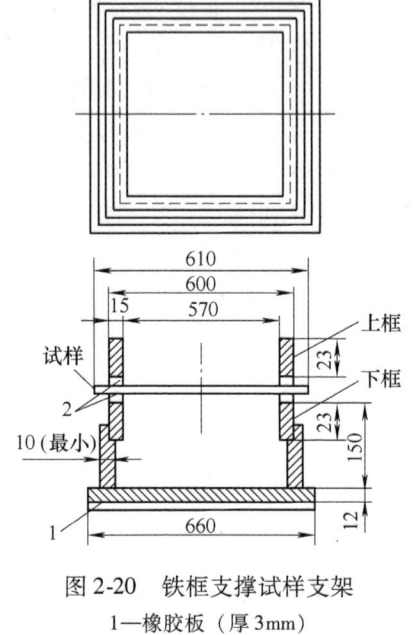

图2-20　铁框支撑试样支架
1—橡胶板（厚3mm）
2—橡胶板（宽15mm，硬度A50）

**9. 碎片状态检测**

（1）目的　通过对碎片状态检测，以评定产品质量。

（2）仪器设备　保留碎片图案的装置、小锤（尖端曲率半径为0.2mm±0.05mm）、透明胶带纸。

（3）检测步骤　试样从制品中随机抽取。取4块试样，样品尺寸为1100mm×360mm。

1）将玻璃试样自由平放在试验台上，并用透明胶带纸沿周边粘牢，以防玻璃碎片溅开。

2）在试样的最长边中心线上距离周边20mm左右的位置，用尖端曲率半径为0.2mm±0.05mm的小锤或冲头进行冲击，使试样破碎。

3）保留碎片图案的措施应在冲击后10s内开始并且在冲击后3min内结束。

4）碎片计数时，应除去距离冲击点半径80mm以及距玻璃边缘或钻孔边缘25mm范围内的部分。从图案中选择碎片最大部分。在这部分中用50mm×50mm的计数框计算框内的碎片数，每个碎片内不能有贯穿的裂纹存在，横跨计数框边缘的碎片按1/2个碎片计算。

（4）结果评定　取4块玻璃试样进行检测，每块试样在50mm×50mm区域内的碎片数不低于40个，且允许有少量长条形碎片，其长度不超过75mm，其端部不是刀刃状，延伸至玻璃边缘的长条形碎片与边缘形成的角不大于45°。

**10. 抽样及合格数要求**

1）产品的尺寸和偏差、外观质量、弯曲度按表2-41规定进行随机抽样。

表 2-41　批量范围和合格判定数　　　　　　　　　　（单位：mm）

| 批量范围 | 1~8 | 9~15 | 16~25 | 26~50 | 51~90 | 91~150 | 151~280 | 281~500 |
|---|---|---|---|---|---|---|---|---|
| 抽检数 | 2 | 3 | 5 | 8 | 13 | 20 | 32 | 50 |
| 合格判定数 | 0 | 0 | 1 | 2 | 3 | 5 | 7 | 10 |
| 不合格判定数 | 1 | 1 | 2 | 3 | 4 | 6 | 8 | 11 |

2）对于产品所要求的其他技术性能，若用制品检验时，根据检测项目所要求的数量从该批产品中随机抽取；若用试样进行检验时，应采用同一工艺条件下制备的试样。当该批产品批量大于 500 块时，以每 500 块为一批分批抽取试样，当检验项目为非破坏性检测时可用它继续进行其他项目的检测。

**11. 判定规则**

若不合格品数等于或大于表 2-41 的不合格判定数，则认为该批产品外观质量、尺寸偏差、弯曲度不合格。

进行耐热性能、耐寒性能、耐紫外线辐照性能检验时，样品全部满足要求，则该项目合格；如 2 块样品不合格，则该项目不合格；如果有一块样品不合格，可另取 3 块备用样品重新试验，如仍出现不合格品，则该项目不合格。

进行抗冲击性能检验时，如样品破坏不超过 1 块，则该项目合格；如 3 块或 3 块以上样品破坏，则该项目不合格；如果有 2 块样品破坏，可另取 6 块备用样品重新试验，如仍出现样品破坏，则该项目不合格。

若上述各项中，有一项不合格，则认为该批产品不合格。

## 2.4.3　钢化玻璃的技术指标

钢化玻璃的技术指标应符合 GB/T 15763.2—2005《建筑用安全玻璃　第 2 部分：钢化玻璃》的规定。

钢化玻璃按形状分为：平面钢化玻璃和曲面钢化玻璃；按应用范围分为：建筑用钢化玻璃和建筑以外用钢化玻璃。

本书主要讲述建筑用钢化玻璃的技术指标与检测。

**1. 外观质量**

钢化玻璃的外观质量必须符合表 2-42 的规定。

表 2-42　钢化玻璃外观质量

| 缺陷名称 | 说　明 | 允许缺陷数 优等品 |
|---|---|---|
| 爆边 | 每片玻璃每米边长上允许长度不超过 10mm，自玻璃边部向玻璃板表面延伸深度不超过 2mm，自板面向玻璃厚度延伸深度不超过厚度 1/3 的爆边 | 1/个 |
| 划伤 | 宽度在 0.1mm 以下的轻微划伤，每平方米面积内允许存在条数 | 长≤100mm，4 条 |
| 划伤 | 宽度大于 0.1mm 的轻微划伤，每平方米面积允许存在条数 | 宽 0.1~1mm、长≤100mm，4 条 |
| 夹钳印 | 夹钳中心与玻璃边缘的距离≤20mm，边部变形量≤2mm | |
| 裂纹、缺角 | 均不允许存在 | |

## 2. 尺寸及偏差

长方形平面钢化玻璃的长度、宽度由供需双方商定,其边长的允许偏差应符合表2-43的规定。

表 2-43　长方形平面钢化玻璃边长允许偏差　　　　　　（单位：mm）

| 玻璃厚度 \ 允许偏差 \ 边的长度 | $L \leq 1000$ | $1000 < L \leq 2000$ | $2000 < L \leq 3000$ | $L \geq 3000$ |
| --- | --- | --- | --- | --- |
| 3、4、5、6 | +1、-2 | ±3 | ±4 | ±5 |
| 8、10、12 | +2、-3 | | | |
| 15 | ±4 | ±4 | | |
| 19 | ±5 | ±5 | ±6 | ±7 |
| >19 | 由供需双方商定 | | | |

长方形平面钢化玻璃对角线差允许偏差应符合表2-44的规定。

表 2-44　长方形平面钢化玻璃对角线差允许偏差　　　　　（单位：mm）

| 厚度 | 边　长 | | |
| --- | --- | --- | --- |
| | $L \leq 2000$ | $2000 < L \leq 3000$ | $L \geq 3000$ |
| 3、4、5、6 | ±3 | ±4 | ±5 |
| 8、10、12 | ±4 | ±5 | ±6 |
| 15、19 | ±5 | ±6 | ±7 |
| >19 | 由供需双方商定 | | |

钢化玻璃的厚度允许偏差应符合表2-45的规定。

表 2-45　钢化玻璃厚度及其允许偏差　　　　　　　　　　（单位：mm）

| 厚　度 | 厚度允许偏差 | 厚　度 | 厚度允许偏差 |
| --- | --- | --- | --- |
| 3.0、4.0、5.0、6.0 | ±0.2 | 15.0 | ±0.6 |
| 8.0、10.0 | ±0.3 | 19.0 | ±1.0 |
| 12.0 | ±0.4 | >19.0 | 由供需双方商定 |

## 3. 边部加工、圆孔孔径及允许偏差

磨边形状及质量由供需双方商定。

孔径一般不小于玻璃的厚度,小于4mm的孔由供需双方商定,孔径的允许偏差应符合表2-46的规定。

表 2-46　钢化玻璃孔径及允许偏差　　　　　　　　　　　（单位：mm）

| 公称孔径 | 4～50 | 51～100 | >100 |
| --- | --- | --- | --- |
| 允许偏差,≤ | ±1.0 | ±2.0 | 供需双方商定 |

孔的大小及质量由供需双方商定,但不允许有大于1mm的爆边。

#### 4. 孔的位置

孔的边部距离 $a$ 不应小于玻璃公称厚度 $d$ 的 2 倍,如图 2-21 所示。

两孔孔边之间的距离 $b$ 不应小于玻璃公称厚度 $d$ 的 2 倍,如图 2-22 所示。

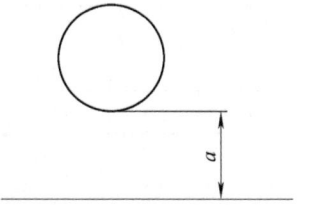

图 2-21 孔的边部距离玻璃边部的距离示意图

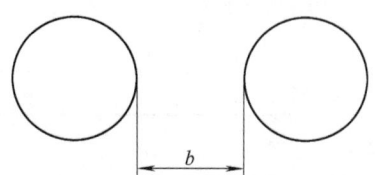

图 2-22 两孔孔边之间的距离示意图

孔的边部距玻璃角部距离 $c$ 不应小于玻璃公称厚度 $d$ 的 6 倍,如图 2-23 所示。如果孔的边部距玻璃角部的距离 $c$ 小于 35mm,那么这个孔不应处在相对于角部对称的位置上,具体位置由供需双方商定。

圆心的位置表示方法及允许偏差:圆孔圆心位置表示方法如图 2-24,用圆心的坐标位置 $(x, y)$ 表示圆心的位置。圆孔圆心位置 $(x, y)$ 的允许偏差与玻璃边长允许偏差相同,见表 2-43。

#### 5. 弯曲度

平面钢化玻璃的弯曲度,弓形时应不超过 0.5%;波形时应不超过 0.3%。

#### 6. 抗冲击性

取 6 块钢化玻璃试样进行检测,试样破坏数不超过 1 块为合格,多于或等于 3 块为不合格。破坏数为 2 块时,再另取 6 块进行检测,6 块必须全部不被破坏为合格。

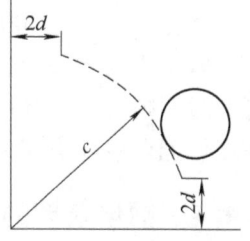

图 2-23 孔的边部距玻璃角部的距离 $c$ 要求示意图

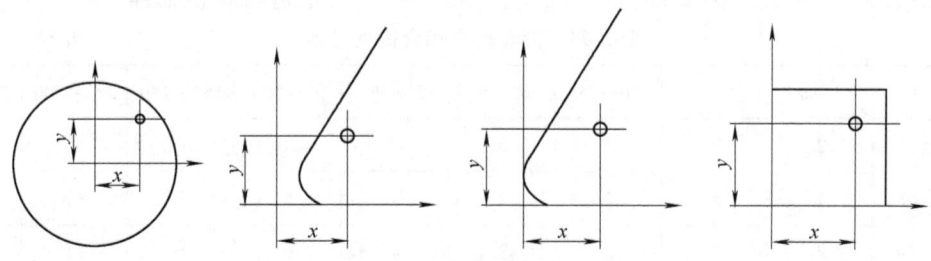

图 2-24 圆心位置表示方法

#### 7. 碎片状态

取 4 块钢化玻璃试样进行检测,每块试样在 50mm×50mm 区域内的碎片数必须满足表 2-47 的要求,且允许有少量长条形碎片,其长度不超过 75mm。

#### 8. 霰弹袋冲击性能

取 4 块平型钢化玻璃试样进行检测,必须符合下列任意一条的规定:

1)玻璃破碎时,每块试样的最大 10 块碎片质量的总和不得超过相当于试样 65m² 的质量。保留在框内的任何无贯穿裂纹的玻璃碎片的长度不能超过 120mm。

表 2-47　最少允许碎片数

| 玻璃品种 | 公称厚度/mm | 最少碎片数/片 |
| --- | --- | --- |
| 平面钢化玻璃 | 3 | 30 |
| | 4~12 | 40 |
| | ≥15 | 30 |
| 曲面钢化玻璃 | ≥4 | 30 |

2）霰弹袋下落高度为1200mm时，试样不破坏。

**9. 表面应力**

钢化玻璃的表面应力不应小于90MPa。

以制品为试样，取3块试样进行试验，当全部符合规定为合格，2块试样不符合则为不合格；当1块试样不符合时，再追加3块试样，如果3块全部符合规定则为合格。

**10. 耐热冲击性能**

钢化玻璃应耐200℃温差不破坏。

取4块试样进行试验，当4块试样全部符合规定时认为该项性能合格；当有2块以上不符合时，则认为不合格；当有1块不符合时，重新追加1块试样，如果它符合规定，则认为该项性能合格；当有2块不符合时，则重新追加4块试样，全部符合规定时则为合格。

## 2.4.4　钢化玻璃的检测方法

### 1. 检测方法

钢化玻璃的检测方法同防火玻璃。

### 2. 抽样及合格数要求

产品的尺寸和偏差、外观质量、弯曲度按表2-48的规定进行随机抽样。

表 2-48　批量范围和合格判定数　　　　（单位：mm）

| 批量范围 | 1~8 | 9~15 | 16~25 | 26~50 | 51~90 | 91~150 | 151~280 | 281~500 | 500~1000 |
| --- | --- | --- | --- | --- | --- | --- | --- | --- | --- |
| 抽检数 | 2 | 3 | 5 | 8 | 13 | 20 | 32 | 50 | 80 |
| 合格判定数 | 1 | 1 | 1 | 2 | 3 | 5 | 7 | 10 | 14 |
| 不合格判定数 | 2 | 2 | 2 | 3 | 4 | 6 | 8 | 11 | 15 |

对于产品所要求的其他技术性能，若用制品检验时，根据检测项目所要求的数量从该批产品中随机抽取；若用试样进行检验时，应采用同一工艺条件下制备的试样。当该批产品批量大于500块时，以每500块为一批分批抽取试样，当检验项目为非破坏性检测时可用它继续进行其他项目的检测。

### 3. 判定规则

若不合格品数等于或大于表2-48的不合格判定数，则认为该批产品外观质量、尺寸偏差、弯曲度不合格。其他性能也应符合相应条款的规定，否则，认为该项不合格。若上述各项中，有一项不合格，则认为该批产品不合格。

## 2.4.5 均质钢化玻璃的技术指标

均质钢化玻璃是指经过特定工艺条件处理过的钠钙硅钢化玻璃。

均质钢化玻璃的技术指标：尺寸及允许偏差、厚度及允许偏差、外观质量、弯曲度、抗冲击性、碎片状态、霰弹袋抗冲击性能、表面应力、耐热冲击性能（同钢化玻璃）等。弯曲强度（四点法弯法）以95%的置信区间，不超过5%的破损率，均质钢化玻璃的弯曲强度应符合表2-49的规定。

表2-49 均质钢化玻璃的弯曲强度

| 均 质 钢 化 玻 璃 | 弯曲强度/MPa |
| --- | --- |
| 以浮法玻璃为原片的均质钢化玻璃，镀膜均质玻璃 | 120 |
| 釉面均质钢化玻璃（釉面为加载面） | 75 |
| 压花均质钢化玻璃 | 90 |

## 2.4.6 夹层玻璃的技术指标

夹层玻璃的技术指标应符合 GB 15763.3—2009《建筑用安全玻璃 第3部分：夹层玻璃》的规定。

夹层玻璃是一种由一层玻璃与一层或多层玻璃、塑料材料夹中间层而成的玻璃制品。

中间层介于玻璃之间或玻璃与塑料材料之间起黏结和隔离作用的材料，使夹层玻璃具有抗冲击、阳光控制、隔音等性能。

**1. 分类**

1）按形状分为：平面夹层玻璃、曲面夹层玻璃。

2）按性能分为：Ⅰ类夹层玻璃（对霰弹袋冲击性能不作要求，不能作为安全玻璃使用）、Ⅱ-1类夹层玻璃（霰弹袋冲击高度可达1200mm）、Ⅱ-2类夹层玻璃（霰弹袋冲击高度可达750mm）、Ⅲ类夹层玻璃（霰弹袋冲击高度可达300mm）。

**2. 外观质量**

1）裂纹：不允许存在。

2）爆边：长度或宽度不得超过玻璃的厚度。

3）划伤和磨伤：不得影响使用。

4）脱胶：不允许存在。

5）气泡、中间层杂质及其他可观察到的不透明物等点缺陷允许个数须符合表2-50的规定。可视区线状缺陷应满足表2-51的规定。

6）周边缺陷。使用时装有边框的夹层玻璃周边区域，允许直径不超过5mm的点状缺陷存在。如点状缺陷是气泡，气泡面积之和不应超过边缘区面积的5%。使用时不带边框夹层玻璃的周边缺陷，由供需双方商定。

**3. 尺寸允许偏差**

1）长度和宽度的允许偏差应满足表2-52的规定。

2）夹层玻璃叠差如图2-25所示，最大叠差应符合表2-53的规定。

表 2-50 允许点缺陷数

| 缺陷尺寸 $\lambda$/mm | | 0.5 < $\lambda$ ≤ 1.0 | 1.0 < $\lambda$ ≤ 3.0 | | | |
|---|---|---|---|---|---|---|
| 板面面积 $S/m^2$ | | 不限 | $S$ ≤ 1 | 1 < $S$ ≤ 2 | 2 < $S$ ≤ 8 | $S$ > 8 |
| 允许的缺陷数/个 | 2 层 | 不得密集存在 | 1 | 2 | 1/m² | 1.2/m² |
| | 3 层 | | 2 | 3 | 1.5/m² | 1.8/m² |
| | 4 层 | | 3 | 4 | 2/m² | 2.4/m² |
| | ≥5 层 | | 4 | 5 | 2.5/m² | 3/m² |

注：1. 小于 0.5mm 的缺陷不予以考虑，不允许出现大于 3mm 的缺陷。
2. 当出现下列情况之一时，视为密集存在：两层玻璃时，出现 4 个或 4 个以上的缺陷，且彼此相距不到 200mm；三层玻璃时，出现 4 个或 4 个以上的缺陷，且彼此相距不到 180mm；四层玻璃时，出现 4 个或 4 个以上的缺陷，且彼此相距不到 150mm；五层以上玻璃时，出现 4 个或 4 个以上的缺陷，且彼此相距不到 100mm。

表 2-51 可视区线状缺陷

| 缺陷尺寸（长度 $L$，宽度 $B$）/mm | $L$ ≤ 30 且 $B$ ≤ 0.2 | $L$ > 30 或 $B$ > 0.2 | | |
|---|---|---|---|---|
| 玻璃面积 $S/m^2$ | $S$ 不限 | $S$ ≤ 5 | 5 < $S$ ≤ 8 | $S$ > 8 |
| 允许的缺陷数/个 | 允许存在 | 不允许 | 1 | 2 |

表 2-52 长度和宽度的允许偏差 （单位：mm）

| 公称直径（边长 $L$） | 公称厚度 ≤ 8 | 公称厚度 > 8 | |
|---|---|---|---|
| | | 每块玻璃公称厚度 < 10 | 至少一玻璃公称厚度 ≥ 10 |
| $L$ ≤ 1100 | +2<br>-2 | +2.5<br>-2 | +3.5<br>-2.5 |
| 1100 ≤ $L$ < 1500 | +3<br>-2 | +3.5<br>-2.0 | +4.5<br>-3 |
| 1500 ≤ $L$ < 2000 | +3<br>-2 | +3.5<br>-2.0 | +5<br>-3.5 |
| 2000 ≤ $L$ < 2500 | +4.5<br>-2.5 | +5<br>-3 | +6<br>-4 |
| $L$ > 2500 | +5<br>-3 | +5.5<br>-3.5 | +6.5<br>-4.5 |

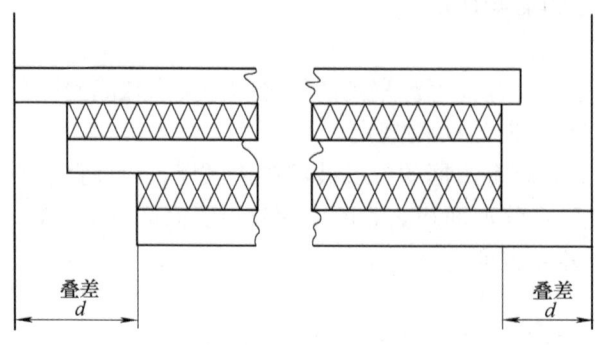

图 2-25 夹层玻璃叠差

表 2-53 最大允许叠差 （单位：mm）

| 长度或宽度 $L$ | $L \leq 1000$ | $1000 < L \leq 2000$ | $2000 < L \leq 4000$ | $L > 4000$ |
|---|---|---|---|---|
| 最大允许叠差 $\delta$ | 2.0 | 3.0 | 4.0 | 6.0 |

3）厚度。

①对于多层制品、原片玻璃总厚度超过 24mm 及使用钢化玻璃作为原片时，其厚度允许偏差由供需双方商定。

②干法夹层玻璃的厚度偏差不能超过构成夹层玻璃的原片允许偏差和中间层允许偏差之和。中间层总厚度小于 2mm 时，其允许偏差不予考虑。中间层总厚度大于 2mm 时，其允许偏差为 ±0.2mm。

③湿法夹层玻璃的厚度偏差不能超过构成夹层玻璃的原片允许偏差与中间层的允许偏差之和。湿法中间层的允许偏差见表 2-54。

表 2-54 湿法夹层玻璃中间层的允许偏差 （单位：mm）

| 中间层厚度 $d$ | $d < 1$ | $1 \leq d < 2$ | $2 \leq d < 3$ | $d \geq 3$ |
|---|---|---|---|---|
| 允许偏差 $\delta$ | ±0.4 | ±0.5 | ±0.6 | ±0.7 |

**4. 对角线偏差**

对矩形夹层玻璃制品，长边长度小于 2400mm 时，其对角线偏差不得大于 4mm；长边长度大于 2400mm 时，其对角线偏差由供需双方商定。

**5. 弯曲度**

平面夹层玻璃的弯曲度，弓形时应不超过 0.3%，波形时应不超过 0.2%。原片材料使用有非无机玻璃时，弯曲度由供需双方商定。

**6. 见光透射比**

可见光透射比由供需双方商定。取 3 块试样进行检测，3 块试样均符合要求时为合格。

**7. 可见光反射比**

可见光反射比由供需双方商定。取 3 块试样进行检测，3 块试样均符合要求时为合格。

**8. 耐热性**

检测后允许试样存在裂口，但超出边部或裂口 13mm 部分，不能产生气泡或其他缺陷。取 3 块试样进行检测。3 块试样全部符合要求时为合格，1 块符合时为不合格。当 2 块试样符合时，再追加 3 块新试样检测，3 块全部符合要求时则为合格。

**9. 耐湿性**

检测后超过原始边 15mm、新切边 25mm、裂口 10mm 部分不能产生气泡或其他缺陷。取 3 块试样进行检测。3 块试样全部符合要求时为合格，1 块符合时为不合格。当 2 块试样符合时，再追加 3 块新试样检测，全部符合时则为合格。

**10. 耐辐照性**

检测后要求试样不可产生显著变色、气泡及浑浊现象。

可见光透射比相对减少率 $\Delta T$ 应不大于 3%：

$$\Delta T = \frac{T_1 - T_2}{T_1} \times 100\% \tag{2-15}$$

式中 $\Delta T$——可见光透射比相对减少率（%）；

$T_1$——紫外线照射前的可见光透射比；

$T_2$——紫外线照射后的可见光透射比。

使用压花玻璃作原片的夹层玻璃对可见光透射比不作要求。取3块试样进行检测，3块试样全部符合要求时为合格，1块符合时不合格。当2块试样符合时，再追加检测3块新试样，全部符合时则为合格。

**11. 落球冲击剥离性能**

检测后中间层不得断裂或不得因碎片的剥落而暴露。钢化夹层玻璃、弯夹层玻璃、总厚度超过16mm的夹层玻璃及原片在3片或3片以上的夹层玻璃由供需双方商定。取6块试样进行检测，当5块或5块以上符合时为合格，3块或3块以下符合时为不合格。当4块试样符合时，再追加6块新试样检测，6块全部符合要求时为合格。

**12. 抗风压性能**

应由供需双方商定是否有必要进行本项检测，以便合理选择给定风载条件下适宜的夹层玻璃厚度，或验证所选定的玻璃厚度及面积能否满足设计抗风压值的要求。

**13. 霰弹袋冲击性能**

霰弹袋冲击性能见表2-55。

表2-55 霰弹袋冲击性能

| 种类 | 冲击高度/mm | 结 果 判 定 |
|---|---|---|
| Ⅱ-1类 | 1200 | 试样不破坏；如试样破坏，破坏部分不应存在断裂或使直径75mm球自由通过的孔 |
| Ⅱ-2类 | 750 | |
| Ⅲ类 | 300→450→600→750→900→1200 | 需同时满足以下要求<br>1. 破坏时，允许出现裂缝和碎裂物，但不允许出现断裂或产生使75mm球自由通过的孔<br>2. 在不同高度冲击后发生崩裂而产生碎片时，称量检测后5min内掉下来的10块最大碎片，其质量不得超过65cm²面积内原始试样的质量<br>3. 1200mm冲击后，试样不一定保留在检测框内，但应保持完整 |

## 2.4.7 夹层玻璃的检测方法

夹层玻璃的检测条件除特殊规定外，检测均应在下述条件下进行。

温度：20℃±5℃；气压：$8.60\times10^4\sim1.06\times10^5$ Pa；相对湿度：40%～80%。

**1. 外观质量检测同防火玻璃**

结果评定。

裂纹：不允许存在。

爆边：长度或宽度不得超过玻璃的厚度。

划伤和磨伤：不得影响使用。

脱胶：不允许存在。

气泡、中间层杂质及其他可观察到的不透明物等点缺陷允许个数与表2-50对照检查，进行评定。

**2. 尺寸检验**

（1）检测方法　同防火玻璃

（2）结果计算与评定　夹层玻璃的长度，宽度与表2-52对照，进行评定。

夹层玻璃的对角线：对矩形夹层玻璃制品，一边长度小于2400mm时，其对角线偏差不得大于4mm；一边长度大于2400mm时，其对角线偏差由供需双方商定。

夹层玻璃的厚度：

①对于多层制品、原片玻璃总厚度超过24mm及使用钢化玻璃作为原片时，其厚度允许偏差由供需双方商定。

②干法夹层玻璃的厚度偏差。干法夹层玻璃的厚度偏差不能超过构成夹层玻璃的厚片允许偏差和中间层允许偏差之和。中间层总厚度小于2mm时，其允许偏差不予考虑。中间层总厚度大于2mm时，其允许偏差为±0.2mm。

③湿法夹层玻璃的厚度偏差。湿法夹层玻璃厚度偏差不能超过构成夹层玻璃的原片允许偏差与中间层的允许偏差之和。

④中间层的允许偏差与标准对照，进行评定。

**3. 弯曲度的检测**

同防火玻璃的弯曲度的检测。

**4. 可见光透射比检测**

同防火玻璃。

**5. 可见光反射比检测**

同防火玻璃。

**6. 耐热性检测**

同防火玻璃。

**7. 湿性检测**

（1）试样　试样材料与制品相同，在相同工艺条件下制作，或直接从制品上切取的300mm×300mm检测片。

（2）检测步骤　按照GB/T 5137.3—2002《汽车安全玻璃　试验方法　第3部分：耐辐照高温潮湿燃烧和耐模拟气候试验》中7.2进行检测。

**8. 耐辐照检测**

（1）试样　试样为两块3mm的无色透明浮法玻璃与制品相同的中间层材料，在相同的工艺条件下生产的300mm×76mm平型检测片。

（2）检测步骤　按照GB/T 5137.3—2002《汽车安全玻璃　试验方法　第3部分：耐辐照高温潮湿燃烧和耐模拟气候试验》中5.4进行检测。

**9. 落球冲击剥离检测**

同防火玻璃。

**10. 霰弹袋冲击性能检测**

见钢化玻璃的检测中8. 霰弹袋冲击性能。

**11. 抽样方法**

产品的尺寸允许偏差、外观质量、弯曲度检测按表2-56的规定进行随机抽样。

表 2-56　批量范围和合格判定数　　　　　　　　　　（单位：片）

| 批量范围 | 抽样数 | 合格判定数 | 不合格判定数 | 批量范围 | 抽样数 | 合格判定数 | 不合格判定数 |
|---|---|---|---|---|---|---|---|
| 2~8 | 2 | 0 | 1 | 51~90 | 13 | 3 | 4 |
| 9~15 | 3 | 0 | 1 | 91~150 | 20 | 5 | 6 |
| 16~25 | 5 | 1 | 2 | 151~280 | 32 | 7 | 8 |
| 26~50 | 8 | 2 | 3 | 281~500 | 50 | 10 | 11 |

对产品所要求的其他技术性能，若用产品进行检验，应根据检测项目所要求的数量从该批产品中随机抽取。若用试样进行检验，应采用同一工艺条件下制备的试样。当该批产品批量大于500块时，以每500块为一批分批抽取试样，当检验项目为非破坏性检测时可用它继续进行其他项目的检测。

**12. 判定规则**

尺寸允许偏差、外观质量、弯曲度三项的不合格品数如大于或等于表 2-56 的不合格判定数，则认为该批产品外观质量、尺寸偏差和弯曲度不合格。

其他性能应符合各项规定，否则为不合格。上述各项中，有一项不合格，则认为该批产品不合格。

## 课题5　常用金属材料及检测

### 2.5.1　铝塑复合板的质量检测

**1. 普通装饰用铝塑复合板**

普通装饰用铝塑复合板的质量应符合 GB/T 22412—2008《普通装饰用铝塑复合板》的规定。

（1）标志、包装、随行文件

1）标志。每张产品均应标明产品标记、颜色、生产或安装方向、厂名厂址、商标、批号、生产日期及质量检验合格标志。产品若采用包装箱包装，其包装标志应符合 GB/T 191—2008《包装储运图示标志》及 GB 6388—1986《运输包装收发货标志》的规定。在包装箱的明显部位应有如下标志：

①企业名称。②产品名称。③生产批号。④内装数量。⑤产品规格。⑥执行标准。

2）包装。产品装饰面应覆有符合标准要求的保护膜。包装箱应有足够的强度，以保证运输、搬运及堆垛过程中不会损坏，应避免产品在箱中窜动。包装箱内应有产品合格证及装箱单。

合格证上应有如下内容：

①企业名称。②检验结果。③检验部门或人员标记。④产品颜色。

装箱单应有如下内容：

①企业名称。②产品名称、颜色。③产品标记。④生产批号。⑤产品数量。⑥包装日期。

3）随行文件包括产品合格证、装箱单及产品应用指南。合格证上应有如下内容：

①企业名称。②检验结果。③检验部门或人员标记。④产品颜色。

（2）外观质量　装饰用铝塑复合板外观应整洁、非装饰面应无影响产品使用的损伤，装饰面外观质量应符合表2-57的规定。

表2-57　装饰用铝塑复合板装饰面的外观质量

| 缺陷名称① | 技　术　要　求 | 缺陷名称① | 技　术　要　求 |
| --- | --- | --- | --- |
| 压痕 | 不允许 | 波纹 | 不允许 |
| 印痕 | 不允许 | 鼓泡 | 最大尺寸≤3mm，数量不超过3个/m² |
| 凹凸 | 不允许 | 疵点 | 不允许 |
| 正反面塑料外露 | 不允许 | 划伤、擦伤 | 不允许 |
| 漏涂 | 不允许 | 色差② | 目测不明显，仲裁时 $\Delta E \leq 2$ |

① 对于标志涉及的表面缺陷项目，本着不影响需方要求为原则由供需双方商定。
② 装饰性的花纹、色彩除外。

（3）规格尺寸　装饰用铝塑复合板的尺寸允许偏差应符合表2-58的规定，特殊规格的尺寸允许偏差可由供需双方商定。

表2-58　普通装饰用铝塑复合板的尺寸允许偏差

| 项　　目 | 技术要求 | 项　　目 | 技术要求 |
| --- | --- | --- | --- |
| 长度/mm | ±3 | 对角线差/mm | ≤5 |
| 宽度/mm | ±2 | 边直度/(mm/m) | ≤1 |
| 厚度/mm | ±0.2 | 翘曲度/(mm/m) | ≤5 |

（4）装饰板的铝材厚度及涂层厚度　装饰板的铝材厚度及涂层厚度应符合表2-59的规定，覆膜层的厚度由供需双方商定。

表2-59　装饰板的铝材厚度及涂层厚度

| 项　　　目 | | 技　术　要　求 |
| --- | --- | --- |
| 铝材厚度①/mm | 平均值 | ≥标称值 |
| | 最小值 | ≥标称值-0.02 |
| 涂层厚度/μm | 平均值 | ≥16 |
| | 最小值 | ≥14 |

① 产品应用时如采用开槽折边工艺时，铝材的厚度不宜小于0.2mm。

（5）装饰板的性能　装饰板的性能应符合表2-60的规定，氟碳树脂涂层的装饰板应符合GB/T 17448—2008《建筑幕墙用铝塑复合板》的规定。

**2. 建筑幕墙用铝塑复合板的质量标准**

（1）分类和代号　按幕墙板的燃烧性能分为普通型和阻燃型。普通型，代号为G；阻燃型，代号为FR。

（2）规格尺寸　幕墙板的常见规格尺寸有：

长度：2000、2440、3000、3200等，单位为mm；宽度：1220、1250、1500等，单位为mm；最小厚度：4，单位为mm；幕墙板的长度和宽度也可由供需双方商定。

表 2-60　普通装饰；铝塑复合板的性能

| 项目 | | | 要求 |
|---|---|---|---|
| 表面铅笔硬度 | | | ≥HB |
| 涂层光泽度偏差 | | | ≥10 |
| 涂层柔韧性/T | | | ≤3 |
| 附着力[①]/级 | 划格法 | | 0 |
| | 划圈法 | | 1 |
| 耐冲击性/（kg·cm） | | | ≥20 |
| 耐酸性 | | | 无变化 |
| 耐碱性 | | | 无变化 |
| 耐油性 | | | 无变化 |
| 耐溶剂性 | | | 不漏底 |
| 涂层耐沾污性（%） | | | ≤5 |
| 耐人工气候老化 | 色差 | | $\Delta E \leq 2.0$ |
| | 失光等级 | | 不次于 2 级 |
| | 其他老化性能/级 | | 0 |
| 抗盐雾性 | | | 不次于 1 级 |
| 弯曲强度[②]/MPa | | | ≥标称值 |
| 180°剥离强度（N/mm） | 平均值 | | ≥4.0 |
| | 最小值 | | ≥3.0 |
| 耐温差性 | 外观 | | 无变化 |
| | 剥离强度下降率 | | ≤10 |
| | 附着力[①]/级 | 划格法 | 0 |
| | | 划圈法 | 1 |
| 热变形温度/℃ | | | ≥85 |
| 耐热水性 | | | 无变化 |
| 燃烧性能[③] 等级/级 | | | 不低于 C |

① 划圈法为仲裁法，对覆膜装饰面不适用。
② 应注明弯曲强度标称值。
③ 燃烧性能针对阻燃型铝塑板。

（3）标记　示例：规格为 2440mm×1220mm×4mm、铝材厚度为 0.50mm、表面为氟碳树脂涂层的阻燃型幕墙板，其标记为：建筑幕墙用铝塑复合板 FR FC 2440×1220×4 0.50 GB/T 17748—2008。

（4）包装、标志、随行文件　同普通装饰用铝塑复合板。

（5）外观质量　同普通装饰用铝塑复合板。

（6）规格尺寸　同普通装饰用铝塑复合板。

（7）铝材要求　幕墙板应采用材质性能应符合 GB/T 3880.2《一般工业用铝及铝合金板、带材　第 2 部分：力学性能》的要求的 3×××系列、5×××系列或耐腐蚀性及力学性能更好的其他系列铝合金。

铝材应经过清洗和化学预处理,以清除铝材表面的油污、脏物和因与空气接触而自然形成的松散的氧化层,并形成一层化学转化膜,以利于铝材与涂层和芯层的牢固粘接。

(8) 涂层　幕墙板涂层材质宜采用耐候性能优异的氟碳树脂,也可采用其他性能相当或更优异的材质。

1) 目前最广泛采用的是耐候性优异的聚偏二氟乙烯氟碳树脂(PVDF),但纯 PVDF 树脂不宜在铝材上直接涂装,而要适当加入一些其他材料,以改变其涂装性能,即构成通常所称的 70% 氟碳树脂。

2) 70% 氟碳树脂,是指生产铝塑板涂层所用油漆的各种原材料中,PVDF 占树脂原料的 70%。由于油漆中还有颜料等成分以及氟碳树脂涂层下通常有一层非氟碳树脂材质的底涂,因此铝塑板总涂层中 PVDF 的最终含量大约为 25%~45%。

(9) 芯材　普通型幕墙板芯材所用原料的材质性能应符合 GB 11115《聚乙烯(PE)树脂》或其他相应的国家或行业标准要求。

1) 芯材原料的品质与铝塑板的产品质量密切相关。劣质废旧塑料中往往含有大量有害杂质及严重老化的塑料,对铝塑板的质量是极为不利的。

2) 聚氯乙烯通常被认为不宜用作芯材,因为其在高温下易分解产生强烈的有毒和腐蚀性的物质。

(10) 幕墙用铝塑复合板的铝材厚度及涂层厚度　幕墙用铝塑复合板的铝材厚度及涂层厚度应符合表 2-61 的规定。

表 2-61　幕墙用铝塑复合板的铝材厚度及涂层厚度

| 项　　目 | | | 技　术　要　求 |
|---|---|---|---|
| 铝材厚度/mm | | 平均值 | ≥0.50 |
| | | 最小值 | ≥0.48 |
| 涂层厚度[1]/μm | 二涂 | 平均值 | ≥25 |
| | | 最小值 | ≥23 |
| | 三涂 | 平均值 | ≥32 |
| | | 最小值 | ≥30 |

[1] 幕墙板涂层多数为底涂加面涂的二涂工艺,底涂厚度一般为 5μm,面涂厚度一般不小于 18μm,一些特殊涂层品种还要增加罩面保护层,以提高涂层的耐化学腐蚀能力和阻隔紫外线的能力,即采用底涂加面涂加罩面的三涂工艺。

(11) 幕墙用铝塑复合板的性能　建筑幕墙用铝塑复合板的性能应符合表 2-62 的规定。

表 2-62　建筑幕墙用铝塑复合板的性能

| 项　　目 | | 技　术　要　求 |
|---|---|---|
| 表面铅笔硬度 | | ≥HB |
| 涂层光泽度偏差 | | ≥10 |
| 涂层柔韧性/T | | ≤2 |
| 附着力/级 | 划格法 | 0 |
| | 划圈法 | 1 |

(续)

| 项　　目 | | | 技　术　要　求 |
|---|---|---|---|
| 耐冲击性/(kg·cm) | | | ≥50 |
| 耐磨耗性/(L/μm) | | | ≥5 |
| 涂层耐盐酸性 | | | 无变化 |
| 涂层耐硝酸性 | | | 色差 $\Delta E \leq 2$，无鼓泡、凸起、粉化等异常 |
| 涂层耐碱性 | | | 无鼓泡、凸起、粉化等异常 |
| 涂层耐油性 | | | 无变化 |
| 涂层耐溶剂性 | | | 不漏底，色差 $\Delta E \leq 5$ |
| 涂层耐沾污性 | | | ≤5 |
| 涂层耐人工气候老化 | 色差 | | $\Delta E \leq 4.0$ |
| | 失光等级 | | 不次于 2 级 |
| | 其他老化性能 | | 0 |
| 抗盐雾性 | | | 不次于 1 级 |
| 弯曲强度[②]/MPa | | | ≥100 |
| 弯曲弹性模量/MPa | | | $\geq 2.0 \times 10^4$ |
| 贯穿阻力/kN | | | ≥7.0 |
| 剪切强度/MPa | | | ≥22.0 |
| 辊筒剥离强度/(N/mm) | 平均值 | | ≥130 |
| | 最小值 | | ≥120 |
| 耐温差性 | 外观 | | 无变化 |
| | 剥离强度下降率/% | | ≤10 |
| | 附着力[①]/级 | 划格法 | 0 |
| | | 划圈法 | 1 |
| 热变形温度/℃ | | | ≥95 |
| 热膨胀系数/℃$^{-1}$ | | | $\leq 4.00 \times 10^{-5}$ |
| 耐热水性 | | | 无异常 |
| 燃烧性能等级[③]/级 | | | 不低于 C |

① 划圈法为仲裁法，对覆膜装饰面不适用。
② 应注明弯曲强度标称值。
③ 燃烧性能针对阻燃型铝塑板。

## 2.5.2　吊顶铝合金方板的质量检测

吊顶铝合金方板的质量应符合 GB/T 23444—2009《金属及金属复合材料吊顶板》的规定。

**1. 外观质量**

板材边部应切齐，无毛刺、裂边。板材不允许有开焊等。外观应整洁，图案清晰、色泽基本一致，无明显擦伤和毛刺；装饰面不得有明显压痕、印痕和凹凸等痕迹；目视无明显色差。

检测方法：按照 GB/T 9761—2008《色漆和清漆 色漆的目视比色》的规定，在非阳光直射的自然光条件下进行试验，将板侧力拼成一面，距板面中心 3m 处垂直目测，试验中应保持试样生产方向的一致性。抽取和摆放试样者不参与目测试验。

其他外观质量要求见表 2-63。

表 2-63 吊顶铝合金方板其他外观质量

| 分 类 | 外 观 质 量 要 求 |
|---|---|
| 液体喷涂 | 涂层应无流痕、裂纹、气泡、夹杂物或其他表面缺陷 |
| 粉末喷涂 | 涂层应平滑、均匀，不允许有皱纹、流痕、鼓泡、裂纹、发粘 |
| 覆膜 | 无针孔、鱼跟、鼓泡、折痕、杂质印、气泡、毛刺、水纹、分层、剥离、面膜皱褶和面膜划伤等，花纹无差异 |
| 阳极氧化 | 不允许有电灼伤、氧化膜脱落及开裂等缺陷 |

**2. 规格尺寸**

1）铝及铝合金吊顶板基材的平均厚度不小于 0.35mm。

2）铝及铝合金基材厚度偏差（不包括膜厚）应符合 GB/T 3880.3—2006《一般工业用铝及铝合金板、带材 第 3 部分：尺寸偏差》的规定。

3）吊顶铝合金方板的尺寸偏差。

①吊顶铝合金方板的规格尺寸偏差应符合表 2-64 的规定。

表 2-64 吊顶铝合金方板的尺寸偏差

| 项 目 | | 要 求 | |
|---|---|---|---|
| | | 优等品 | 合格品 |
| 长度 $l$ | $l \geq 1000$ （mm/m） | -0.4 ~ 0 | -1 ~ 0 |
| | $l < 1000$ （mm/m） | -0.3 ~ 0 | -1 ~ 0 |
| 宽度 $b$/mm | | 0.3 ~ 0 | -1 ~ 0 |
| 折边高度 $h$/mm | | — | ±0.3 |

②棱边弯曲：最大值不超过 2‰。

③挠度要求。吊顶铝合金方板自然挠度应符合表 2-65 的规定。

表 2-65 吊顶铝合金方板自然挠度要求 （单位：mm）

| 宽度 $b$ | 长度 $l \leq 1000$ | | $1000 < $ 长度 $l \leq 2000$ | | $1000 < $ 长度 $l \leq 3000$ | |
|---|---|---|---|---|---|---|
| | 边部 $C$ | 中间 $D$ | 边部 $C$ | 中间 $D$ | 边部 $C$ | 中间 $D$ |
| $b \leq 400$ | -0.5 ~ +0.5 | -0.2 ~ +3.0 | -0.5 ~ +1.5 | -0.2 ~ +4.0 | -0.5 ~ +3.0 | -0.2 ~ +6.0 |
| $400 < b \leq 500$ | | 0 ~ +4.0 | | 0 ~ +5.0 | -0.5 ~ +3.5 | 0 ~ +7.0 |
| $500 < b \leq 625$ | | 0 ~ +6.0 | | 0 ~ +7.0 | -0.5 ~ +4.0 | 0 ~ +9.0 |
| $625 < b \leq 1250$ | | 0 ~ 10.0 | | 0 ~ 13.0 | 合同规定 | |

4）微穿孔板穿孔尺寸要求 微穿孔板穿孔尺寸见表 2-66。其孔的排列形式有很多，图 2-27 给出了其中一种。

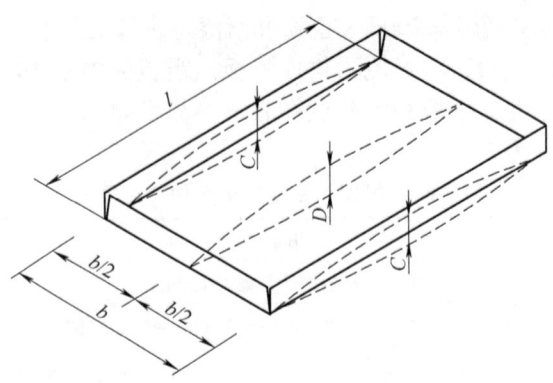

图 2-26 吊顶铝合金方板挠度示意图
$l$—样品长度 $b$—样品宽度 $C$—边部挠度 $D$—中间挠度

表 2-66 微穿孔板穿孔尺寸要求

| 项 目 | | 允 许 偏 差 |
|---|---|---|
| 长度大于 1000mm 时 | 距长边孔边距（$d_1$） | ±0.90mm/m |
| | 距短边孔边距（$d_2$） | ±0.50mm |
| 长度小于 1000mm 时 | 孔边距/mm | ±0.50mm |

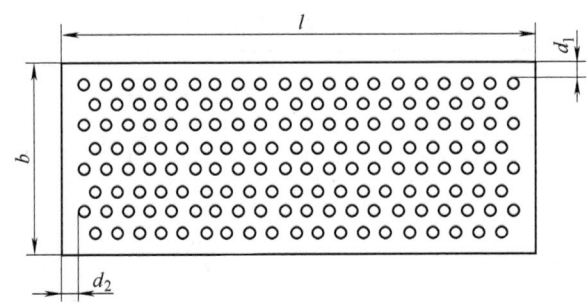

图 2-27 有孔天花板微孔尺寸示意图
$l$—样品长度 $b$—样品宽度 $d_1$—距长边孔边距 $d_2$—距短边孔边距

### 3. 膜厚要求

吊顶铝合金方板的膜层厚度要求见表 2-67。

表 2-67 吊顶铝合金方板的膜层厚度要求　　　　　　　　（单位：μm）

| 膜 层 种 类 | | | 膜 厚 要 求 |
|---|---|---|---|
| 喷涂 | 液体 | 氟碳 | 二涂 | 平均膜厚≥30，最小局部膜厚≥25 |
| | | | 三涂 | 平均膜厚≥40，最小局部膜厚≥34 |
| | | | 四涂 | 平均膜厚≥65，最小局部膜厚≥55 |
| | | 聚酯、丙烯酸 | 平均膜厚≥25，最小局部膜厚≥20 |
| | 粉末 | 聚酯 | 最小局部膜厚≥40 |
| 覆膜 | | | 150~180 |

（续）

| 膜层种类 | | 膜厚要求 |
| --- | --- | --- |
| 阳极氧化 | AA5 | 平均膜厚≥5，最小局部膜厚≥4 |
| | AA10 | 平均膜厚≥10，最小局部膜厚≥8 |
| | AA15 | 平均膜厚≥15，最小局部膜厚≥12 |
| | AA20 | 平均膜厚≥20，最小局部膜厚≥16 |
| | AA25 | 平均膜厚≥25，最小局部膜厚≥20 |

**4. 膜层性能要求**

吊顶铝合金方板的膜层性能要求见表2-68。

表2-68 吊顶铝合金方板的膜层性能要求

| 项 目 | | | 要 求 |
| --- | --- | --- | --- |
| 光泽度偏差 | 光泽度≤30 | | ±4 |
| | 30＜光泽度＜70 | | ±5 |
| | 光泽度≥70 | | ±6 |
| 附着力（不适用于阳极氧化板） | | | 0级 |
| 漆膜硬度（不适用于阳极氧化板） | | | ≥HB |
| 耐冲击性/kg·cm（不适用于阳极氧化板） | | | ≥4 |
| 耐酸性（不适用于阳极氧化板） | | | 无变化 |
| 耐碱性（不适用于阳极氧化板） | | | 无变化 |
| 耐油性 | | | 无变化 |
| 耐久性（如有额外要求，由双方协商规定试验时间） | 耐湿热性 | | 不次于1级 |
| | 耐人工加速老化性（仅适用于室外、半室外及其他有耐久性要求的吊顶板） | 色差 | $\Delta E \leq 3.0$ |
| | | 光泽度保持 | ≥70% |
| | | 粉化 | 不次于0级 |
| | | 其他老化性能 | 不次于0级 |
| 耐沸水性（仅适用于覆膜吊顶板） | | | 无变化 |

**5. 吊顶板所用铝材的化学成分**

铝材化学成分应符合GB/T 3190—2008《变形铝及铝合金化学成分》的规定。

**6. 吊顶板所用铝材的力学性能**

铝材的力学性能应符合GB/T 3880.2—2006《一般工业用铝及铝合金板、带材 第2部分：力学性能》的规定。

## 2.5.3 吊顶铝合金条板、扣板的质量检测

吊顶铝合金方板的质量应符合GB/T 23444—2009《金属及金属复合材料吊顶板》的规定。

**1. 外观质量**

外观质量同吊顶铝合金方板。

**2. 规格尺寸**

1）铝及铝合金吊顶板基材的平均厚度不小于0.35mm。

2）铝及铝合金基材厚度偏差（不包括膜厚）应符合GB/T 3880.3—2006《一般工业用铝及铝合金板、带材 第3部分：尺寸偏差》的规定。

3）吊顶铝合金条板、扣板的尺寸偏差。

①吊顶铝合金条板、扣板的规格尺寸偏差应符合表2-69的规定。

**表2-69 吊顶铝合金条板、扣板的尺寸偏差** （单位：mm）

| 项目 | | 要求 | |
|---|---|---|---|
| | | 优等品 | 合格品 |
| 长度 l | 850 < l ≤ 3000 | ±1.25 | ±2 |
| | 3000 < l ≤ 6000 | — | ±2 |
| 宽度 b | | — | ±0.75 |
| 折边高度 h | | — | ±0.5 |

②棱边弯曲：最大弯曲不超过2‰。

③挠度要求。吊顶铝合金方板自然挠度应符合表2-70的规定。

**表2-70 吊顶铝合金条板、扣板自然挠度要求** （单位：mm）

| 位置 | 宽度 b ≤ 100 | 100 < 宽度 b ≤ 200 | 200 < 宽度 b ≤ 300 | 300 < 宽度 b ≤ 400 |
|---|---|---|---|---|
| A | -1.0 ~ +1.5 | -1.25 ~ +2.0 | -1.5 ~ +2.5 | -1.75 ~ +2.7 |
| B | -1.0 ~ +1.5 | -2.5 ~ +2.0 | -3.5 ~ +2.5 | -4.0 ~ +2.7 |

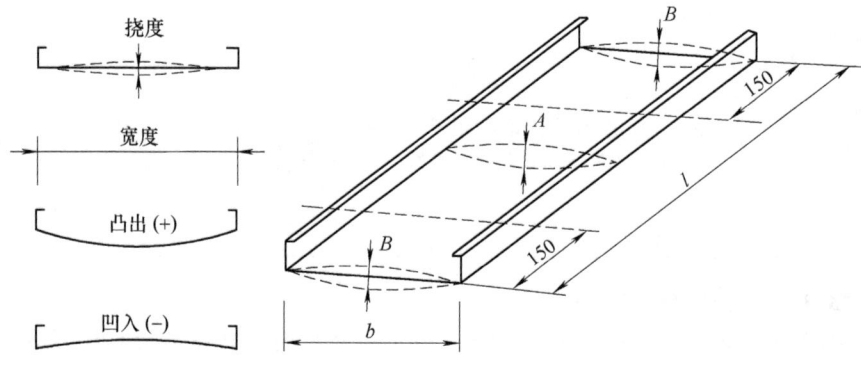

图2-28 吊顶铝合金条板、扣板的自然挠度

$l$—样品长度　$b$—样品宽度　$A$—中部挠度　$B$—端部挠度

4）微穿孔板穿孔尺寸要求同铝合金方板。

**3. 膜厚要求**

膜厚要求同铝合金方板。

**4. 膜层性能要求**

膜层性能要求同铝合金方板。

**5. 吊顶铝合金条板、扣板所用铝材的化学成分**

吊顶铝合金条板、扣板所用铝材的化学成分应符合GB/T 3190—2008《变形铝及铝合金化学成分》的规定。

**6. 吊顶铝合金条板、扣板所用铝材的力学性能**

吊顶铝合金条板、扣板所用铝材的力学性能应符合GB/T 3880.2—2006《一般工业用铝及铝合金板、带材第 2 部分：力学性能》的规定。

### 2.5.4 吊顶用涂层钢板的质量检测

吊顶用涂层钢板的质量应符合 GB/T 23444—2009《金属及金属复合材料吊顶板》的规定。

**1. 外观质量**

板材边部应切齐，无毛刺、裂边。板材不允许有开焊等。外观应整洁，图案清晰、色泽基本一致，无明显擦伤和毛刺；装饰面不得有明显压痕、印痕和凹凸等痕迹；目视无明显色差。

检测方法：同铝合金方板。

其他外观质量要求见表 2-71。

表 2-71 吊顶用涂层钢板其他外观质量要求

| 分类 | 外 观 质 量 要 求 |
|---|---|
| 液体喷涂 | 涂层应无流痕、裂纹、气泡、夹杂物或其他表面缺陷 |
| 粉末喷涂 | 涂层应平滑、均匀，不允许有皱纹、流痕、鼓泡，裂纹、发粘 |

**2. 规格尺寸**

1) 涂层钢板基材的平均厚度不小于 0.30mm。
2) 铝及铝合金基材厚度偏差（不包括膜厚）应符合 GB/T 12754—2006 规定。
3) 吊顶铝合金条板、扣板的尺寸偏差同铝合金吊顶方板。

**3. 膜厚要求**

膜厚要求同铝合金方板。吊顶用涂层钢板的膜层厚度应符合表 2-72 的规定。

表 2-72 涂层钢板吊顶板的膜层厚度要求　　　　　　　　（单位：μm）

| 膜层种类 | | | 膜 厚 要 求 |
|---|---|---|---|
| 辊涂 | 氟碳 | 二涂 | 平均膜厚≥25，最小局部膜厚≥23 |
| | | 三涂 | 平均膜厚≥32，最小局部膜厚≥30 |
| | 聚酯、丙烯酸 | | 平均膜厚≥16，最小局部膜厚≥14 |
| 喷涂 | 液体 | 氟碳 | |
| | | 二涂 | 平均膜厚≥30，最小局部膜厚≥25 |
| | | 三涂 | 平均膜厚≥40，最小局部膜厚≥34 |
| | | 四涂 | 平均膜厚≥65，最小局部膜厚≥55 |
| | | 聚酯、丙烯酸 | 平均膜厚≥25，最小局部膜厚≥20 |
| | 粉末 | 聚酯 | 最小局部膜厚≥40 |

**4. 膜层性能要求**

膜层性能要求同铝合金方板。吊顶用涂层钢板的膜层性能应符合表 2-73 的规定。

表 2-73 涂层钢板吊顶板的膜层性能要求

| 项 目 | | | 要 求 |
|---|---|---|---|
| 光泽度偏差 | | 光泽度≤30 | ±4 |
| | | 30＜光泽度＜70 | ±5 |
| | | 光泽度≥70 | ±6 |
| 附着力 | | | ≤5T |
| 漆膜硬度（不适用于阳极氧化板） | | | ≥HB |
| 耐冲击性/N·m | | | ≥6 |
| 耐酸性 | | | 无变化 |
| 耐碱性 | | | 无变化 |
| 耐油性 | | | 无变化 |
| 耐久性（如有额外要求，由双方协商规定试验时间） | 耐湿热性 | | 不次于 1 级 |
| | 耐人工加速老化性（仅适用于室外、半室外及其他有耐久性要求的吊顶板） | 色差 | $\Delta E \leq 3.0$ |
| | | 光泽度保持 | ≥70% |
| | | 粉化 | 不次于 0 级 |
| | | 其他老化性能 | 不次于 0 级 |

**5. 吊顶用涂层钢板的钢板基材的化学成分**

吊顶用涂层钢板的钢板基材的化学成分应符合 GB/T 12754—2006《彩色涂层钢板及钢带》的规定。

**6. 吊顶用涂层钢板所用钢材的力学性能**

吊顶用涂层钢板所用钢材的力学性能应符合 GB/T 12754—2006《彩色涂层钢板及钢带》的规定。

### 2.5.5 装饰用不锈钢板的质量检测

**1. 装饰不锈钢板的分类**

装饰不锈钢板按表面加工形式分为四大类：拉丝不锈钢板、镜面不锈钢板（8K 不锈钢板）、PVD 镀膜不锈钢板和蚀刻花纹不锈钢板。

**2. 不锈钢板的包装与标志**

1）包装。产品正面要用 PVC 保护膜覆盖，平放在包装箱中，包装应完好、牢固，并有防潮防污染措施。

2）标志。货物的品种、规格、数量、批号、色号等应清晰、完整，并与建议单据一致。标志应加贴或喷涂于明显处，并作适当的保护，以免脱落、淋湿或模糊。

**3. 不锈钢拉丝板的质量标准**

不锈钢拉丝板的质量标准可参考表 2-74 的规定。

**4. 不锈钢镜面板的质量标准**

不锈钢镜面板的质量标准可参考表 2-75 的规定。

**5. PVD 镀膜不锈钢的质量标准**

PVD 镀膜不锈钢板的质量标准可参考表 2-76 的规定。

表 2-74 不锈钢拉丝板的质量标准

| 检测项目 | 技术要求 | 检测方法 |
| --- | --- | --- |
| 外观质量（包括凹凸点、辊印、折痕、手印、污点、水迹、划痕） | 不允许 | 目测 |
| 拉丝平行度 | 不允许有明显的倾斜 | 目测 |
| 拉丝明暗度 | 不允许有明显的不一致 | 目测 |
| 规格偏差 | 允许公差：<br>长，±2mm；<br>宽，±2mm；<br>厚，±板厚的7% | 用钢卷尺和千分尺测量，每张样品分别在两端和中间部位量取三处，取平均值 |
| 钢板不平度 | ≤7mm/m | 用钢直尺测量与水平面间的最大间隙 |
| 包装与标志 | 符合要求 | 目测 |

表 2-75 不锈钢镜面板的质量标准

| 检测项目 | 技术要求 | 检测方法 |
| --- | --- | --- |
| 外观质量（包括凹凸点、辊印、折痕、手印、污点、水迹、虚线、亮点） | 不允许 | 目测 |
| 规格偏差 | 允许公差：<br>长，±2mm；<br>宽，±2mm；<br>厚，±板厚的7% | 用钢卷尺和千分尺测量，每张样品分别在两端和中间部位量取三处，取平均值 |
| 钢板不平度 | ≤7mm/m | 用钢直尺测量与水平面间的最大间隙 |
| 光亮度 | 20°，≥1300；<br>60°，≥620 | 用光亮度测光仪测量，在板的中心和四角测定五个点 |
| 包装与标志 | 符合要求 | 目测 |

表 2-76 PVD 镀膜不锈钢板的质量标准

| 检测项目 | 技术要求 | 检测方法 |
| --- | --- | --- |
| 外观质量（包括凹凸点、辊印、折痕、手印、污点、水迹、亮点、白点、虚线） | 不允许 | 目测 |
| 颜色 | 与样品颜色与亮度一致且整张板无明显色差 | 目测 |
| 规格偏差 | 允许公差：<br>长，±2mm；<br>宽，±2mm；<br>厚，±板厚的7% | 用钢卷尺和千分尺测量，每张样品分别在两端和中间部位量取三处，取平均值 |
| 钢板不平度 | ≤7mm/m | 用钢直尺测量与水平面间的最大间隙 |
| 包装与标志 | 符合要求 | 目测 |

## 6. 蚀刻花纹不锈钢板的质量标准

蚀刻花纹不锈钢板的质量标准可参考表 2-77 的规定。

表 2-77　蚀刻花纹不锈钢板的质量标准

| 检测项目 | 技术要求 | 检 测 方 法 |
| --- | --- | --- |
| 外观质量（包括凹凸点、辊印、折痕、手印、污点、水迹、虚线、亮点） | 不允许 | 目测 |
| 花纹图案 | 清晰、轮廓周围无明显锯齿状 | 目测 |
| 蚀刻深度 | 深度一致，能满足客户要求 | 测厚仪 |
| 规格偏差 | 允许公差：<br>长，±2mm；<br>宽，±2mm；<br>厚，±板厚的7% | 用钢卷尺和千分尺测量，每张样品分别在两端和中间部位量取三处，取平均值 |
| 钢板不平度 | ≤7mm/m | 用钢直尺测量与水平面间的最大间隙 |
| 包装与标志 | 符合要求 | 目测 |

### 2.5.6　常用紧固件、连接件的质量检测

1）外观要求：所有表面清洁干净、无污脏、杂物，外包装符合相关要求。

2）规格型号要求：所有紧固件、连接件的规格和型号应与设计要求一致。

3）力学性能要求：金属连接件、紧固件所用的金属材料其强度、硬度和机械性能应符合要求。

4）焊接要求：焊接处平整、光滑、无脱焊、虚焊、焊穿、气孔、裂纹等缺陷。

5）漆膜要求：表面光滑，光亮度一致，无剥落、无返锈、无粘漆、无流挂、露底、划伤、毛刺、色差等缺陷。

6）电镀层要求：表面光洁，镀层均匀一致，无剥落、返锈、花斑、划痕、镀层流痕等缺陷。

7）安全性要求：在易接触人体的部位不得有突出的毛刺或刃口棱角，应砂平或砂圆，一般要求圆角处理。

8）丝牙要求：丝牙参数应符合国家标准，无漏牙、缺牙。

9）不锈钢抛光要求：抛光无痕，光泽自然柔畅。

# 课题 6　常用木材及制品的检测

## 2.6.1　实木材料的质量检测

### 1. 木龙骨的检测

（1）木龙骨的品种及规格　木龙骨是装修中的一种常用基材，它是用成型板材经剖切净面加工而成的，选材上可分为白松木、红松木、马尾松及杉木等种类。一般有 20mm × 30mm、30mm × 50mm、40mm × 60mm 等规格，长度一般为 4000mm。

（2）外观质量

1) 挑选木龙骨时须注意木龙骨本身要无过多疤结（任意长度为 1000mm 范围内的树节个数一般不超过 10 个，且最大尺寸不得超过截面宽度的 40%）和虫眼（每 1000mm 范围内不超过 15 个，且尺寸不大于 8mm）。

2) 木龙骨的头尾部尺寸应一致，不应出现粗细头现象。

3) 无严重腐朽和发霉现象。

4) 裂纹和夹皮不得超过材长的 30%。

5) 挑选成捆木龙骨时须打开检查，应无断材以及夹杂着表皮、枝梢类龙骨。

（3）尺寸偏差

1) 长度：+60mm ~ -20mm。

2) 宽度：+2mm ~ -2mm。

3) 弯曲：横弯不超过长度的 2%；顺弯不超过长度的 3%。

（4）含水率　木龙骨的含水率不能超过 20%（当使用时木龙骨的含水率不能超过 12%），可以用数字式木材测湿仪来检测。

**2. 实木装饰线条的检测**

（1）外观质量　实木装饰线条的质量可参考表 2-78 的规定。

表 2-78　实木装饰线条的外观质量

| 缺陷名称 | 检量项目 | 表面 | | | 背面 |
|---|---|---|---|---|---|
| | | 优等品 | 一等品 | 合格品 | |
| 活节 | 最大单个直径/mm | 不允许 | ≤5 | ≤10 | 不限 |
| | 每米允许个数/个 | | ≤2 | ≤3 | |
| 死节、半活节 | 最大单个直径/mm | 不允许 | | ≤10 | ≤10 |
| | 每米允许个数/个 | | | ≤1 | ≤1 |
| 腐朽 | — | 不允许 | | | 不允许 |
| 木材构造缺陷 | — | 不允许 | | | 不明显 |
| 缺棱 | — | 不允许 | | | 不允许 |
| 裂纹 | 单个最大宽度/mm | 不允许 | | ≤0.1 | ≤0.3 |
| | 长度为板长的百分比（%） | | | ≤20 | ≤30 |
| | 允许条数/条 | | | ≤1 | ≤1 |
| 加工波纹 | — | 不允许 | 不明显 | | 不限 |
| 虫眼 | 最大单个直径/mm | 不允许 | | ≤1.5 | ≤2 |
| | 每米允许个数/个 | | | ≤3 | ≤5 |
| 变色 | 不超过线条面积的百分比（%） | 不允许 | ≤10（浅色） | | ≤30 |
| 其他缺陷 | — | 不允许有其他影响线条使用的外观及加工缺陷 | | | |

（2）尺寸偏差

1) 长度：不允许有负偏差。

2) 宽度：宽度最大值与最小值之差不大于 1mm。

3) 厚度：厚度最大值与最小值之差不大于 1mm。

（3）含水率　实木线条的含水率不能超过12%，可以用数字式木材测湿仪来检测。

## 2.6.2　普通胶合板的质量检测

**1. 包装、标志**

1）包装。包装上应有商标、规格、品种、数量、批号、等级、环保级别、生产日期、执行标准、生产企业名称、通讯地址等信息。

2）标志。凡声明符合本标准规定的装饰单板贴面人造板标志应有：产品名称、标准号、商标、甲醛释放限量级别、中国环境标志及其他认证标志等。

标记的方法，可以在每张板的适当部位用不褪色的油墨加盖有上述内容的印戳，也可以在每批产品的标签、包装物上标明上述内容。

建议购买有中国环境标志（绿色十环标志）的产品。

**2. 外观质量**

GB/T 9846.4—2004《胶合板　第4部分：普通胶合板外观分等技术条件》中普通胶合板根据外观质量分为优等品、一等品和合格品。

1）优等品表面不允许有明显的树节、裂缝、拼缝、离缝、夹皮、虫孔、孔洞、腐朽、变色、表板叠层、芯板叠层、凹陷、压痕、鼓泡、毛刺、沟痕、透胶、砂穿痕迹、修补及板边缺损等缺陷；一等品表面缺陷不明显；合格品表面缺陷不影响使用。

2）板材表面平整，不应有明显的翘曲和凹凸。

**3. 尺寸偏差**

普通胶合板的尺寸偏差应符合表2-79《胶合板　第2部分：尺寸公差》(GB/T 9846.2—2004）的规定。

表2-79　普通胶合板（单面砂光）的尺寸偏差

| 检测项目 | | 允许偏差 | |
|---|---|---|---|
| 长度、宽度偏差 | | ±2.5mm | |
| 厚度偏差 | 板内厚度公差 | 板厚 $t \leqslant 3$mm 时，0.3mm | |
| | | 3mm < 板厚 $t < 5$mm 时，0.5mm | |
| | | 板厚 $t > 5$mm 时，0.6mm | |
| | 与样品板之间的厚度偏差 | 板厚 $t \leqslant 3$mm 时，±0.2mm | |
| | | 3mm < 板厚 $t < 5$mm 时，±0.3mm | |
| | | 板厚 $t > 5$mm 时，$-(0.4+0.03t) \sim +(0.2+0.03t)$ | |
| 边直度公差/(mm/m) | | $\leqslant 1$ | |
| 直角度公差/(mm/m) | | $\leqslant 1$ | |
| 翘曲度（$t \geqslant 6$mm 时） | | 优等品 | $\leqslant 0.5\%$ |
| | | 一等品 | $\leqslant 1\%$ |
| | | 合格品 | $\leqslant 2\%$ |

注：1. 所有普通胶合板的表板厚度不得小于0.55mm。
　　2. 正常干燥情况下，阔叶树材胶合板的表板厚度不得大于3.5mm，内层单板厚度不得大于5mm；针叶树材胶合板的表板厚度和内层单板厚度不得大于6.5mm。

## 4. 含水率

普通胶合板的含水率不能超过16%（使用时含水率不得超过12%），可以用数字式木材测湿仪来检测。普通胶合板的含水率应符合表2-80的规定。

表2-80　普通胶合板的含水率

| 胶合板品种 | Ⅰ类、Ⅱ类 | Ⅲ类 |
| --- | --- | --- |
| 阔叶树材（含热带阔叶树材） | 6%~14% | 6%~16% |
| 针叶树材 | | |

注：Ⅰ类胶合板是耐候胶合板，可供室外使用；Ⅱ类胶合板是耐潮胶合板，可在室内潮湿条件下使用；Ⅲ类只能在室内干燥条件下使用。

## 5. 环保级别（甲醛释放量）

普通胶合板根据甲醛的释放量分为 $E_0$ 级（≤0.5mg/L、干燥器法）、$E_1$ 级（≤1.5mg/L、干燥器法）和 $E_2$ 级（≤5.0mg/L、干燥器法）三个级别。$E_0$ 级、$E_1$ 级可直接使用于室内，$E_2$ 级表面必须经涂饰或贴面覆膜后方可在室内使用。

## 6. 物理力学性能

1）耐水性能。Ⅰ类耐候胶合板能通过煮沸试验；Ⅱ类胶合板能通过63℃±3℃的热水浸渍试验；Ⅲ类胶合板能通过干状试验。

2）胶合强度是指将用专用胶粘剂将专用钢制卡头（钢头底面面积为400mm² 即2cm×2cm）底面黏合在试件中央，沿卡头四周切断单板装饰层，切割深至基材表面，然后等完全粘牢后（1小时以后），然后垂直向上拉，通过能将贴面层拉起时的最小拉力计算出的强度值。胶合板强度标值应符合表2-81的规定。

表2-81　胶合板强度指标值　　（单位：MPa）

| 树种或木材名称或国外商品材名称 | 类别 | |
| --- | --- | --- |
| | Ⅰ类、Ⅱ类 | Ⅲ类 |
| 椴木、杨木、拟赤杨、泡桐、橡胶木、柳桉木、奥克榄、白梧桐、异翅香、海棠木 | ≥0.70 | ≥0.70 |
| 水曲柳、荷木、枫香、槭木、柞木、阿必东、克隆、山樟 | ≥0.80 | |
| 桦木 | ≥1.00 | |
| 马尾松、云南松、落叶树、云杉、辐射松 | ≥0.80 | |

## 2.6.3　装饰单板贴面胶合板的质量检测

装饰单板贴面胶合板又称装饰面板，或简称面板，使用天然名贵木材经刨切或旋切加工成的微薄木贴在普通胶合板的表面制成的，具有很好的装修效果，施工时表面一般要进行清漆饰面。装饰单板贴面胶合板的质量应符合GB/T 15104—2006《装饰单板贴面人造板》的规定。

### 1. 包装、标志

1）包装。产品出厂时应按产品的分类包装，并在包装上标明生产企业名称、品种、类别、规格和装饰单板层厚度、等级、批号、通讯地址及生产日期等信息。包装要做到产品免受磕碰、划伤和污损。包装要求亦可由供需双方商定。

2）标志。凡声明符合本标准规定的装饰单板贴面人造板标志应有：产品名称、标准号、商标、甲醛释放限量级别、中国环境标志及其他认证标志等。

标记的方法，可以在每张板的适当部位用不褪色的油墨加盖有上述内容的印戳，也可以在每批产品的标签、包装物上标明上述内容。

建议购买有中国环境标志（绿色十环标志）的产品。

**2. 外观质量**

装饰单板贴面胶合板根据外观质量分为优等品、一等品和合格品。其外观质量应符合表2-82装饰单板贴面胶合板装饰面外观质量要求的规定。

表2-82 装饰单板贴面胶合板装饰面外观质量要求

| 检量项目 | | | 装饰单板贴面胶合板 | | |
|---|---|---|---|---|---|
| | | | 优等 | 一等 | 合格 |
| 装饰性 | | 视觉 | 材色和花纹美观 | | |
| | | 花纹一致性（仅限于有要求时） | 花纹一致或基本一致 | | |
| 材色不均、变褪色 | | 色差 | 不易分辨 | 不明显 | 明显 |
| 活节 | 阔叶树材 | 最大单个长径/mm | 10 | 20 | 不限 |
| | 针叶树材 | | 5 | 10 | 20 |
| 死节、孔洞、夹皮、树脂道等 | 半活节、死节、孔洞、夹皮和树脂道、树胶道 | 每平方米板面上缺陷总个数/个 | 不允许 | 4 | 4 |
| | 半活节 | 最大单个长径/mm | 不允许 | 10，小于5不计，脱落需填补 | 20，小于5不计，脱落需填补 |
| | 死节、虫孔、孔洞 | 最大单个长径/mm | 不允许 | | 5，小于3不计，脱落需填补 |
| | 夹皮 | 最大单个长度/mm | 不允许 | 10，小于5不计 | 30，小于10不计 |
| | 树脂道、树胶道 | 最大单个长度/mm | 不允许 | 15，小于5不计 | 30，小于10不计 |
| 腐朽 | | | 不允许 | | |
| 裂缝、条状缺损（缺丝） | | 最大单个宽度/mm | 不允许 | 0.5 | 1 |
| | | 最大单个长度/mm | 不允许 | 100 | 200 |
| 拼接离缝 | | 最大单个宽度/mm | 不允许 | 0.3 | 0.5 |
| | | 最大单个长度/mm | 不允许 | 200 | 300 |
| 叠层 | | 最大单个宽度/mm | 不允许 | | 0.5 |
| 鼓泡、分层 | | | 不允许 | | |
| 凹陷、压痕、鼓包 | | 每平方米板面个数/个 | 不允许 | | 1 |
| 补条、补片 | | 材色、花纹与板面的一致性 | 不允许 | 不易分辨 | 不明显 |
| 毛刺沟痕、刀痕、划痕 | | | 不允许 | 不明显 | 不明显 |
| 透胶、板面污染 | | | 不允许 | | 不明显 |

（续）

| 检量项目 | | 装饰单板贴面胶合板 | | |
| --- | --- | --- | --- | --- |
| | | 优等 | 一等 | 合格 |
| 透砂 | 最大透砂宽度/mm | 不允许 | 3，仅允许在板边部位 | 8，仅允许在板边部位 |
| 边角缺损 | 基本幅面尺寸内 | 不允许 | | |
| 其他缺损 | | 不影响装饰效果 | | |

注：装饰面的材色色差，服从贸易双方的确认。需要仲裁时应使用测色仪器检测，"不易分辨"为总色差小于1.5；"不明显"为总色差 1.5~3.0；"明显"为总色差大于3.0。

**3. 尺寸偏差**

装饰单板贴面胶合胶的尺寸偏差应符合表 2-83GB/T 15104—2006《装饰单板贴面人造板》的规定。

表 2-83 装饰单板贴面胶合板的尺寸偏差

| 项 目 | | 允 许 偏 差 |
| --- | --- | --- |
| 长度和宽度允许偏差 | | ±2.5mm |
| 厚度偏差 | $t<4mm$ | ±0.20mm |
| | $4mm \leqslant t < 7mm$ | ±0.30mm |
| | $7mm \leqslant t < 20mm$ | ±0.40mm |
| | $t \geqslant 20mm$ | ±0.50mm |
| 边直度公差/(mm/m) | | ≤1 |
| 直角度公差/(mm/m) | | ≤1 |
| 翘曲度（板厚 $t \geqslant 6mm$ 时） | | ≤1% |

**4. 物理力学性能**

装饰单板贴面胶合板物理力学性能应符合表 2-84 的规定。

表 2-84 装饰单板贴面胶合板物理力学性能要求

| 检验项目 | 各项性能指标值的要求 |
| --- | --- |
| 含水率（%） | 6.0~14.0 |
| 浸渍剥离试验 | 试件贴面胶层与胶合板每个胶层上的每一边剥离长度均不超过25mm |
| 表面胶合强度/MPa | ≥0.40 |
| 冷热循环试验 | 试件表面不允许有开裂、鼓泡、起皱、变色、枯燥，且尺寸稳定 |

**5. 环保级别**（甲醛释放量）

装饰单板贴面胶合板根据甲醛的释放量分为（≤0.5mg/L、干燥器法）、$E_1$ 级（≤1.5mg/L、干燥器法）和 $E_2$ 级（≤5.0mg/L、干燥器法）三个级别。$E_0$ 级、$E_1$ 级可直接使用于室内，$E_2$ 级必须表面经涂饰或贴面覆膜后方可在室内使用。

## 2.6.4 细木工板的质量检测

细木工板的质量应符合 GB/T 5849—2006《细木工板》的规定。

**1. 包装、标志、标签**

1）包装。产品出厂时应按产品规格、等级、甲醛释放量级别、批号分别包装。包装要做到产品免受磕碰、划伤和无损。

2）标志。应在产品的两个侧面明显标记产品名称、商标、等级、甲醛释放量级别、生产厂名和生产日期等。建议购买有中国环境标志（绿色十环标志）的产品。

3）标签。每包细木工板应有标签，其上应标明：产品名称、商标、等级、甲醛释放量级别、规格、数量、产品标准号、生产厂名、厂址和生产日期等。

**2. 外观质量**

细木工板根据外观质量分为优等品、一等品和合格品。应符合 GB/T 5849—2006《细木工板》的规定。

1）优等品表面不允许有半活节、死节、裂缝、拼缝、离缝、夹皮、虫孔、孔洞、钉眼、腐朽、变色、表板叠层、芯板叠层、凹陷、压痕、鼓泡、分层、毛刺、沟痕、及透胶、砂穿痕迹、修补、板边缺损等缺陷；一等品表面缺陷不明显；合格品表面缺陷不影响使用。

2）板材表面平整，不应有明显的翘曲和凹凸。

**3. 尺寸偏差**

细木工板的尺寸偏差应符合表 2-85 的规定。

表 2-85 细木工板（单面砂光）的尺寸偏差

| 检测项目 | | 允许偏差 | | | |
|---|---|---|---|---|---|
| 长度、宽度偏差 | | -5 ~ 0mm | | | |
| 厚度偏差 | | 不砂光 | | 砂光（单面或双面） | |
| | 板内厚度公差 | 板厚≤16mm 时 | 1.0mm | 板厚≤16mm 时 | ±0.6mm |
| | | 板厚>16mm 时 | 1.2mm | 板厚>16mm 时 | ±0.8mm |
| | 与样品板之间的厚度偏差 | 板厚≤16mm 时 | ±0.6mm | 板厚≤16mm 时 | ±0.4mm |
| | | 板厚>16mm 时 | ±0.8mm | 板厚>16mm 时 | ±0.6mm |
| 边直度公差/(mm/m) | | ≤1 | | | |
| 直角度公差/(mm/m) | | ≤1 | | | |
| 翘曲度（$t \geq 6$mm 时） | | 优等品 | | ≤0.1% | |
| | | 一等品 | | ≤0.2% | |
| | | 合格品 | | ≤0.3% | |
| 波纹度 | | 不砂光面 | | ≤0.5mm | |
| | | 砂光面 | | ≤0.3mm | |

**4. 板条质量**

细木工板的板条质量应符合表 2-86 的规定。

表 2-86 细木工板的板条质量要求

| 项　目 | 标　准 |
|---|---|
| 相邻芯条端头的接缝间隙（沿板长方向） | ≤3mm |
| 相邻芯条长边的接缝间隙（沿板宽方向） | ≤1mm |
| 芯条错缝间距（沿板长方向两排芯条之间的错缝） | ≥50mm |
| 芯条长度 | ≥100mm |
| 芯条的宽厚比 | ≤3.5 |
| 板芯修补 | 允许用木条、木板、单板加胶修补 |

**5. 物理力学性能**

细木工板的物理力学性能应符合表 2-87 的要求。

表 2-87 细木工板的物理力学性能

| 检验项目 | | 单位 | 指标值 | |
|---|---|---|---|---|
| 含水率 | | % | 6.0～14 | |
| 横向静曲强度 | 平均值 | MPa | ≥15 | |
| | 最小值 | MPa | ≥12 | |
| 浸渍剥离性能 | | mm | 试件每个胶层上每一边的剥离长度均不得超过25mm | |
| 表面胶合强度 | | MPa | ≥0.6 | |
| 胶合强度 | 椴木、杨木、拟赤杨、泡桐、橡胶木、柳桉木、奥克榄、白梧桐、异翅香、海棠木 | MPa | Ⅰ类、Ⅱ类≥0.70 | Ⅲ类≥0.70 |
| | 水曲柳、荷木、枫香、槭木、柞木、阿必东、克隆、山樟 | MPa | Ⅰ类、Ⅱ类≥0.80 | |
| | 桦木 | MPa | Ⅰ类、Ⅱ类≥1.00 | |
| | 马尾松、云南松、落叶树、云杉、辐射松 | MPa | Ⅰ类、Ⅱ类≥0.80 | |

**6. 环保级别**（甲醛释放量）（同普通胶合板）

细木工板根据甲醛的释放量分为 $E_0$ 级 （≤0.5mg/L、干燥器法）、$E_1$ 级 （≤1.5mg/L、干燥器法）和 $E_2$ 级 （≤5.0mg/L、干燥器法）三个级别。$E_0$ 级、$E_1$ 级可直接使用于室内，$E_2$ 级必须表面经涂饰或贴面覆膜后方可在室内使用。

## 2.6.5　刨花板的质量检测

刨花板的质量应符合 GB/T 4897—2003《刨花板》的规定。

**1. 包装、标记、标签、标志**

1）包装。产品出厂时应按产品规格、等级、甲醛释放量级别、批号分别包装。

2）标记。产品应加盖表明规格、生产日期和检验员代号的标记。

3）标签。每个包装应挂有要注明产品名称、生产厂名、厂址、执行标准、商标、规格、张数、防潮以及盖有合格章的标签。

4）标志。产品出厂时应有防潮标志、商标、执行标准、甲醛释放限量等标志。表示不同使用环境的颜色标志可用 25mm 宽的色带在刨花板的一角的适当位置进行标志，普通刨花板没有颜色标志，家具及室内装修用的刨花板应用白色或蓝色标志。

建议购买有中国环境标志（绿色十环标志）的产品。

**2. 外观质量**

刨花板的外观质量应符合表 2-88 的规定。

表 2-88　刨花板的外观质量

| 缺陷名称 | 允许值 |
| --- | --- |
| 断痕、透裂 | 不允许 |
| 单个面积超过 40mm 的胶斑、污斑等斑点 | 不允许 |
| 边角缺损 | 在公称尺寸内不允许 |

**3. 尺寸偏差**

刨花板的尺寸偏差应符合表 2-89 GB/T 4897—2003《刨花板》的规定。

表 2-89　刨花板的尺寸偏差

| 检测项目 | | 允许偏差 |
| --- | --- | --- |
| 公称尺寸偏差 | 长度和宽度 | 0~5mm |
| | 板内和板间厚度（砂光板） | ±0.3mm |
| | 板内和板间厚度（未砂光板） | -0.1~+1.9mm |
| 对角线差 | | ≤6mm |
| 边直度公差/(mm/m) | | ≤1 |
| 直角度公差/(mm/m) | | ≤1 |
| 翘曲度公差（板厚超过 10mm 时测） | | ≤1% |
| 含水率 | | 4%~13% |
| 密度 | | 0.4~0.9kg/cm³ |
| 板内平均密度偏差 | | ±8% |

**4. 物理力学性能**

刨花板的物理力学应符合表 2-90 的规定。

表 2-90　刨花板的物理力学性能要求

| 测试项目 | | 单位 | 公称厚度范围/mm | | | | | |
| --- | --- | --- | --- | --- | --- | --- | --- | --- |
| | | | 6~13 | >13~20 | >20~25 | >25~32 | >32~40 | >40 |
| 静曲强度 | 普通刨花板 | MPa | ≥12.5 | ≥13 | ≥11.5 | ≥10 | ≥8.5 | ≥7 |
| | 普通家具及室内装修用板 | | ≥14 | ≥15 | ≥0.20 | ≥0.17 | ≥0.14 | ≥0.14 |
| | 干燥环境中使用的结构用板 | | ≥17 | ≥15 | ≥13 | ≥11 | ≥9 | ≥7 |
| | 潮湿环境中使用的结构用板 | | ≥18 | ≥16 | ≥14 | ≥12 | ≥10 | ≥9 |

（续）

| 测试项目 | | 单位 | 公称厚度范围/mm | | | | | |
|---|---|---|---|---|---|---|---|---|
| | | | 6~13 | >13~20 | >20~25 | >25~32 | >32~40 | >40 |
| 弯曲弹性模量 | 普通家具及室内装修用板 | MPa | ≥1800 | ≥1600 | ≥1500 | ≥1350 | ≥1200 | ≥1050 |
| | 干燥环境中使用的结构用板 | | ≥2300 | ≥2150 | ≥1900 | ≥1700 | ≥1500 | ≥1200 |
| | 潮湿环境中使用的结构用板 | | ≥2250 | ≥2200 | ≥2150 | ≥1900 | ≥1700 | ≥1550 |
| 内结合强度 | 普通刨花板 | MPa | ≥0.28 | ≥0.24 | ≥0.20 | ≥0.17 | ≥0.14 | ≥0.14 |
| | 普通家具及室内装修用板 | | ≥0.40 | ≥0.35 | ≥0.30 | ≥0.25 | ≥0.20 | ≥0.20 |
| | 干燥环境中使用的结构用板 | | ≥0.40 | ≥0.35 | ≥0.30 | ≥0.25 | ≥0.20 | ≥0.20 |
| | 潮湿环境中使用的结构用板 | | ≥0.45 | | ≥0.40 | ≥0.35 | ≥0.30 | ≥0.25 |
| 表面结合强度 | 普通刨花板 | MPa | ≥0.7 | | | | | |
| | 普通家具及室内装修用板 | | ≥0.8 | | | | | |
| | 干燥环境中使用的结构用板 | | ≥0.9 | | | | | |
| | 潮湿环境中使用的结构用板 | | ≥0.9 | | | | | |
| | | | 2小时水煮后内结合强度 | | | | | |
| | | | ≥0.15 | ≥0.14 | ≥0.12 | ≥0.11 | ≥0.10 | ≥0.09 |
| 2小时吸水厚度膨胀率 | 普通刨花板 | % | ≤8.0 | | | | | |
| | 普通家具及室内装修用板 | | | | | | | |
| | 干燥环境中使用的结构用板 | | ≥16 | | ≥15 | | ≥14 | |
| | 潮湿环境中使用的结构用板 | | ≥11 | | ≥10 | | ≥9 | |
| 握钉能力 | 普通家具及室内装修用板 | N | 厚度≥16mm时要测试握钉能力，板面握钉能力≥1100N，板边握钉能力≥700N | | | | | |
| | 干燥环境中使用的结构用板 | | | | | | | |
| | 潮湿环境中使用的结构用板 | | | | | | | |

**5. 环保级别（甲醛释放量）**

刨花板的甲醛释放量分 $E_1$ 和 $E_2$ 级，$E_1$ 级限定值为≤9mg/100g（穿孔萃取法）；$E_2$ 级限定值为≤30mg/100g（穿孔萃取法）。$E_1$ 级可直接用于室内，$E_2$ 级必须经过饰面处理后方可用于室内。

### 2.6.6 家具型中密度纤维板的质量检测

家具型中密度纤维板的质量应符合 GB/T 11718—2009《中密度纤维板》的规定。

**1. 包装、标志、标签**

1）包装。产品出厂时应按类型、规格妥善包装。每个包装应附有注明产品名称、类型、等级、生产厂名、商标、幅面尺寸、数量、产品标准号、生产许可证编号、QS 标志和甲醛释放限量标志的建议标签。

2）标志。包装上应有商标、甲醛释放限量、产品标准号、生产许可证编号、QS 标志、中国环境认证等标志。需方自用的产品，或厚度小于 6mm 的产品且供需合同规定不需加盖产品标志的，可不加盖产品标志。

建议购买有中国环境认证标志（绿色十环标志）的产品。

**2. 外观质量**

中密度纤维板的外观质量应符合表2-91的规定。

表2-91　中密度纤维板（砂光板）的外观质量

| 名称 | 质量要求 | 允许范围 | |
|---|---|---|---|
| | | 优等品 | 合格品 |
| 分层、鼓泡或炭化 | — | 不允许 | |
| 局部松软 | 单个面积≤2000mm² | 不允许 | 3个 |
| 板边缺损 | 宽度≤10mm | 不允许 | 允许 |
| 油污、斑点或异物 | 单个面积≤40mm² | 不允许 | 1个 |
| 压痕 | — | 不允许 | 允许 |

注：同一张板不应有两项以上的外观缺陷。

**3. 尺寸偏差**

家具型中密度纤维板的尺寸偏差应符合表2-92的要求。

表2-92　家具型中密度纤维板的尺寸偏差

| 性　　能 | | 公称厚度范围 | |
|---|---|---|---|
| | | ≤12mm | ≤6mm |
| 厚度偏差 | 不砂光板 | −0.30～+1.50mm | −0.50～+1.70mm |
| | 砂光板 | ±0.20 | ±0.30 |
| 长度与宽度 | | ±2.0 | |
| 直角度公差/（mm/m） | | ≤2.0 | |
| 含水率 | | 3.0%～13.0% | |
| 密度 | | 0.65～0.80kg/cm³（允许偏差为±10%） | |
| 板内平均密度偏差 | | ±10% | |

**4. 物理力学性能**

家具型中密度纤维板的物理力学性能应符合表2-93和表2-94的规定。

表2-93　干燥状态下使用的家具型中密度纤维板的物理力学性能

| 测试项目 | 单位 | 公称厚度范围/mm | | | | | |
|---|---|---|---|---|---|---|---|
| | | 1.5～3.5 | 3.5～6 | 6～9 | 9～13 | 13～22 | 22～34 |
| 静曲强度 | MPa | ≥12.5 | ≥13 | ≥11.5 | ≥10 | ≥8.5 | ≥7 |
| 弯曲弹性模量 | Mpa | ≥1800 | ≥1600 | ≥1500 | ≥1350 | ≥1200 | ≥1050 |
| 内结合强度 | Mpa | ≥0.28 | ≥0.24 | ≥0.20 | ≥0.17 | ≥0.14 | ≥0.14 |
| 24小时吸水厚度膨胀率 | % | 45 | 35 | 50 | 15 | 12 | 10 |

潮湿状态下使用的家具型中密度纤维板的物理力学性能除满足表2-93的规定的静曲强度、弯曲弹性模量、内结合强度外，还需符合表2-94的规定。

表 2-94　潮湿状态下使用的家具型中密度纤维板的物理力学性能

| 测试项目 | | 单位 | 公称厚度范围/mm | | | | | |
|---|---|---|---|---|---|---|---|---|
| | | | 1.5~3.5 | >3.5~6 | >6~9 | >9~13 | >13~22 | >22~34 |
| 24小时吸水厚度膨胀率 | | % | 32 | 18 | 14 | 12 | 9 | 9 |
| 防潮性能 | 选项1：循环试验后内结合强度 | MPa | 0.35 | 0.30 | 0.30 | 0.25 | 0.20 | 0.15 |
| | 循环试验后吸水厚度膨胀率 | % | 45 | 25 | 20 | 18 | 13 | 12 |
| | 选项2：沸腾试验后内结合强度 | MPa | 0.20 | 0.18 | 0.16 | 0.15 | 0.12 | 0.10 |
| | 选项3：湿静曲强度（70℃热水浸泡） | MPa | 8.0 | 7.0 | 7.0 | 6.0 | 5.0 | 4.0 |

**5. 环保级别**

室内用家具型中密度板甲醛释放量应需达到 $E_1$ 级，即 ≤9mg/100g，家具型中密度纤维板的甲醛限量值见表 2-95。

表 2-95　家具型中密度纤维板的甲醛限量值

| 测 试 方 法 | 单 位 | 限 量 值 |
|---|---|---|
| 气候箱法 | mg/m³ | 0.124 |
| 气体分析法 | mg/(m²·h) | 3.5 |
| 穿孔萃取法 | mg/100g | 8 |

## 2.6.7　免漆实木地板的质量检测

免漆实木地的质量应符合 GB/T 15036—2009《实木地板》的规定。

**1. 包装、标志、产品等级**

1）包装。包装应采用纸箱，外用聚乙烯或聚丙烯塑料打扎带捆扎产品，出厂时应按生产许可证编号、类别、规格、等级分别包装，应保证产品免受磕碰、压伤、划伤和污损。对包装有特殊要求时，可由供需双方商定，仿古地板应在包装上标明。

2）标志。产品包装箱应印有或贴有清晰且不易脱落的标志，注明生产厂名、厂址、商标、执行标准号、生产许可证编号、产品名称、规格、等级、木材名称及拉丁文、数量（m²）、涂饰方式、批次号等标志。

3）产品等级。根据实木地板的外观质量和物理性能分为优等品、一等品和合格品。

**2. 外观质量**

免漆实木地板的外观质量应符合表 2-96 的规定。

表 2-96 免漆实木地板的外观质量

| 名称 | 表面 优等品 | 表面 一等品 | 表面 合格品 | 背面 |
|---|---|---|---|---|
| 活节 | 直径≤10mm<br>长度≤500mm，≤5个<br>长度>500mm，≤10个 | 10mm<直径≤25mm<br>长度≤500mm，≤5个<br>长度>500mm，≤10个 | 直径≤25mm<br>个数不限 | 尺寸与个数不限 |
| 死节 | 不许有 | 直径≤3mm<br>长度≤500mm，≤3个<br>长度>500mm，≤5个 | 直径≤5mm<br>个数不限 | 直径≤20mm，<br>个数不限 |
| 蛀孔 | 不许有 | 直径≤0.5mm≤5个 | 直径≤2mm<br>≤5个 | 不限 |
| 树脂囊 | 不许有 | 不许有 | 长度≤5mm<br>宽度≤1mm<br>≤2条 | 不限 |
| 髓斑 | 不许有 | 不许有 | 不限 | 不限 |
| 腐朽 | 不许有 | 不许有 | 不许有 | 初腐且面积<br>≤20%，不剥落，<br>也不能捻成粉末 |
| 缺棱 | 不许有 | 不许有 | 不许有 | 长度≤地板长度的<br>30%，宽度≤地板<br>宽度的20% |
| 裂纹 | 不许有 | 不许有 | 宽度≤0.15mm<br>长度≤地板长<br>度的2% | 不限 |
| 加工波纹 | 不许有 | 不许有 | 不明显 | 不限 |
| 榫舌残缺 | 不许有 | 不许有 | 残榫长度≤地板长度的15%，<br>且残榫宽度≥榫舌宽度的2/3 | |
| 漆膜划痕 | 不许有 | 不许有 | 不明显 | — |
| 漆膜鼓泡 | 不许有 | 不许有 | 不许有 | — |
| 漏漆 | 不许有 | 不许有 | 不许有 | — |
| 漆膜上针孔 | 不许有 | 不许有 | 直径≤0.5mm，<br>≤3个 | — |
| 漆膜皱皮 | 不许有 | 不许有 | 不许有 | — |
| 漆膜粒子 | 地板长度≤500mm，≤2个<br>地板长度>500mm，≤4个<br>倒角上的漆膜粒子不计 | | 地板长度<br>≤500mm，≤4个；<br>地板长度<br>>500mm，≤6个 | — |

注：1. 仿古实木地板的正常活节、死节、蛀孔、加工波纹不作要求。
  2. 榫舌残榫长度是指榫舌累计残榫长度。
  3. 特殊树种外观质量要求可按协议规定执行。

## 3. 尺寸偏差

免漆实木地板的尺寸偏差应符合表 2-97 的规定。

表 2-97 免漆实木地板的尺寸偏差

| 名称 | 偏　　差 |
|---|---|
| 长度 | 公称长度与每个测量值之差绝对值≤1mm |
| 宽度 | 公称长度与每个测量值之差绝对值≤0.30mm<br>宽度最大值与最小值之差≤0.30mm |
| 厚度 | 公称厚度与每个测量值之差绝对值≤0.3mm<br>厚度最大值与最小值之差≤0.4mm |
| 槽最大高度和榫最大厚度之差 | 0.1~0.4mm |
| 翘曲度 | 宽度方向凸翘曲度≤0.20%，宽度方凹翘曲度≤0.15%<br>长度方向凸翘曲度≤1.00%，长度方凹翘曲度≤0.50% |
| 拼装离缝 | 最大值≤0.4mm |
| 拼装高度差 | 最大值≤0.3mm<br>（仿古实木地板拼装高度差不作要求） |

注：1. 实木地板长度和宽度是指不包括榫舌的长度和宽度。
　　2. 实木地板长度不应小于 250mm，宽度不应小于 40mm，厚度度不应小于 8mm，榫舌宽度不应小于 3mm。
　　3. 根据安装需要可在销售的实木地板中配比面积不超过 5% 的宽厚相同，长度小于公称尺寸的实木地板。
　　4. 凹凸不平的仿古实木地板公称厚度是指实木地板的最大厚度。
　　5. 表面凹凸不平的仿古实木地板的厚度差不作要求，仿古实木地板拼装高度差不作要求。

## 4. 物理力学性能

免漆实木地板的物理力学性能应符合表 2-98 的规定。

表 2-98 免漆实木地板的物理力学性能

| 名称 | 单位 | 优等 | 一等 | 合格 |
|---|---|---|---|---|
| 含水率 | % | 7.0≤含水率≤我国各使用地区的木材平衡含水率 | | |
| 漆膜表面耐磨 | g/100r | ≤0.08 | ≤0.10 | ≤0.15 |
| | | 且漆膜未磨透 | | |
| 漆膜附着力 | 级 | ≤1 | ≤2 | ≤3 |
| 漆膜硬度 | — | ≥2H | ≥H | |

注：1. 仿古实木地板表面漆膜耐磨性能不作要求。
　　2. 油饰地面表面耐磨、附着力和硬度不作要求。

## 2.6.8　强化地板的质量检测

强化地板的质量应符合 GB/T 18102—2007《浸渍纸层压木质地板》的规定。

### 1. 包装、标志、产品等级

1）包装。地板应包装完好，外用聚乙烯或聚丙烯塑料打扎带捆扎，应保证产品免受磕碰、压伤、划伤和污损。包装内应装有产品质量检验合格证，包装上应有使用说明。

2)标志。产品包装箱应印有或贴有清晰且不易脱落的标志,注明生产厂名、厂址、商标、执行标准号、生产许可证编号、产品名称、规格、等级、耐磨级别、木材名称及拉丁文、甲醛释放限量标志、数量($m^2$)、批次号及防潮、防晒等标记。

建议使用包装上有中国环境标志(绿色十环标志)的产品。

3)产品等级。根据实木地板的外观质量、物理性能分为优等品、一等品和合格品。

## 2. 外观质量

强化地板的外观质量应符合表2-99的规定。

表2-99 强化地板的外观质量

| 缺陷名称 | 正 面 | | 背 面 |
|---|---|---|---|
| | 优等品 | 合格品 | |
| 干、湿花 | 不允许 | 总面积不超过版面的3% | 允许 |
| 表面划痕 | 不允许 | | 不允许露出基材 |
| 表面压痕 | 不允许 | | |
| 透底 | 不允许 | | |
| 光泽不均 | 不允许 | 总面积不超过版面的3% | 允许 |
| 污斑 | 不允许 | ≤$10mm^2$,允许1个/块 | 允许 |
| 鼓泡 | 不允许 | | ≤$10mm^2$,允许1个/块 |
| 鼓包 | 不允许 | | ≤$10mm^2$,允许1个/块 |
| 纸张撕裂 | 不允许 | | ≤$100mm^2$,允许1处/块 |
| 局部缺纸 | 不允许 | | ≤$20mm^2$,允许1处/块 |
| 崩边 | 允许,但不影响装饰效果 | | 允许 |
| 颜色不匹配 | 明显的不允许 | | 允许 |
| 表面龟裂 | 不允许 | | |
| 分层 | 不允许 | | |
| 榫舌及边角缺损 | 不允许 | | |

## 3. 尺寸偏差

强化地板的尺寸偏差应符合表2-100的规定。

表2-100 强化地板的尺寸偏差

| 项目 | 要 求 |
|---|---|
| 厚度偏差 | 公称厚度$t_n$与平均厚度$t_n$之差绝对值≤0.5mm;<br>厚度最大值$t_{max}$与最小值$t_{min}$之差≤0.5mm |
| 面层净长偏差 | 公称长度$l_n$≤1500mm时,$l_n$与每个测量值$l_m$之差绝对值≤1.0mm<br>公称长度$l_n$>1500mm时,$l_n$与每个测量值$l_m$之差绝对值≤1.01mm |
| 面层净宽偏差 | 公称宽度$w_n$与平均宽度$w_a$之差绝对值≤0.10mm<br>宽度最大值$w_{max}$与最小值$w_{min}$之差≤0.20mm |
| 直角度 | $q_{max}$≤0.20mm |
| 边缘直度 | $s_{max}$≤0.30mm/m |

(续)

| 项目 | 要　　　求 |
|---|---|
| 翘曲度 | 宽度方向凸翘曲度 $f_{w1}$≤0.20%；宽度方向凹翘曲度 $f_{w2}$≤0.15%<br>长度方向凸翘曲度 $f_1$≤1.00%；长度方向凹翘曲度 $f_1$≤0.50% |
| 拼装离缝 | 拼装离缝平均值 $o_a$≤0.15mm<br>拼装离缝平均值 $o_{max}$≤0.15mm |
| 拼装高度差 | 拼装高度差平均值 $h_a$≤0.10mm<br>拼装高度差最大值 $h_{max}$≤0.15mm |

注：表中要求是指拆包检验的质量要求。

**4. 物理力学性能**

强化地板的物理力学性能应符合表 2-101 的规定。

表 2-101　强化地板的物理力学性能

| 检验项目 | 单位 | 指　　　标 |
|---|---|---|
| 静曲强度 | MPa | ≥35.0 |
| 内结合强度 | MPa | ≥1.0 |
| 含水率 | % | 3.0~10.0 |
| 密度 | g/cm³ | ≥0.85 |
| 吸水厚度膨胀率 | % | ≤18 |
| 表面胶合强度 | MPa | ≥1.0 |
| 表面耐冷热循环 | — | 无龟裂，无鼓泡 |
| 表面耐划痕 | — | 表面装饰花纹未划破 |
| 尺寸稳定性 | mm | ≤0.9 |
| 表面耐磨 | r | 商用级：≥9000<br>家用Ⅰ级：≥6000<br>家用Ⅱ级：≥4000 |
| 表面耐香烟灼烧 | — | 无黑斑、裂纹和鼓泡 |
| 表面耐干热 | — | 无龟裂，无鼓泡 |
| 表面耐污染腐蚀 | — | 无污染，无腐蚀 |
| 表面耐龟裂 | — | 用 6 倍放大镜观察，表面无裂纹 |
| 抗冲击 | mm | ≤10 |
| 甲醛释放量 | mg/L | $E_0$ 级：≤0.5<br>$E_1$ 级：≤1.5 |
| 耐光色牢度 | 级 | ≥灰度卡 4 级 |

## 2.6.9　实木复合地板的质量检测

**1. 包装、标志、产品等级**

1）包装。地板应包装完好，外用聚乙烯或聚丙烯塑料打扎带捆扎。应保证产品免受磕碰、压伤、划伤和污损。包装内应装有产品质量检验合格证,包装上应有使用说明。包装上应有产品名称、规格、等级、木材名称及拉丁文、数量（m²）、批次号及防潮、防晒等标记。

2）标志。产品包装箱应印有或贴有清晰且不易脱落的标志,注明生产厂名、厂址、商标、执行标准号、生产许可证编号、甲醛释放限量等标志。

建议使用包装上有中国环境标志（绿色十环标志）的产品。

3）产品等级。根据实木复合地板的外观质量、物理性能分为优等品、一等品和合格品。

**2. 外观质量**

1）表面平整,油漆涂刷光泽,漆膜丰满均匀,无针粒状,无压痕、刨痕。

2）表明材质无明显缺陷。木地板表面无腐朽、死节、节孔、虫孔、裂缝、夹皮等缺陷。

3）周边榫、槽完整。

实木复合地板的外观质量应符合表2-102的规定。

表2-102　实木复合地板的外观质量

| 名称 | | 项目 | 表　面 | 背　面 |
|---|---|---|---|---|
| 装饰性 | | 美感 | 材质细致均匀、色泽清晰、木纹美观 | 不限 |
| | | 配板与拼花 | 纹理应按一定规律排列,色差小,拼缝与板边近乎平行 | |
| 活节 | | 最大单个直径/mm | 不允许 | 不限 |
| 死节 | | 最大单个直径/mm | 不允许 | 50 |
| 孔洞（含虫孔） | | 最大单个直径/mm | 不允许 | 15,需修补 |
| 夹皮 | | 最大单个直径/mm | 不允许 | 不限 |
| 树脂囊树脂道 | | 最大单个直径/mm | 不允许 | 不限 |
| 腐朽 | | 不超过板面积（%） | 不允许 | 允许有初腐,但该部分不会剥落,也不能捻成粉末 |
| 变色 | | 不超过板面积（%） | 不允许 | 不限 |
| 裂缝 | | 最大单个宽度/mm | 不允许 | 不允许 |
| 离缝 | 横拼 | 最大单个宽度/mm | 0.1mm、最大单个长度不超过板长的5% | 不限 |
| | 纵拼 | 最大单个宽度/mm | 0.1 | 不限 |
| 叠层 | | 最大单个宽度/mm | 不允许 | 不限 |
| 鼓泡、分层 | | — | 不允许 | 不限 |
| 凹陷、压痕、鼓泡 | | 最大单个面积 | 不允许 | 不允许 |
| 补条、补片 | | — | 不允许 | 不限 |
| 毛刺沟痕 | | 不超过板面积（%） | 不允许 | 不限 |
| 透胶、板面污染 | | — | 不允许 | 不限 |

（续）

| 名称 | 项目 | 表面 | 背面 |
|---|---|---|---|
| 砂透 | — | 不允许 | 不限 |
| 刀痕、划痕 | — | 不允许 | 不限 |
| 木材异常结构 | — | 不允许 | 不限 |
| 边角缺损 | — | 不允许 | 长边缺损不超过地板长度的30%，且宽度不超过5mm，端边缺损不超过地板宽度的20%，且宽度不超过5mm |
| 缺漆、堆漆 | — | 不允许 | 不限 |

### 3. 尺寸偏差

实木复合地板的尺寸偏差应符合表2-103的规定。

表2-103 实木复合地板的尺寸偏差

| 项目 | 要求 |
|---|---|
| 厚度偏差 | 公称厚度 $t_n$ 与平均厚度 $t_a$ 之差绝对值≤0.5mm<br>厚度最大值 $t_{max}$ 与最小值 $t_{min}$ 之差≤0.5mm |
| 面层净长偏差 | 公称长度 $l_n$ ≤1500mm，$l_n$ 与每个测量值 $l_m$ 之差绝对值≤1.0mm<br>公称长度 $l_n$ ≥1500mm，$l_n$ 与每个测量值 $l_m$ 之差绝对值≤2.0mm |
| 面层净宽偏差 | 公称宽度 $W_n$ 与平均宽度 $W_a$ 之差绝对值≤0.1mm<br>宽度最大值 $W_{max}$ 与最小值 $W_{min}$ 之差≤0.1mm |
| 直角度 | $q_{max}$ ≤0.2mm |
| 边缘不直度 | $s_{max}$ ≤0.3mm/m |
| 翘曲度 | 宽度方向凸翘曲度 $f_w$ ≤0.22%；宽度方向凹翘曲度 $f_w$ ≤0.15%<br>长度方向凸翘曲度 $f_l$ ≤1.00%；宽度方向凹翘曲度 $f_2$ ≤0.50% |
| 拼装离缝 | 拼装离缝平均值 $O_a$ ≤0.15mm<br>拼装离缝最大值 $O_{max}$ ≤0.2mm |
| 拼装高度差 | 拼装高度差平均值 $h_a$ ≤0.10mm；拼装高度差最大值 $h_{max}$ ≤0.15 |

### 4. 物理力学性能

实木复合地板的物理力学性能应符合表2-104的规定。

表2-104 实木复合地板的物理力学性能

| 检验项目 | 单位 | 指标 |
|---|---|---|
| 静曲强度 | MPa | ≥30.0 |
| 弹性模量 | MPa | ≥4000 |
| 内结合强度 | MPa | 80%的试件≥1.0 |
| 含水率 | % | 7.0~12.0 |
| 浸渍剥落 | — | 每一边的任一胶层开胶的累计长度不超过该胶层长度的1/3 |

(续)

| 检验项目 | | 单位 | 指 标 |
|---|---|---|---|
| 表面耐磨 | 磨耗值 | g/100r | ≤0.6 |
| | 磨耗转数 | r | 家用Ⅰ级：≥6000 |
| | | | 家用Ⅱ级：≥4000 |
| 表面污染 | | — | 无污染痕迹 |
| 漆膜附着力 | | — | 割痕及割痕交叉处允许有微量剥落 |
| 表面耐污染腐蚀 | | — | 无污染，无腐蚀 |
| 表面耐龟裂 | | — | 用6倍放大镜观察，表面无裂纹 |
| 抗冲击 | | mm | ≤10 |
| 甲醛释放量（干燥器法） | | mg/L | $E_0$级：≤0.5 |
| | | | $E_1$级：≤1.5 |
| 耐光色牢度 | | 级 | ≥灰度卡4级 |

## 2.6.10 竹地板的质量检测

竹地板的质量应符合 GB/T 20240—2006《竹地板》的规定。

**1. 包装、标志、产品等级**

1）包装。地板应包装完好，外用聚乙烯或聚丙烯塑料打扎带捆扎。包装内应装有产品质量检验合格证，包装上应有使用说明。包装上应有产品名称、等级、规格数量、厂址、生产日期等标记。

2）标志。产品包装箱应印有或贴有清晰且不易脱落的标志，注明生产厂名、商标、执行标准号、生产许可证编号、甲醛释放限量等标志。

建议使用包装上有中国环境标志（绿色十环标志）的产品。

3）产品等级。根据竹地板的外观质量、物理性能分为优等品、一等品和合格品。

**2. 外观质量**

1）表面平整，油漆涂刷光泽，漆膜丰满均匀，无针粒状，无压痕、刨痕。
2）表面材质无明显缺陷。地板表面无腐朽、死节、节孔、虫孔、裂缝等缺陷。
3）周边榫、槽完整。

竹地板的外观质量应符合表2-105的规定。

表2-105 竹地板的外观质量

| 项 目 | | 优等品 | 一等品 | 合 格 品 |
|---|---|---|---|---|
| 未刨部分和刨痕 | 表、侧面 | 不允许 | 不允许 | 轻微 |
| | 背面 | 不允许 | 允许 | 允许 |
| 榫舌残缺 | 残缺长度 | 不允许 | ≤全长的10% | ≤全长的20% |
| | 残缺宽度 | 不允许 | ≤榫舌宽度的40% | ≤榫舌宽度的40% |
| 腐朽 | | 不允许 | 不允许 | 不允许 |

（续）

| 项目 | | 优等品 | 一等品 | 合格品 |
|---|---|---|---|---|
| 色差 | 表面 | 不明显 | 轻微 | 允许 |
| | 背面 | 允许 | | |
| 裂纹 | 表、侧面 | 不允许 | | 允许1条 宽度≤0.2mm 长度≤200mm |
| | 背面 | 允许，但裂纹需用腻子修补 | | |
| 虫蛀 | | 不允许 | | |
| 波纹 | | 不允许 | | 不明显 |
| 缺棱 | | 不允许 | | |
| 拼装离缝 | 表、侧面 | 不允许 | | |
| | 背面 | 允许 | | |
| 污染 | | 不允许 | | ≤板面积的5%（累计） |
| 霉变 | | 不允许 | | 不明显 |
| 鼓泡（$\phi$≤0.5mm） | | 不允许 | 每块不超过3个 | 每块不超过5个 |
| 针孔（$\phi$≤0.5mm） | | 不允许 | 每块不超过3个 | 每块不超过5个 |
| 皱皮 | | 不允许 | | ≤板面积的5% |
| 漏漆 | | 不允许 | | |
| 粒子 | | 不允许 | | 轻微 |
| 胀边 | | 不允许 | | 轻微 |

注：1. 不明显——正常视力在自然光下，距地板0.4m，肉眼观察不易辨别。
2. 轻微——正常视力在自然光下，距地板0.4m，肉眼观察不显著。
3. 鼓泡、针孔、皱皮、漏漆、粒子、胀边为涂饰竹地板检测项目。

### 3. 尺寸偏差

竹地板的尺寸偏差应符合表2-106的规定。

表2-106　竹地板的尺寸偏差

| 项目 | 要求 |
|---|---|
| 厚度偏差 | 公称厚度$t_n$与平均厚度$t_a$之差绝对值≤0.30mm<br>厚度最大值$t_{max}$与最小值$t_{min}$之差≤0.20mm |
| 面层净长偏差 | $l_n$与每个测量值$l_m$之差绝对值≤0.50mm |
| 面层净宽偏差 | 公称宽度$w_n$与平均宽度$w_a$之差绝对值≤0.15mm<br>宽度最大值$w_{max}$与最小值$w_{min}$之差≤0.20mm |
| 直角度 | $q_{max}$≤0.15mm |
| 边缘直度 | $s_{max}$≤0.20mm/mm |
| 翘曲度 | 宽度方向翘曲度$f_w$≤0.20%<br>长度方向翘曲度$f_t$≤1.00% |

(续)

| 项目 | 要求 | |
|---|---|---|
| 拼装离缝 | 拼装离缝平均值 $O_a$≤0.15mm | |
| | 拼装离缝最大值 $O_{max}$≤0.2mm | |
| 拼装高度差 | 拼装高度差平均值 $h_a$≤0.15mm | |
| | 拼装高度差最大值 $h_{max}$≤0.20mm | |

**4. 物理力学性能**

竹地板的物理力学性能应符合表2-107的规定。

表2-107 竹地板的物理力学性能

| 检验项目 | | 单位 | 指 标 |
|---|---|---|---|
| 静曲强度 | 厚度5mm | MPa | ≥80 |
| | 厚度>15mm | MPa | ≥75 |
| 表面抗冲击性能 | | mm | 压痕直径≤10%，无裂纹 |
| 表面漆膜附着力 | | — | 不低于3级 |
| 表面漆膜耐污染性 | | — | 无污染痕迹 |
| 含水率 | | % | 6.0~15.0 |
| 浸渍剥落试验 | | mm | 每一边的任一胶层开胶的累计长度≤25 |
| 漆膜耐磨性 | 磨耗转数 | r | 磨100转后表面留有漆膜 |
| | 磨耗值 | g/100r | ≤0.15 |
| 表面污染 | | — | 无污染痕迹 |
| 漆膜附着力 | | — | 割痕及割痕交叉处允许有微量剥落 |
| 表面耐污染腐蚀 | | — | 无污染，无腐蚀 |
| 抗冲击 | | mm | ≤10 |
| 甲醛释放量 | | mg/L | ≤1.5（干燥器法） |

## 课题7 建筑涂料检测

### 2.7.1 合成树脂乳液内墙涂料的检测

合成树脂乳液内墙涂料是指以合成树脂乳液为基料，与颜料、体质颜料及各种助剂配制而成的、施涂后能形成表面平整的薄质涂层的涂料。

产品分为两类：合成树脂乳液内墙底漆（以下简称内墙底漆）、合成树脂乳液内墙面漆（以下简称内墙面漆）。内墙面漆分为三个等级：合格品、一等品、优等品。

1）内墙底漆应符合表2-108的技术要求。
2）内墙面漆应符合表2-109的技术要求。

表 2-108 合成树脂乳液内墙涂料（底漆）技术要求

| 项目 | 指标 |
|---|---|
| 容器中状态 | 无硬块，搅拌后呈均匀状态 |
| 施工性 | 刷涂无障碍 |
| 低温稳定性 | 不变质 |
| 干燥时间（表干）/h，≤ | 2 |
| 涂膜外观 | 正常 |
| 耐碱性 | 24 小时无异常 |
| 抗泛碱性 | 48 小时无异常 |

表 2-109 合成树脂乳液内墙涂料（面漆）技术要求

| 项目 | 指标 | | |
|---|---|---|---|
| | 优等品 | 一等品 | 合格品 |
| 容器中状态 | 无硬块，搅拌后呈均匀状态 | | |
| 施工性 | 刷涂二道无障碍 | | |
| 低温稳定性 | 不变质 | | |
| 干燥时间（表干）/h，≤ | 2 | | |
| 涂膜外观 | 正常 | | |
| 对比率（白色和浅色），≥ | 0.95 | 0.93 | 0.90 |
| 耐碱性 | 24 小时无异常 | | |
| 耐洗刷性/次，≥ | 5000 | 1000 | 300 |

## 2.7.2 合成树脂乳液外墙涂料的检测

合成树脂乳液外墙涂料是指以合成树脂乳液为基料，与颜料、体质颜料及各种助剂配制而成的，施涂后能形成表面平整的薄质涂层的涂料。该涂料适用于建筑物和构筑物等外表面的装饰和防护。产品分为三个等级：优等品、一等品、合格品。

产品应符合表 2-110 的技术要求。

表 2-110 合成树脂乳液外墙涂料技术要求

| 项目 | 指标 | | |
|---|---|---|---|
| | 优等品 | 一等品 | 合格品 |
| 容器中状态 | 无硬块，搅拌后呈均匀状态 | 无硬块，搅拌后呈均匀状态 | 无硬块，搅拌后呈均匀状态 |
| 施工性 | 刷涂二道无障碍 | 刷涂二道无障碍 | 刷涂二道无障碍 |
| 低温稳定性 | 不变质 | 不变质 | 不变质 |
| 干燥时间（表干）/h，≤ | 2 | 2 | 2 |
| 涂膜外观 | 正常 | 正常 | 正常 |
| 对比率（白色和浅色①），≥ | 0.93 | 0.90 | 0.87 |
| 耐水性 | 96h 无异常 | 96h 无异常 | 96h 无异常 |

(续)

| 项目 | 指标 | | |
|---|---|---|---|
| | 优等品 | 一等品 | 合格品 |
| 耐碱性 | 48h 无异常 | 48h 无异常 | 48h 无异常 |
| 耐洗刷性/次，≥ | 2000 | 1000 | 500 |
| 耐人工气候老化性 白色和浅色 | 600h 不起泡、不剥落，无裂缝 | 400h 不起泡、不剥落，无裂缝 | 250h 不起泡、不剥落，无裂缝 |
| 粉化/级，≤ | 1 | 1 | — |
| 变色/级，≤ | 2 | 2 | — |
| 其他色 | 商定 | 商定 | — |
| 耐玷污性（白色和浅色①）（%），≤ | 15 | 15 | 20 无异常 |
| 涂层耐温变性（5 次循环） | 无异常 | 无异常 | — |

① 浅色是指以白色涂料为主要成分，添加适量色浆后配置成的浅色涂料形成的涂膜所呈现的浅颜色，按 GB/T 15608—2006《中国颜色体系》中 4.3.2 规定明度值为 6 到 9 之间（三刺激值中的 $Y_{D65} \geq 31.26$）。其他颜色的耐候性要求由供需双方商定。

### 2.7.3 复层建筑涂料的检测

复层建筑涂料是指以水泥系、硅酸盐系和合成树脂系等黏结料和骨料为主要原料，用刷涂、辊涂或喷涂等方法，在建筑物墙面上涂布 2~3 层，厚度（如为凹凸状，指凸部厚度）为 1~5mm 的凹凸状或平状建筑涂料（以下简称复层涂料）。

**1. 等级**

产品按耐玷污性和耐候性分为三个等级：优等品、一等品和合格品。

**2. 理化性能要求**

产品理化性能应符合表 2-111 的规定。

表 2-111 复层建筑涂料理化性能要求

| 项目 | | | 指标 | | |
|---|---|---|---|---|---|
| | | | 优等品 | 一等品 | 合格品 |
| 容器中状态 | | | 无硬块，呈均匀状态 | | |
| 涂膜外观 | | | 无开裂，无明显针孔，无气泡 | | |
| 低温稳定性 | | | 不结块，无组成物分离、无凝聚 | | |
| 初期干燥抗裂性 | | | 无裂缝 | | |
| 黏结强度 /MPa | 标准状态，≥ | RE | 1.0 | | |
| | | E、Si | 0.7 | | |
| | | CE | 0.5 | | |
| | 浸水后，≥ | RE | 0.7 | | |
| | | E、Si、CE | 0.5 | | |
| 涂层耐温变性（5 次循环） | | | 不剥落；不起泡；无裂纹；无明显变色 | | |

（续）

| 项　　目 | | 指　　标 | | |
|---|---|---|---|---|
| | | 优等品 | 一等品 | 合格品 |
| 透水性/mL | A 型，< | 0.5 | | |
| | B 型，< | 2.0 | | |
| 耐冲击性 | | 无裂纹、剥落以及明显变形 | | |
| 耐沾污性<br>（白色和浅色①） | 平状（%）≤ | 15 | 15 | 20 |
| | 立体状/级，≤ | 2 | 2 | 3 |
| 耐候性（白色和浅色①） | 老化时间/h | 600 | 400 | 250 |
| | 外观 | 不起泡、不剥落、无裂缝 | | |
| | 粉化/级 | 1 | | |
| | 变色/级 | 2 | | |

① 浅色是指以白色涂料为主要成分，添加适量色浆后配置成的浅色涂料形成的涂膜所呈现的浅颜色，按 GB/T 15608—2006《中国颜色体系》中 4.3.2 规定明度值为 6 到 9 之间（三刺激值中的 $Y_{D65} \geq 31.26$）。其他颜色的耐候性要求由供需双方商定。

【复习思考题】

2-1　对天然大理石的质量进行检测时，应检测哪些项目？

2-2　天然花岗石的放射性分为几个等级？哪个等级最安全？

2-3　天然大理石的外观检测包括哪些项目？有哪些要求？

2-4　天然花岗石的尺寸偏差包括哪些项目？

2-5　石膏板有哪些技术要求？

2-6　嵌装式装饰石膏板的尺寸偏差有哪些要求？

2-7　装饰石膏板的物理性能有哪些要求？

2-8　陶瓷砖按吸水率的大小怎样分类？

2-9　全瓷抛光地砖的物理力学性能指标有哪些？具体有哪些要求？

2-10　内墙砖的尺寸偏差有哪些要求？

2-11　内墙砖、全瓷抛光地砖的吸水率有什么要求？

2-12　对钢化玻璃的外观质量检测时应检测哪些项目？

2-13　夹层玻璃的物理力学性能指标有哪些？

2-14　人造板材的甲醛释放量分为几个等级？每个等级标准如何？

2-15　细木工板的表面质量要求有哪些？

2-16　家具型中密度纤维板的包装上应有哪些标志？

2-17　免漆实木地板的外观质量有什么要求？

# 单元 3　装饰工程施工现场工程质量检验与验收

【单元概述】

本单元着重叙述了施工现场抹灰工程、门窗工程、轻质隔墙工程、吊顶工程、饰面板（砖）工程、油漆工程、内墙涂料工程、裱糊与软包工程、地面工程、细部工程和卫浴设备工程的质量检验与质量验收。

【学习目标】

通过本单元的学习、实训，学生应掌握施工现场抹灰工程、门窗工程、轻质隔墙工程、吊顶工程、饰面板（砖）工程、油漆工程、内墙涂料工程、裱糊与软包工程、地面工程、细部工程、卫浴设备工程等施工现场工程质量检验与质量验收，能选用质量验收标准与检验方法组织工程验收。

## 课题 1　概　　述

### 3.1.1　住宅装饰装修工程的基本规定

根据《建筑工程施工质量验收统一标准》（GB 50300—2001）、《建筑装饰装修工程质量验收规范》GB 50210—2001、《住宅装饰装修工程施工规范》（GB 50327—2001）、《民用建筑工程室内环境污染控制规范》（GB 50325—2010）等现行国家标准、规范，建筑装饰装修工程应遵循下述基本规定。

**1. 施工基本要求**

1）施工前应进行设计交底工作，并应对施工现场进行核查，了解物业管理的有关规定。

2）各工序、各分项工程应自检、互检及交接检。

3）施工中，严禁损坏房屋原有绝热设施；严禁损坏受力钢筋；严禁超荷载集中堆放物品；严禁在预制混凝土空心楼板上打孔安装埋件。

4）施工中，严禁擅自改动建筑主体、承重结构或改变房间主要使用功能；严禁擅自拆改燃气、暖气、通讯等配套设施。

5）管道、设备工程的安装及调试应在建筑装饰装修工程施工前完成，必须同步进行的应在饰面层施工前完成。装饰装修工程不得影响管道、设备的使用和维修。涉及燃气管道的装饰装修工程必须符合有关安全管理的规定。

6）施工人员应遵守有关施工安全、劳动保护、防火、防毒的法律、法规。

7）施工现场用电应符合下列规定。

①施工现场用电应从户表以后设立临时施工用电系统。

②安装、维修或拆除临时施工用电系统，应由电工完成。

③临时施工供电开关箱中应装设漏电保护器。进入开关箱的电源线不得用插销连接。
④临时用电线路应避开易燃、易爆物品堆放地。
⑤暂停施工时应切断电源。
8) 施工现场用水应符合下列规定。
①不得在未做防水的地面蓄水。
②临时用水管不得有破损、滴漏。
③暂停施工时应切断水源。
9) 文明施工和现场环境应符合下列要求。
①施工人员应衣着整齐。
②施工人员应服从物业管理或治安保卫人员的监督、管理。
③应控制粉尘、污染物、噪声、振动等对相邻居民、居民区和城市环境的污染及危害。
④施工堆料不得占用楼道内的公共空间,封堵紧急出口。
⑤室外堆料应遵守物业管理规定,避开公共通道、绿化地、化粪池等市政公用设施。
⑥工程垃圾宜密封包装,并放在指定垃圾堆放地。
⑦不得堵塞、破坏上下水管道、垃圾道等公共设施,不得损坏楼内各种公共标志。
⑧工程验收前应将施工现场清理干净。

**2. 材料及设备的基本要求**

1) 住宅装饰装修工程所用材料的品种、规格、性能应符合设计的要求及国家现行有关标准的规定。
2) 严禁使用国家明令淘汰的材料。
3) 住宅装饰装修所用的材料应按设计要求进行防火、防腐和防蛀处理。
4) 施工单位对进场主要材料的品种、规格、性能进行验收。主要材料应有产品合格证书,有特殊要求的应有相应的性能检测报告和中文说明书。
5) 现场配制的材料应按设计要求或产品说明书制作。
6) 应配备满足施工要求的配套机具设备及检测仪器。
7) 住宅装饰装修工程应积极使用新材料、新技术、新工艺、新设备。

**3. 成品保护**

1) 施工过程中材料运输应符合下列规定。
①材料运输使用电梯时,应对电梯采取保护措施。
②材料搬运时要避免损坏楼道内顶、墙、扶手、楼道窗户及楼道门。
2) 施工过程中应采取下列保护措施。
①各工种在施工中不得污染、损坏其他工种的半成品、成品。
②材料表面保护膜应在工程竣工时撤除。
③对邮箱、消防、供电、报警、网络等公共设施采取保护措施。

**4. 其他方面的要求**

除上述一些基本规定外,对装饰工程的施工安全技术、劳动保护、防火、防毒等方面的要求,也应按照国家现行的有关规定执行。

### 3.1.2 装饰装修工程质量验收规定

建筑装饰艺术是环境艺术，建筑及其装饰工程所营造的环境无时无刻不在为人类的生存服务。建筑装饰工程施工与人们的关系日益密切，已深入到每个家庭及所有的建筑空间。施工现场工程质量直接影响到今后在这里生活、工作的舒适程度，甚至于安全的程度，因此施工现场工程质量的验收就显得非常重要。

**1. 装饰施工工程验收的适用范围**

目前，建筑装饰工程施工主要遵循的是由建设部和国家质检总局联合发布的《建筑工程施工质量验收统一标准》（GB 50300—2001）和《建筑装饰装修工程质量验收规范》（GB 50210—2001）。其适用范围见表3-1。

表3-1 《建筑装饰装修工程质量验收规范》（GB 50210—2001）的适用范围

| 序号 | 名 称 | 适 用 范 围 |
| --- | --- | --- |
| 1 | 抹灰工程 | 一般抹灰与装饰抹灰工程 |
| 2 | 门窗工程 | 木门窗制作与安装、金属门窗安装、塑料门窗安装、特种门安装、门窗玻璃安装 |
| 3 | 吊顶工程 | 暗龙骨吊顶（轻钢龙骨、铝合金龙骨、木龙骨等为骨架，以石膏板、金属板、矿棉板、木板、塑料板或格栅为饰面材料）、明龙骨吊顶（轻钢龙骨、铝合金龙骨、木龙骨为骨架，以石膏板、金属板、矿棉板、塑料板、玻璃板或格栅为饰面材料） |
| 4 | 轻质隔墙工程 | 板材隔墙（复合轻质墙板、石膏空心板、预制或现制的钢丝网水泥板等）、骨架隔墙（轻钢龙骨、木龙骨等为骨架，以纸面石膏板、人造木板、水泥纤维板等为墙面板）、活动隔墙、玻璃隔墙（玻璃砖、玻璃板） |
| 5 | 饰面板（砖）工程 | 饰面板安装、饰面砖粘贴 |
| 6 | 幕墙工程 | 玻璃幕墙、金属幕墙、石材幕墙 |
| 7 | 裱糊与软包工程 | 裱糊（聚氯乙烯塑料壁纸、复合纸质壁纸、墙布）、软包（墙面、门等） |
| 8 | 涂饰工程 | 水性涂料（乳液型涂料、无机涂料、水溶性涂料）、溶剂型涂料（丙烯酸酯涂料、聚氨酯丙烯酸涂料、有机硅丙烯酸涂料等）、美术涂饰（套色涂饰、滚花涂饰、仿花纹涂饰等） |
| 9 | 细部工程 | 橱柜制作与安装、窗帘盒、窗台板和散热器罩制作与安装、门窗套制作与安装、护栏和扶手制作与安装、花饰制作与安装 |
| 10 | 建筑地面工程 | 基层、整体面层、板块面层、竹木面层 |

**2. 建筑装饰不同等级使用装饰材料的标准**

建筑装饰工程依其装饰水平和档次的差别，可以划分为不同的等级。目前，装饰等级的划分尚无统一的规定，但其通常的观念是以建筑物的等级为主要依据，最终取决于工程投资及使用要求。比如根据有关标准，我国民用建筑工程设计等级分为特级及1~5级共六个等级，各适应不同类别和工程范围的建筑设计要求。为叙述方便仍沿用根据建筑物的使用性质和耐久性要求而将建筑物及其装饰级别划分为三个等级的做法，见表3-2。

表3-2 建筑等级及其相应的装饰等级

| 建筑及其装饰等级 | 建 筑 类 型 |
| --- | --- |
| 一 | 高级宾馆，别墅，纪念性建筑，大型博览、观演、交通、体育建筑，一级行政机关办公楼，市级商场 |

（续）

| 建筑及其装饰等级 | 建 筑 类 型 |
|---|---|
| 二 | 科研建筑，高教建筑，普通博览建筑，普通观演建筑，普通交通建筑，普通体育建筑，广播通讯建筑，医疗建筑，商业建筑，局级以上行政办公楼 |
| 三 | 中小学和托幼建筑，生活服务建筑，普通行政办公楼，普通居住建筑 |

建筑装饰的等级标准是一个综合性的指标，不同类型的建筑物，等级划分的指标内容不尽相同。在一般情况下，装饰工程的等级标准指标主要由装饰材料来决定，这是因为装饰材料的档次通常决定了装饰工程的造价。对有特殊用途的建筑物，其装饰工程等级标准指标会包括更为复杂的内容。比较典型的是旅游涉外饭店，它的星级标准是根据饭店的建筑、装修、设备、设施条件和维修保养状况、内部管理水平和服务质量的高低以及服务项目的多寡等，进行全面考察，综合平衡而确定的。

**3. 验收程序和组织**

目前，我国建筑装饰工程所表现的范围主要有两种情况，一种是装饰工程为建筑工程的一个分部工程，其施工项目为建筑工程的装饰分部工程中的分项工程；当装饰工程为一个独立的单位工程时，其施工内容为装饰工程的分部和分项工程。当装饰工程为建筑工程的分部工程时，其质量检验的标准应遵循国标 GB 50300—2001《建筑工程施工质量验收统一标准》与其他分部工程一并进行。对于以承包建筑装饰工程为营业范围的装饰施工企业，尤其是从事独立的单位（或单项）工程施工时，必须严格执行建筑装饰施工现行的国标，即 GB 50210—2001。表 3-3 为装饰装修工程的子分部及其分项工程划分。验收的程序和组织有以下规定。

表 3-3 装饰装修工程的子分部及其分项工程划分

| 项次 | 子分部工程 | 分 项 工 程 |
|---|---|---|
| 1 | 抹灰工程 | 一般抹灰，装饰抹灰，清水砌体勾缝 |
| 2 | 门窗工程 | 木门窗制作与安装，金属门窗安装，塑料门窗安装，特种门安装，门窗玻璃安装 |
| 3 | 吊顶工程 | 暗龙骨吊顶，明龙骨吊顶 |
| 4 | 轻质隔墙工程 | 板材隔墙，骨架隔墙，活动隔墙，玻璃隔墙 |
| 5 | 饰面板（砖）工程 | 饰面板安装，饰面砖粘贴 |
| 6 | 幕墙工程 | 玻璃幕墙，金属幕墙，石材幕墙 |
| 7 | 涂饰工程 | 水性涂料涂饰，溶剂型涂料涂饰，美术涂饰 |
| 8 | 裱糊与软包工程 | 裱糊，软包 |
| 9 | 细部工程 | 柜橱制作与安装，窗帘盒、窗台板和暖气罩制作与安装，门窗套制作与安装，护栏和扶手制作与安装，花饰制作与安装 |
| 10 | 建筑地面工程 | 基层，整体面层，板块面层，竹木面层 |

1）检验批及分项工程应由监理工程师（建设单位项目技术负责人）组织施工单位项目专业质量（技术）负责人等进行验收。

2）分部工程应由总监理工程师（建设单位项目负责人）组织施工单位项目负责人和技术、质量负责人等进行验收；地基与基础、主体结构分部工程的勘察、设计单位工程项目负责人和施工单位技术、质量部门负责人也应参加相关分部工程验收。

3) 单位工程完工后,施工单位应自行组织有关人员进行检查评定,并向建设单位提交工程验收报告。

4) 建设单位收到工程验收报告后,应由建设单位(项目)负责人组织施工(含分包单位)、设计、监理等单位(项目)负责人进行单位(子单位)工程验收。

5) 单位工程有分包单位施工时,分包单位对所承包的工程项目应按标准规定的程序检查评定,总包单位应派人参加。分包工程完成后,应将工程有关资料交总包单位。

6) 当参加验收各方对工程质量验收意见不一致时,可请当地建设行政主管部门或工程质量监督机构协调处理。

7) 单位工程质量验收合格后,建设单位应在规定时间内将工程竣工验收报告和有关文件,报建设行政管理部门备案。

**4. 分部工程质量验收**

1) 建筑装饰装修工程施工过程中,应按 GB 50210—2001《建筑装饰装修工程质量验收规范》有关各子分部"一般规定"的要求对隐蔽工程进行验收,按表3-4 的格式记录。

表3-4 隐蔽工程验收记录表

| 装饰装修工程名称 | | 项目经理 | |
|---|---|---|---|
| 分项工程名称 | | 专业工长 | |
| 隐蔽工程项目 | | | |
| 施工单位 | | | |
| 施工标准名称及代号 | | | |
| 施工图名称及编号 | | | |
| 隐蔽工程部位 | 质量要求 | 施工单位自查记录 | 监理(建设)单位验收记录 |
| | | | |
| | | | |
| | | | |
| | | | |
| 施工单位<br>自查结论 | 施工单位项目技术负责人: <br> 年 月 日 | | |
| 监理(建设)单位<br>验收结论 | 监理工程师(建设单位项目负责人): <br> 年 月 日 | | |

2) 检验批的质量验收应按 GB 50300—2001《建筑工程施工质量验收统一标准》规定的格式按表3-5 记录。检验批的合格判定应符合下列规定:

①抽查样本均应符合 GB 50210—2001《建筑装饰装修工程质量验收规范》"主控项目"的规定。

②抽查样本的 80% 以上应符合 GB 50210—2001《建筑装饰装修工程质量验收规范》"一般项目"的规定。其余样本不得有影响使用功能或明显影响装饰效果的缺陷,其中有"允许偏差"的检验项目,其最大偏差不得超过规范规定允许偏差的 1.5 倍。

表3-5 检验批质量验收记录

| 工程名称 | | 分项工程名称 | | 验收部位 | |
|---|---|---|---|---|---|
| 施工单位 | | | 专业工长 | | 项目经理 |
| 施工执行标准名称及编号 | | | | | |
| 分包单位 | | | 分包项目经理 | | 施工班组长 |

| | 质量验收规范的规定 | 施工单位检查评定记录 | 监理(建设)单位验收记录 |
|---|---|---|---|
| 主控项目 | 1 | | |
| | 2 | | |
| | 3 | | |
| | 4 | | |
| | 5 | | |
| | 6 | | |
| | 7 | | |
| | 8 | | |
| | 9 | | |
| 一般项目 | 1 | | |
| | 2 | | |
| | 3 | | |
| | 4 | | |

| 施工单位检查评定结果 | 项目专业质量检查员：<br><br>年 月 日 |
|---|---|
| 监理(建设)单位验收结论 | 监理工程师<br>(建设单位项目专业技术负责人)：<br><br>年 月 日 |

3）分项工程的质量验收应按 GB 50300—2001《建筑工程施工质量验收统一标准》规定的格式按表3-6记录，各检验批的质量均应达到 GB 50210—2001《建筑装饰装修工程质量验收规范》的规定。

4）子分部工程的质量验收应按 GB 50300—2001《建筑工程施工质量验收统一标准》规定的格式（表3-7）记录。子分部工程各分项工程的质量均应验收合格，并应符合下列规定。

表 3-6 ×××分项工程质量验收记录

| 工程名称 | | 结构类型 | | 层数 | |
|---|---|---|---|---|---|
| 施工单位 | | 项目经理 | | 项目技术负责人 | |
| 分包单位 | | 分包单位负责人 | | 分包项目经理 | |

| 序号 | 检验批部位、区段 | 施工单位检查评定结果 | 监理(建设)单位验收结论 |
|---|---|---|---|
| 1 | | | |
| 2 | | | |
| 3 | | | |
| 4 | | | |
| 5 | | | |
| 6 | | | |
| 7 | | | |
| 8 | | | |
| 9 | | | |
| 10 | | | |
| 检查结论 | 项目专业<br>技术负责人：<br>　　　　年　月　日 | 验收结论 | 监理工程师<br>(建设单位项目专业技术负责人)：<br>　　　　年　月　日 |

表 3-7 ×××分部（子分部）工程质量验收记录

| 工程名称 | | 结构类型 | | 层数 | |
|---|---|---|---|---|---|
| 施工单位 | | 技术部门负责人 | | 质量部门负责人 | |
| 分包单位 | | 分包单位负责人 | | 分包技术负责人 | |

| 序号 | 分项工程名称 | 检验批数 | 施工单位检查评定 | 验收意见 |
|---|---|---|---|---|
| 1 | | | | |
| 2 | | | | |
| 3 | | | | |
| 4 | | | | |
| 5 | | | | |
| 6 | | | | |
| 7 | | | | |
| 8 | | | | |
| 9 | | | | |
| 10 | | | | |
| 11 | | | | |
| 12 | | | | |
| 质量控制资料 | | | | |
| 安全和功能检验(检测)报告 | | | | |
| 观感质量验收 | | | | |

| 验收单位 | 分包单位 | | 项目经理　　年　月　日 |
|---|---|---|---|
| | 施工单位 | | 项目经理　　年　月　日 |
| | 勘查单位 | | 项目负责人　年　月　日 |
| | 设计单位 | | 项目负责人　年　月　日 |
| | 监理(建设)单位 | 总监理工程师<br>(建设单位项目专业负责人)：<br>　　　　　　　　　年　月　日 | |

①应具备 GB 50210—2001《建筑装饰装修工程质量验收规范》各子分部工程规定检查的文件和记录。

②应具备表 3-8 所规定的有关安全和功能的检测项目的合格报告。

表 3-8　有关安全和功能的检测项目

| 项次 | 子分部工程 | 检 测 项 目 |
|---|---|---|
| 1 | 门窗工程 | 1. 建筑外墙金属窗的抗风压性能、空气渗透性能和雨水渗漏性能<br>2. 建筑外墙塑料窗的抗风压性能、空气渗透性能和雨水渗漏性能 |
| 2 | 饰面板（砖）工程 | 1. 饰面板后置埋件的现场拉拔强度<br>2. 饰面砖样板件的粘结强度 |
| 3 | 幕墙工程 | 1. 硅酮结构胶的相容性试验<br>2. 幕墙后置埋件的现场拉拔强度<br>3. 幕墙的抗风压性能、空气渗透性能、雨水渗漏性能及平面变形性能 |

③观感质量应符合 GB 50210—2001《建筑装饰装修工程质量验收规范》各分项工程中一般项目的要求。

5）有特殊要求的建筑装饰装修工程，竣工验收时应按合同约定加测相关技术指标。

6）建筑装饰装修工程的室内环境质量应符合国家现行标准 GB 50325—2010《民用建筑工程室内环境污染控制规范》的规定。具体内容见本书单元 4。

7）未经竣工验收合格的建筑装饰装修工程不得投入使用。

## 3.1.3　装饰装修工程质量检验方法

检查装饰工程质量的人员，应熟悉规范、规程，要具有一定的施工经验，同时要经过质量检查的培训，能够按照规范的规定，评出正确的质量等级。检验的方法主要有目测、手感、听声音、查资料和施行检测等。

**1. 目测**

如墙面的平整、顶棚的平顺、线条的顺直、色泽的均匀、图案的清晰等，都是靠人们的视觉来判定。为了确定装饰效果和缺陷的轻重程度，又规定了正视、斜视和不等距离的观察方法。

**2. 手感**

如表面是否光滑，刷浆是否掉粉等，要以手摸检查。为了确定饰面和饰件安装或镶贴是否牢固，需要手摇或手摸检查。在检查过程中要注意成品的保护，手摸时要"轻摸"，防止因检查造成饰面或饰件表面的污染和损坏。

**3. 听声音**

为了判定装饰面层安装或镶贴得是否牢固，是否有脱层、空鼓等不牢固现象，需要手敲或用小锤敲击、听声音来鉴别。在检查过程中，应注意"轻敲"和"轻击"，防止成品表面出现麻坑、斑点等破损。

**4. 查资料**

装饰工程技术资料要比主体结构工程的技术资料少一些。为了确保工程质量，必要时，要查对设计图纸、材料产品合格证、材料试验报告或测试记录等，借助有关技术资料，正确评定工程质量等级。

**5. 施行检测**

对装饰工程的质量，有时需要实测实量、将目测与实测结合起来进行"双控"，评出的质量等级更为合理。

## 课题 2  抹灰工程的质量检验与验收

### 3.2.1  常用抹灰材料的技术要求

抹灰工程中常用的材料主要有：胶凝材料、细集料、加强材料、胶料、颜料等几种，其具体要求见表3-9。

表3-9  内墙抹灰材料技术要求

| 组成材料 | 种类 | 技术性能要求 | 备注 |
| --- | --- | --- | --- |
| 胶凝材料 | 水泥 | 用强度等级 32.5MPa 以上的硅酸盐水泥、普通硅酸盐水泥、矿渣水泥、硅酸盐膨胀水泥，无结块杂质 | 白色硅酸盐水泥用于各种颜色的水刷石、水磨石等 |
| | 石灰 | 至少提前15d将成膏状的石灰膏淋制熟化，如用于罩面时，不应少于30d，石灰膏应细腻洁白 | 不得有未熟化颗粒，冻结风化与干硬 |
| 细集料 | 砂 | 用中砂，也可将粗砂与中砂混合掺用，要求砂粒坚硬洁净，含泥量不得超过3%，使有前过不大于5mm的筛孔 | — |
| 腻子材料 | 双飞粉、内墙腻子、外墙腻子 | 细度通过 4900 孔/cm$^2$，筛余量不大于10%，颜色应洁白 | 用于面层装饰 |
| 胶粘剂 | 建筑801胶 | 为提高批墙用水泥浆或水泥砂浆性能的添加剂，在水泥浆中掺入适量建筑801胶，可提高水泥浆或水泥砂浆的附着力、黏结力，且掺量不宜超过水泥用量的20% | 具有良好的稳定性能和防水性能，收缩率低，干燥时不起裂纹，潮湿时不起霉点 |
| | 聚醋酸乙烯乳液 | 为一种白色水溶性胶粘剂，较熟胶粉的性能和耐久性都好 | 用于调配内墙腻子 |
| | 熟胶粉 | 白色颗粒状（使用时需用清水化开后加入腻子粉中使用） | 用于调配内墙腻子，防止腻子开裂，并能增加腻子和润滑性，有利于施工 |

### 3.2.2  抹灰层砂浆的选用及厚度

**1. 抹灰层砂浆的选用**

一般应按设计要求选用，如设计无要求，应符合下列规定。

1）混凝土板和墙的底层抹灰，用水泥混合砂浆或水泥砂浆。

2）硅酸盐砌块的底层抹灰，用水泥混合砂浆。

3）加气混凝土砌块和板的底层抹灰，用水泥混合砂浆或聚合物水泥砂浆。

**2. 抹灰层厚度**

抹灰层必须采用分层分遍（道）涂抹，并应控制厚度。如若一次抹得太厚，由于内外收水快慢不同，灰浆面层容易出现干裂、起鼓，以至脱落。各道（遍）抹灰的厚度，多是由基层材料、砂浆品种、工程部位、质量标准要求及施工气候条件等因素设计确定，每遍厚度可参考表3-10。不同类型的抹灰层及总厚度参见表3-11。

表3-10 抹灰层每遍厚度 （单位：mm）

| 砂浆品种 | 每遍厚度 | 砂浆品种 | 每遍厚度 |
| --- | --- | --- | --- |
| 水泥砂浆 | 5~7 | 纸筋石灰和石膏灰（做面层赶平压实后） | 不大于2 |
| 石灰砂浆和水泥混合砂浆 | 7~9 | | |

表3-11 不同类型的抹灰层及总厚度 （单位：mm）

| 类型 | 要求 | 抹灰等级与基层 | 抹灰总厚度 |
| --- | --- | --- | --- |
| 内墙抹灰 | 处于室内，要求表面平整光洁 | 普通抹灰 | 18 |
| | | 高级抹灰 | 25 |
| 外墙抹灰 | 处于露天，要求有一定的防水性能 | 砖墙面 | 20 |
| | | 勒脚等部位 | 25 |
| | | 石材墙面 | 30~35 |
| 其他基层抹灰 | 处于碰撞或悬挂状态，要求抹灰层坚固、粘结力强 | 顶棚板条、现浇混凝土、预制混凝土 | 15 |
| | | 石膏板 | 18 |
| | | 金属网 | 20 |

## 3.2.3 施工现场抹灰工程的质量检验

**1. 内墙一般抹灰预检项目**

1）按设计要求复核基层的尺寸和质量。

2）屋面防水或上层楼面面层已经完成，不渗不漏。

3）抹灰部位主体结构均已检查合格，门窗和楼层预埋件及各种管道已安装完毕，并检查合格。

4）将墙面凹凸部分用1:3水泥砂浆分层补平或剔平整，把外露钢筋头和铅丝头等清除掉。

5）基层墙面应在施工前一天浇水，并要浇透浇匀确保基层湿润。

6）不同基层材料交接处表面应先铺钉金属网，每边搭接长度不小于100mm。

**2. 内墙一般抹灰过程检验项目**

1）抹底层灰前必须先找规矩（找平整度和垂直度），对墙面的垂直度、平整度进行检查，并控制阴阳角方正，确定灰饼（灰饼指泥工粉刷或浇筑地坪时用来控制建筑标高及墙面平整度、垂直度的水泥块）厚度。

2）抹灰砂浆的配合比和稠度应经检查合格后方可使用。砂浆中掺用外加剂时，其掺入量应由试验确定，水泥砂浆及掺有水泥或石膏拌制的砂浆，应控制在初凝前用完。

3）灰饼做好稍干后用砂浆在上、中、下灰饼间抹标筋（为保证平整度，隔一定距离做的一道标高线称为标筋），宽度与厚度均与灰饼相同。

4）墙面、柱面和门洞的阳角应用1:2水泥砂浆做护角，其高度不应低于2m，每边宽度不应小于50mm。

5）待标筋有了一定强度后，洒水湿润墙面，然后在两筋之间用力抹上底灰，用木抹子压实搓毛。

6）待底层灰干至六七成后，即可抹中层灰，抹灰厚度以垫平标筋为准。

7）窗台板应用1:3水泥砂浆抹底灰，表面划毛，隔1d后用素水泥浆刷一道，再用1:2.5水泥砂浆抹面层。

8）抹踢脚板（或墙裙）时，弹出上口水平线，用1:3水泥砂浆或水泥混合砂浆抹底层，隔1d后，用1:2水泥砂浆抹面层。

9）待中层有六七成干时即可抹面层灰。抹麻刀石灰时，其厚度应控制在3mm内；抹纸筋石灰、石膏灰时，厚度应控制在2mm内。

10）抹灰工作完毕后，应将粘在门窗框、墙面的灰浆及落地灰及时清除，打扫干净。

**3. 顶棚一般抹灰预检项目**

1）屋面防水层及楼面上层已施工完毕，穿过顶棚的各种管道已安装就绪，顶棚与墙体间及管道安装后遗留空隙已清理及填堵严密。

2）将混凝土顶板底表面凸出部分凿平，对蜂窝、麻面、露筋等处应凿到实处，用1:2水泥砂浆分层抹平，把外露钢筋头和铅丝头等清除掉。

3）在墙面和梁侧面弹上水平标高墨线，连续梁底应弹由头到尾的通光墨线。

4）抹灰前一天浇水湿润基体。

5）根据室内高度和抹灰现场的具体情况，提前搭好操作用的脚手架。

**4. 顶棚一般抹灰过程检验项目**

1）按抹灰层的厚度用墨线在四周墙面上弹出水平线，作为控制抹灰层厚度的基准线。

2）在已经湿润的顶棚基层上满刷一道界面剂或刷水灰比为0.4的素水泥浆，紧跟着抹底层灰。

3）抹底层灰的方向应与挡板接缝及木模板纹方向相垂直，并用力抹压，使砂浆挤入细小缝隙内。底层灰不宜太厚。

4）底层灰抹完后，紧跟着抹中层灰找平（若为预制混凝土楼板时，应待底灰养护2~3d后再抹），先抹顶棚四周，再抹大面。

5）待中层有六七成干时，即可用纸筋石灰或麻刀石灰抹面层。面层宜两遍成活，控制灰层厚度不大于3mm，即头遍薄薄抹一层，二遍抹平压光。

6）顶棚抹灰完后，应关闭门窗，使抹灰层在潮湿空气中养护。

## 3.2.4 一般抹灰工程的质量验收

**1. 适用范围**

适用于一般抹灰分项工程的质量验收。

**2. 检验批划分**

相同材料、工艺和施工条件的室内抹灰工程每50个自然间（大面积房间和走廊按抹灰面积 30m² 为一间计算）应划分为一个检验批，不足50间也应划分为一个检验批。

**3. 检查数量**

室内每个检验批应至少抽查10%，并不得少于3间；不足3间时应全数检查。

**4. 基本要求**

1) 抹灰工程验收时应检查下列文件和记录。
① 抹灰工程的施工图、设计说明及其他设计文件。
② 材料的产品合格证书、性能检测报告、进场验收记录和复验报告。
③ 隐蔽工程验收记录。
④ 施工记录。

2) 抹灰工程应对水泥的凝结时间和安定性进行复验。

3) 抹灰工程应对下列隐蔽工程项目进行验收。
① 抹灰总厚度大于或等于35mm时的加强措施。
② 不同材料基体交接处的加强措施。

4) 表面太光的要凿毛，或用界面剂薄薄抹一层；表面的砂浆污垢、油漆等均应仔细清扫干净；门窗口与立墙交接处、墙面脚手洞、水暖、通风管道等过墙洞，均应用1:3水泥砂浆砌砖堵严。

5) 抹灰用的石灰膏的熟化期不应少于15d；罩面用的磨细石灰粉的熟化期不应少于3d。

6) 室内墙面、柱面和门洞口的阳角做法应符合设计要求。设计无要求时，应采用1:2水泥砂浆做暗护角，其高度不应低于2m，每侧宽度不应小于50mm。

7) 当要求抹灰层具有防水、防潮功能时，应采用防水砂浆。

8) 各种砂浆抹灰层，在凝结前应防止快干、水冲、撞击、振动和受冻，在凝结后应采取措施防止玷污和损坏。水泥砂浆抹灰层应在湿润条件下养护。

**5. 一般抹灰工程验收**

（1）适用范围 本部分内容适用于石灰砂浆、水泥砂浆、水泥混合砂浆、聚合物水泥砂浆和麻刀石灰、纸筋石灰、石膏灰等一般抹灰工程的质量验收。一般抹灰工程分为普通抹灰和高级抹灰，当设计无要求时，按普通抹灰验收。

（2）主控项目

1) 抹灰前基层表面的尘土、污垢和油渍等应清除干净，并应洒水润湿。

检验方法：检查施工记录。

2) 一般抹灰工程所用材料的品种和性能应符合设计要求。水泥的凝结时间和安定性复验应合格。砂浆的配合比应符合设计要求。

检验方法：检查产品合格证书、进场验收记录、复验报告和施工记录。

3) 抹灰工程应分层进行。当抹灰总厚度大于或等于35mm时，应采取加强措施。不同材料基体交接处表面的抹灰，应采取防止开裂的加强措施，当采用加强网时，加强网与各基体的搭接宽度不应小于100mm。

检验方法：检查隐蔽工程验收记录和施工记录。

4) 抹灰层与基层之间及各抹灰层之间必须粘结牢固，抹灰层应无脱层、空鼓，面层应无爆灰和裂缝。

检验方法：观察，用小锤轻击检查，检查施工记录。

(3) 一般项目

1) 一般抹灰工程的表面质量应符合下列规定。

①普通抹灰表面应光滑、洁净、接槎平整，分格缝应清晰。

②高级抹灰表面应光滑、洁净、颜色均匀、无抹纹，分格缝和灰线应清晰美观。

检验方法：观察，手摸检查。

2) 护角、孔洞、槽、盒周围的抹灰表面应整齐、光滑，管道后面的抹灰表面应平整。

检验方法：观察。

3) 抹灰层的总厚度应符合设计要求，水泥砂浆不得抹在石灰砂浆层上，罩面石膏灰不得抹在水泥砂浆层上。

检验方法：检查施工记录。

4) 抹灰分格缝的设置应符合设计要求，宽度和深度应均匀，表面应光滑，棱角应整齐。

检验方法：观察，尺量检查。

5) 有排水要求的部位应做滴水线（槽）。滴水线（槽）应整齐顺直，滴水线应内高外低，滴水槽的宽度和深度均不应小于10mm。

检验方法：观察，尺量检查。

6) 一般抹灰工程质量的允许偏差和检验方法应符合表3-12的规定。

表3-12 一般抹灰的允许偏差和检验方法

| 项次 | 项 目 | 允许偏差/mm | | 检 验 方 法 |
| --- | --- | --- | --- | --- |
| | | 普通抹灰 | 高级抹灰 | |
| 1 | 立面垂直度 | 4 | 3 | 用2m靠尺和塞尺检查 |
| 2 | 表面平整度 | 4 | 3 | 用2m靠尺和塞尺检查 |
| 3 | 阴阳角方正 | 4 | 3 | 用直角检测尺检查 |
| 4 | 分格条（缝）直线度 | 4 | 3 | 拉5m线，不足5m拉通线，用钢直尺检查 |
| 5 | 墙裙、勒脚上口直线度 | 4 | 3 | 拉5m线，不足5m拉通线，用钢直尺检查 |

注：1. 普通抹灰，本表第3项阴阳角方正可不检查。
2. 顶棚抹灰，本表第2项表面平整度可不检查，但应平顺。

书后附一般抹灰工程检验批质量验收记录表（空白）。

## 课题3 门窗工程的质量检验与验收

### 3.3.1 门窗工程的基本规定

作为建筑艺术造型的重要组成因素之一，门窗设置较为显著地影响着建筑物的形象特征。同时，作为围护结构与构造的可启闭部分，建筑外门窗对建筑物的采光、通风、保温、节能和使用安全等诸多方面具有重要意义。根据有关规定与规划，不论新建筑或是采用传统钢木门窗的既有建筑物,都必须使之符合建筑热工设计标准,从而遵守节约能源的原则。

门窗按开启形式可分为平开式、推拉式等。按材料可分为金属门窗、塑料门窗及木门窗。

门窗工程中常用的材料主要有:玻璃、密封胶、铝合金、塑钢、木材及五金材料等。

1) 金属门窗工程材料的技术性能要求,见表3-13。

表3-13 金属门窗材料的技术性能要求

| 组成材料 | 种 类 | 技术性能要求 | 备 注 |
| --- | --- | --- | --- |
| 玻璃 | 普通平板玻璃、浮法玻璃、中空玻璃、吸热玻璃、夹层玻璃及夹丝玻璃等 | 玻璃的外观质量和性能应符合国家现行标准的规定 | |
| 窗框、窗扇 | 铝合金、钢材等 | 应符合现行国家标准,铝合金壁厚不小于1.4mm | |
| 门框、门扇 | 铝合金、钢材等 | 应符合现行国家标准,铝合金壁厚不宜小于2.0mm | |
| 粘结、密封材料 | 聚硫密封胶、硅酮密封胶、硅酮结构胶(分单组分和双组分) | 硅酮结构胶和硅酮密封胶应经认可的质量检测单位检验合格后方可使用(相容性及粘结力) | 严禁使用过期的结构胶 |
| 橡胶制品 | 双面胶带、衬垫料等 | 应符合现行国家标准,必须具有与硅酮密封胶、硅酮结构胶的相容性试验合格报告 | |

2) 塑料门窗材料的技术性能要求,见表3-14。

表3-14 塑料门窗材料的技术性能要求

| 组成材料 | 种 类 | 技术性能要求 | 备 注 |
| --- | --- | --- | --- |
| 玻璃 | 普通平板玻璃、浮法玻璃、中空玻璃等 | 玻璃的外观质量和性能应符合国家现行标准的规定,中空玻璃应有检测报告 | 《普通平板玻璃》(GB/T 4871—1995)、《浮法玻璃》(GB/T 11614—1999)、《中空玻璃》(GB/T 11944—2002) |
| 门窗异型材 | 全塑窗(PVC)、复合窗、聚氨酯窗 | 门窗异型材的原材料应符合国家现行标准的规定 | 《门、窗用未增塑聚氯乙烯(PVC—U)型材》(GB/T 8814—2004) |
| 玻璃密封条 | RPVC、橡胶密封条 | 玻璃密封条应符合国家现行标准的规定 | 《塑料门窗用密封条》(GB/T 12002—1989) |
| 五金配件 | 窗把手、搭钩、滑撑和铰链等 | 门窗五金配件的型号、规格、性能均应符合国家现行标准的规定,表面应进行防腐处理 | 滑撑、铰链不得使用铝合金材料 |
| 紧固件、增强型钢及金属衬板 | 金属 | 所用原材料均应符合国家现行标准的规定,表面均应就进行防腐处理 | — |

（续）

| 组成材料 | 种 类 | 技术性能要求 | 备 注 |
|---|---|---|---|
| 玻璃垫块 | 硬橡胶垫块塑料 | 硬橡胶垫块的邵氏硬度为70~90（A） | — |
| 密封材料 | 矿棉、玻璃棉、泡沫塑料等 | — | 不应使用含沥青的材料 |

注：与聚氯乙烯型材直接接触的材料，其性能应与PVC塑料具有相容性。

3）PVC塑料的变形较大，刚度较差，为确保各类基本窗能承受最大风荷载要求，其窗框、窗扇具有可靠的刚度，在塑料构件内腔插入"增强型钢"，以增强抗弯曲能力。凡塑料构件超过规定长度，其内腔必须加衬增强型钢。加衬增强型钢的构件额定长度见表3-15。

表3-15 加衬增强型钢的构件额定长度

| 窗 型 | 型材规格系列 | 构件额定长度/mm | | | 备 注 |
|---|---|---|---|---|---|
| | | 窗框 | 竖横中梃 | 扇框 | |
| 平开窗 | 50 | ≥1370 | ≥1170 | ≥1320 | 增强型钢表面应经防锈处理 |
| | 60 | ≥1470 | ≥1170 | ≥1320 | |
| 推拉窗 | 80 | ≥1470 | ≥1170 | ≥1282 | |

4）高级木门窗材料的技术性能要求，见表3-16。

表3-16 高级木门窗用木材的质量要求

| 木材缺陷 | | 木门扇的立梃、冒头、中冒头 | 窗棂、压条、门窗及气窗的线脚、通风立梃 | 门心板 | 门窗框 |
|---|---|---|---|---|---|
| 活节 | 不计个数，直径/mm | <10 | <5 | <10 | <10 |
| | 计算个数，直径 | ≤材宽的1/4 | ≤材宽的1/4 | ≤30mm | ≤材宽的1/3 |
| | 任1延米中的个数 | ≤2 | 0 | ≤2 | ≤3 |
| 死节 | | 允许，包括在活节总数中 | 不允许 | 允许，包括在活节总数中 | 不允许 |
| 髓心 | | 不露出表面的，允许 | 不允许 | 不露出表面的，允许 | 不允许 |
| 裂缝 | | 深度及长度≤厚度及材长的1/6 | 不允许 | 允许可见裂缝 | 深度及长度≤厚度及材长的1/5 |
| 斜纹的斜率(%) | | ≤6 | ≤4 | ≤15 | ≤10 |
| 油眼 | | 非正面，允许 | | | |
| 其他 | | 浪形纹理、图形纹理、偏心及化学变色，允许 | | | |

### 3.3.2 门窗工程的质量检验

**1. 门窗安装的一般规定**

门窗安装与其他构件或设施的安装工程基本相同，应以牢固安全及性能稳定为基本原则，其采用紧固件并依靠建筑结构内的预埋件或后置埋件进行连接固定。根据门窗的不同类型按设计要求采取相应的安装方式，重型门窗一般需通过连接件同埋铁进行焊接或采用铁脚埋入建筑基体；轻型门窗则可将连接件（固定片）直埋或用钉件固定于洞口墙体。

根据国家标准，门窗安装工程应符合以下各项基本规定。

1）门窗安装前，应对门窗洞口尺寸进行检验。除检查单个洞口外，还应对能够通视的成排或成列的门窗洞口进行目测或拉通线检查。如果发现明显偏差，应向有关管理人员反映，采取处理措施后方可安装门窗。

2）木门窗与砖石砌筑体、混凝土或抹灰层接触处，应进行防腐处理并应设防潮层；埋入砌筑体或混凝土中的木砖，应进行防腐处理。

3）金属门窗和塑料门窗安装应采用预留洞口的方法施工，不得采用边安装边砌口或先安装后砌口的方法施工，以防止门窗框受挤变形和表面保护层受损。装饰性木门窗安装也宜采用预留洞口的方法施工，可避免门窗框污染或受挤变形。

4）当金属窗或塑料窗组合时，其拼樘料的尺寸、规格、壁厚应符合设计要求。组合窗拼樘料不仅具有连接作用，还是组合窗的重要受力部件，故应对其材料严格要求并由设计给出，并应使组合窗能够承受本地区的瞬时风压值。

5）建筑外门窗的安装必须牢固。在砌体上安装门窗严禁用射钉固定。

6）特种门安装除应符合设计要求外，还应符合国家标准及有关专业标准和主管部门的规定。

**2. 木门窗安装质量检验**

（1）预检项目

1）按设计要求复核门窗的各种性能参数，材料的产品合格证书、进场验收记录和人造板的甲醛含量。

2）建筑物门窗洞口的尺寸测量及预埋件埋置的位置和数量。

3）根据施工图复核门窗产品的型号、产品合格证、附件是否安全、门窗的开启方向。

（2）过程检验项目　见表3-17。

表3-17　木门窗工程过程检验项目

| 序号 | 项　　目 | 检验项目 | 预防措施及方法 | 解决方法 |
| --- | --- | --- | --- | --- |
| 1 | 建筑物门窗洞口的测量、预埋件的检查 | 门窗洞口的高、宽、垂直度测量，预埋件的数量、位置、是否牢固 | 控制建筑误差、按图进行埋置预埋件 | 误差超出范围，协商解决 |
| 2 | 材料的切割、加工 | 切割长度、角度检查。槽、孔、拼缝的检查 | 熟悉图纸、加工前认真检测 | 做样窗 |
| 3 | 门窗框扇的连接 | 门窗高、宽、对角线的测量 | 熟悉图纸，对加工首件门窗认真检查 | 做样窗 |
| 4 | 门窗的附件安装 | 门窗框、扇各相邻构件装配间隔等测量。构件连接牢固密封防水 | 自检、互检、最终检验 | 做样窗 |
| 5 | 玻璃的镶嵌 | 木压条应与裁口边缘平齐、紧贴、割角应整齐 | 自检、互检、最终检验 | 安装玻璃前、后应检查 |
| 6 | 产品的检查 | 数量、型号、规格、开启形式、开启方向及产品质量、出厂合格证 | 注意运输及产品的存放 | — |

(续)

| 序号 | 项 目 | 检验项目 | 预防措施及方法 | 解决方法 |
|---|---|---|---|---|
| 7 | 门窗的安装 | 门窗框的水平、垂直度、对角线的测量，门窗框安装是否牢固 | 注意门窗的开启方向、安装位置 | 调整 |
| 8 | 门窗扇的安装 | 配合应严密、配件齐全、开启灵活 | 按图施工 | — |
| 9 | 门窗框与墙体周边的缝隙填嵌 | 填充的材料及密实度 | — | — |

### 3. 铝合金门窗安装质量检验

（1）预检项目

1）按设计要求复核窗的各种性能参数，如风压、水密性、隔热、防火、隔音的要求。

2）铝合金型材的牌号复核，以及型材的详细规格、型材的生产厂家、门窗的开启形式。

3）铝合金型材的表面处理及色彩复核，如阳极氧化、氟碳喷涂等。

4）建筑物门窗高和宽的尺寸测量。

5）五金配件复核。

6）复核建筑物洞口的尺寸及埋件埋置的位置。

7）根据图纸检查门窗产品的型号、产品合格证、附件是否齐全。

（2）过程检验项目　见表3-18。

表3-18　铝合金门窗工程过程检验项目

| 序号 | 项 目 | 检验项目 | 预防措施及方法 | 解决方法 |
|---|---|---|---|---|
| 1 | 建筑物的洞口测量 | 门窗洞口的高、宽、垂直度测量 | 控制建筑误差，校核门窗洞口位置尺寸及标高 | 误差超出控制范围，应会同甲方、设计、土建施工方协商解决 |
| 2 | 型材选择 | 型材壁厚、力学性能、氧化膜层厚度 | 产品质保书、合格证、送检测单位检测 | 发现不合格产品，及时通知生产厂家退货或另作处理 |
| 3 | 型材的切割 | 切割长度、角度的检查，切割面的平整、切痕、毛刺的检查 | 对加工首件门窗认真检测，锯片、工件应固定正确，保持工作台面干净 | 做样窗 |
| 4 | 型材的加工 | 型材的铣槽、开孔等位置 | 熟悉图纸，加工首件认真检测 | 做样窗 |
| 5 | 门、窗框、扇的连接 | 门、窗高、宽、对角线的测量 | 熟悉图纸，加工首件认真检测 | 做样窗 |
| 6 | 附件的组装 | 门、窗框、扇各相邻构件装配间隙及同一平面高低差的测量。门窗构件连接牢固、密封、防水 | 自检、互检、最终检验 | 做样窗 |

（续）

| 序号 | 项目 | 检验项目 | 预防措施及方法 | 解决方法 |
|---|---|---|---|---|
| 7 | 玻璃镶嵌 | 玻璃槽与玻璃的配合，减震垫块的安装，玻璃的损伤 | 自检、互检、最终检验 | 安装玻璃前检查 |
| 8 | 门窗产品的检查 | 数量、型号、规格、开启形式、开启方向及产品质量，出厂合格证。产品是否有保护膜 | 注意运输及产品的存放 | 发现质量问题，退给工厂，重新加工 |
| 9 | 洞口尺寸的复核、埋件检查 | 洞口的高、宽、对角线复核，埋件的埋置位置、数量 | 土建施工时控制水平、垂直度，预埋铁件的间距与门窗框上设置的连接件配套 | 洞口清理，发现预埋铁件位置不吻合，提前剔凿处理或重新预埋 |
| 10 | 门、窗框的安装 | 门窗框安装牢固，门、窗框的不平、垂直度、对角线测量 | 注意门窗的开启方向、安装孔位置 | 调整 |
| 11 | 组合门窗 | 门窗框横向及竖向组合是否采用套杆，搭接是否形成曲面组合，搭接量不少于8mm | 按图施工 | — |
| 12 | 门、窗框周边填充材料 | 填充的材料及密实度 | 严禁用水泥砂浆 | — |
| 13 | 门、窗扇安装 | 配合严密、配件齐全、开启灵活 | 按图施工，清理检查 | 及时用软布清洗干净 |

**4. 塑料门窗安装质量检验**

（1）预检项目

1）按设计要求复核门窗的各种技术性能参数、门窗的等级。

2）核验门窗异型材的规格、壁厚、重量、色彩等并核对合格证，PVC型材、配件应具有老化及强度试验的检测报告。门窗构件按要求须衬"增强型钢"时，监理人员或建设单位要在门窗构件加工厂进行衬钢隐蔽验收。

3）门窗预留洞口的测量。

4）五金配件的复核。

5）门窗的开启形式。

（2）过程检验项目 见表3-19。

表3-19 塑料门窗工程过程检验项目

| 项目 | 检验项目 | 预防措施及方法 | 解决方法 |
|---|---|---|---|
| 门窗洞口测量 | 门窗洞口高、宽、垂直度测量 | 控制、校核建筑标高及洞口位置尺寸 | 误差超出控制范围，应会同甲方、设计、土建施工单位协商解决 |
| 型材选择 | 型材的规格、壁厚、重量、色泽等 | 产品质保书、合格证、检测报告 | 发现不合格产品退货 |

(续)

| 项目 | 检验项目 | 预防措施及方法 | 解决方法 |
|---|---|---|---|
| 型材的切割 | 切割长度、角度等 | 对加工首件门窗认真检测，保持工作台面干净（型材的焊接余量每端留3mm） | 做样窗 |
| 型材的加工 | 铣排水孔、锲头等 | 熟悉图纸，对首件产品检测 | 做样窗 |
| 门窗框扇的制作 | 框、扇的高、宽、对角线的测量，五金配件安装的位置、牢固度（门窗开闭性能） | 熟悉图纸，对首件产品检测 | 做样窗 |
| 门窗框的安装 | 门、窗框安装是否牢固，门、窗框的水平、垂直、对角线的测量 | 检查门、窗的开启方向、安装孔位等 | 调整后固定 |
| 门窗框四周间隙填充材料 | 填充材料的松紧度（含沥青的材料不得填入） | 门窗框是否变形 | 调整 |
| 门窗扇安装 | 配合严密、配件齐全、位置正确牢固、开启灵活 | 按图施工，清理检查 | 调整，及时清洗 |

注：PVC型材加工前和制品加工后应移出车间，静止状态放置，检查调整的时间应大于24h。

### 3.3.3 门窗工程的质量验收

**1. 适用范围**

本节适用于木门窗制作与安装、金属门窗安装、塑料门窗安装、特种门安装、门窗玻璃安装等分项工程的质量验收。

**2. 检验批划分**

同一品种、类型和规格的木门窗、金属门窗、塑料门窗及门窗玻璃每100樘应划分为一个检验批，不足100樘也应划分为一个检验批。

同一品种、类型和规格的特种门每50樘应划分为一个检验批，不足50樘也应划分为一个检验批。

**3. 检查数量**

木门窗、金属门窗、塑料门窗及门窗玻璃，每个检验批应至少抽查5%，并不得少于3樘，不足3樘时应全数检查；高层建筑的外窗，每个检验批应至少抽查10%，并不得少于6樘，不足6樘时应全数检查。

特种门安装每个检验批应至少抽查50%，并不得少于10樘，不足10樘时应全数检查。

**4. 基本要求**

1）门窗工程验收时应检查下列文件和记录。

①门窗工程施工图、设计说明及其他设计文件。

②材料的产品合格证书、性能检测报告、进场验收记录和复验报告。

③特种门及其附件的生产许可文件。

④隐蔽工程验收记录。

⑤施工记录。

2) 门窗工程应对下列材料及其性能指标进行复验。
① 人造木板的甲醛含量。
② 建筑外墙金属窗、塑料窗的抗风压性能、空气渗透性能和雨水渗漏性能。
3) 门窗工程应对下列隐蔽工程项目进行验收。
① 预埋件和锚固件。
② 隐蔽部位的防腐、嵌填处理。

**5. 木门窗制作与安装工程验收**

（1）适用范围　本部分内容适用于木门窗制作与安装工程的质量验收。

（2）主控项目

1) 木门窗的木材品种、材质等级、规格、尺寸、框扇的线型及人造木板的甲醛含量应符合设计要求。设计未规定材质等级时，所用木材质量应符合表3-21和表3-22规定。

检验方法：观察，检查材料进场验收记录和复验报告。

2) 木门窗应采用烘干的木材，含水率应符合《建筑木门、木窗》（JG/T 122—2000）的规定。

检验方法：检查材料进场验收记录。

3) 木门窗的防火、防腐、防虫处理应符合设计要求。

检验方法：观察，检查材料进场验收记录。

4) 木门窗结合处和安装配件处不得有木节或已填补的木节。木门窗如有允许限值以内的死节及直径较大的虫眼时，应用同一材质的木塞加胶填补。对于清漆制品，木塞的木纹和色泽应与制品一致。

检验方法：观察。

5) 门窗框和厚度大于50mm的门窗扇应用双榫连接。榫槽应采用胶料严密嵌合，并应用胶楔加紧。

检验方法：观察，手扳检查。

6) 胶合板、纤维板和模压门不得脱胶。胶合板不得刨透表层单板，不得有戗槎。制作胶合板门、纤维门板时，边框和横棱应在同一平面上，面层、边框及横棱应加压胶结。横棱和上、下冒头应各钻两个以上的透气孔，透气孔应通畅。

检验方法：观察。

7) 木门窗的品种、类型、规格、开启方向、安装位置及连接方式应符合设计要求。

检验方法：观察，尺量检查，检查成品门窗的产品合格证书。

8) 木门窗框的安装必须牢固。预埋木砖的防腐处理、木门窗框固定点的数量、位置及固定方法应符合设计要求。

检验方法：观察，手扳检查，检查隐蔽工程验收记录和施工记录。

9) 木门窗扇必须安装牢固，并应开关灵活，关闭严密，无倒翘。

检验方法：观察，开启和关闭检查，手扳检查。

10) 木门窗配件的型号、规格、数量应符合设计要求，安装应牢固，位置应正确，功能应满足使用要求。

检验方法：观察，开启和关闭检查，手扳检查。

（3）一般项目

1) 木门窗表面应清净,不得有刨痕、锤印。
检验方法:观察。
2) 木门窗的割角、拼缝应严密平整。门窗框、扇裁口应顺直,刨面应平整。
检验方法:观察。
3) 木门窗上的槽、孔应边缘整齐,无毛刺。
检验方法:观察。
4) 木门窗与墙体间缝隙的填嵌材料应符合设计要求,填嵌应饱满。寒冷地区外门窗(或门窗框)与砌体间的空隙应填充保温材料。
检验方法:轻敲门窗框检查,检查隐蔽工程验收记录和施工记录。
5) 木门窗批水、盖口条、压缝条、密封条的安装应顺直,与门窗结合应牢固、严密。
检验方法:观察,手扳检查。
6) 木门窗制作的允许偏差和检验方法应符合表 3-20 的规定。

表 3-20 木门窗制作的允许偏差和检验方法

| 项次 | 项 目 | 构件名称 | 允许偏差/mm | | 检 验 方 法 |
|---|---|---|---|---|---|
| | | | 普通 | 高级 | |
| 1 | 翘曲 | 框 | 3 | 2 | 将框、扇平放在检查平台上,用塞尺检查 |
| | | 扇 | 2 | 2 | |
| 2 | 对角线长度差 | 框、扇 | 3 | 2 | 用钢卷尺检查,框量裁口里角,扇量外角 |
| 3 | 表面平整度 | 扇 | 2 | 2 | 用 1m 靠尺和塞尺检查 |
| 4 | 高度、宽度 | 框 | 0,-2 | 0,-1 | 用钢卷尺检查,框量裁口里角,扇量外角 |
| | | 扇 | +2,0 | +1,0 | |
| 5 | 裁口、线条结合处高低差 | 框、扇 | 1 | 0.5 | 用钢直尺和塞尺检查 |
| 6 | 相邻棂子两端间距 | 扇 | 2 | 1 | 用钢直尺检查 |

7) 木门窗安装的留缝限值、允许偏差和检验方法应符合表 3-21 的规定。

表 3-21 木门窗安装的留缝限值、允许偏差和检验方法

| 项次 | 项 目 | 留缝限值/mm | | 允许偏差/mm | | 检验方法 |
|---|---|---|---|---|---|---|
| | | 普通 | 高级 | 普通 | 高级 | |
| 1 | 门窗槽口对角线长度差 | — | — | 3 | 2 | 用钢卷尺检查 |
| 2 | 门窗框的正、侧面垂直度 | — | — | 2 | 1 | 用 1m 垂直检测尺检查 |
| 3 | 框与扇、扇与扇接缝高低差 | — | — | 2 | 1 | 用钢直尺和塞尺检查 |
| 4 | 门窗扇对口缝 | 1~2.5 | 1.5~2 | — | — | 用塞尺检查 |
| 5 | 工业厂房双扇大门对口缝 | 2~5 | — | — | — | |
| 6 | 门窗扇与上框间留缝 | 1~2 | 1~1.5 | — | — | |
| 7 | 门窗扇与侧框间留缝 | 1~2.5 | 1~1.5 | — | — | |
| 8 | 窗扇与下框间留缝 | 2~3 | 2~2.5 | — | — | |
| 9 | 门扇与下框间留缝 | 3~5 | 3~4 | — | — | |

(续)

| 项次 | 项目 | | 留缝限值/mm | | 允许偏差/mm | | 检验方法 |
|---|---|---|---|---|---|---|---|
| | | | 普通 | 高级 | 普通 | 高级 | |
| 10 | 双层门窗内外框间距 | | — | — | 4 | 3 | 用钢卷尺检查 |
| 11 | 无下框时门扇与地面间留缝 | 外门 | 4~7 | 5~6 | — | — | 用塞尺检查 |
| | | 内门 | 5~8 | 6~7 | — | — | |
| | | 卫生间门 | 8~12 | 8~10 | — | — | |
| | | 厂房大门 | 10~20 | — | — | — | |

**6. 金属门窗安装工程验收**

（1）适用范围　本部分内容适用于钢门窗、铝合金门窗、涂色镀锌钢板门窗等金属门窗安装工程的质量验收。

（2）主控项目

1）金属门窗的品种、类型、规格、尺寸、性能、开启方向、安装位置、连接方式及铝合金门窗的型材壁厚应符合设计要求。金属门窗的防腐处理及填嵌、密封处理应符合设计要求。

检验方法：观察，尺量检查，检查产品合格证书、性能检测报告、进场验收记录和复验报告，检查隐蔽工程验收记录。

2）金属门窗框和副框的安装必须牢固。预埋件的数量、位置、埋设方式、与框的连接方式必须符合设计要求。

检验方法：手扳检查，检查隐蔽工程验收记录。

3）金属门窗扇必须安装牢固，并应开关灵活、关闭严密，无倒翘。推拉门窗扇必须有防脱落措施。

检验方法：观察，开启和关闭检查，手扳检查。

4）金属门窗配件的型号、规格、数量应符合设计要求，安装应牢固，位置应正确，功能应满足使用要求。

检验方法：观察，开启和关闭检查，手扳检查。

（3）一般项目

1）金属门窗表面应洁净、平整、光滑、色泽一致，无锈蚀。大面应无划痕、碰伤。漆膜或保护层应连续。

检验方法：观察。

2）铝合金门窗、推拉门窗扇开关力应不大于100N。

检验方法：用弹簧秤检查。

3）金属门窗框与墙体之间的缝隙应填嵌饱满，并采用密封胶密封。密封胶表面应光滑、顺直、无裂纹。

检验方法：观察，轻敲门窗框检查，检查隐蔽工程验收记录。

4）金属门窗扇的橡胶密封条或毛毡密封条应安装完好，不得脱槽。

检验方法：观察，开启和关闭检查。

5）有排水孔的金属门窗，排水孔应畅通，位置和数量应符合设计要求。

检验方法：观察。

6）铝合金门窗安装的允许偏差和检验方法应符合表 3-22 的规定。

表 3-22　铝合金门窗安装的允许偏差和检验方法

| 项次 | 项目 | | 允许偏差/mm | 检验方法 |
| --- | --- | --- | --- | --- |
| 1 | 门窗槽口宽度、高度 | ≤1500mm | 1.5 | 用钢卷尺检查 |
| | | >1500mm | 2 | |
| 2 | 门窗槽口对角线长度差 | ≤2000mm | 3 | 用钢卷尺检查 |
| | | >2000mm | 4 | |
| 3 | 门窗框的正、侧面垂直度 | | 2.5 | 用垂直检测尺检查 |
| 4 | 门窗横框的水平度 | | 2 | 用 1m 水平尺和塞尺检查 |
| 5 | 门窗横框标高 | | 5 | 用钢卷尺检查 |
| 6 | 门窗竖向偏离中心 | | 5 | 用钢卷尺检查 |
| 7 | 双层门窗内外框间距 | | 4 | 用钢卷尺检查 |
| 8 | 推拉门窗扇与框搭接量 | | 1.5 | 用钢直尺检查 |

7）涂色镀锌钢板门窗安装的允许偏差和检验方法应符合表 3-23 的规定。

表 3-23　涂色镀锌钢板门窗安装的允许偏差和检验方法

| 项次 | 项目 | | 允许偏差/mm | 检验方法 |
| --- | --- | --- | --- | --- |
| 1 | 门窗槽口宽度、高度 | ≤1500mm | 2 | 用钢卷尺检查 |
| | | >1500mm | 3 | |
| 2 | 门窗槽口对角线长度差 | ≤2000mm | 4 | 用钢卷尺检查 |
| | | >2000mm | 5 | |
| 3 | 门窗框的正、侧面垂直度 | | 3 | 用垂直检测尺检查 |
| 4 | 门窗横框的水平度 | | 3 | 用 1m 水平尺和塞尺检查 |
| 5 | 门窗横框标高 | | 5 | 用钢卷尺检查 |
| 6 | 门窗竖向偏离中心 | | 5 | 用钢卷尺检查 |
| 7 | 双层门窗内外框间距 | | 4 | 用钢卷尺检查 |
| 8 | 推拉门窗扇与框搭接量 | | 2 | 用钢直尺检查 |

**7. 塑料门窗安装工程验收**

（1）适用范围　本部分内容适用于塑料门窗安装工程的质量验收。

（2）主控项目

1）塑料门窗的品种、类型、规格、尺寸、开启方向、安装位置、连接方式及填嵌密封处理应符合设计要求，内衬增强型钢的壁厚及设置应符合国家现行产品标准质量要求。

检验方法：观察，尺量检查，检查产品合格证书、性能检测报告、进场验收记录和复验报告，检查隐蔽工程验收记录。

2）塑料门窗框、副框和扇的安装必须牢固。固定片或膨胀螺栓的数量与位置应正确，连接方式应符合设计要求。固定点应距窗角、中横框、中竖框 150～200mm，固定点间距应不大于600mm。

检验方法：观察，手扳检查，检查隐蔽工程验收记录。

3）塑料门窗拼樘料内衬增强型钢的规格、壁厚必须符合设计要求，型钢应与型材内腔紧密吻合，其两端必须与洞口固定牢固。窗框必须与拼樘料连接紧密，固定点间距应不大于600mm。

检验方法：观察，手扳检查，尺量检查，检查进场验收记录。

4）塑料门窗扇应开关灵活、关闭严密，无倒翘。推拉门窗扇必须有防脱落措施。

检验方法：观察，开启和关闭检查，手扳检查。

5）塑料门窗配件的型号、规格、数量应符合设计要求，安装牢固，位置应正确，功能应满足使用要求。

检验方法：观察，手扳检查，尺量检查。

6）塑料门窗框与墙体间缝隙应采用闭孔弹性材料填嵌饱满，表面应采用密封胶密封。密封胶应粘结牢固，表面应光滑、顺直、无裂纹。

检验方法：观察，检查隐蔽工程验收记录。

(3) 一般项目

1）塑料门窗表面应洁净、平整、光滑，大面应无划痕、碰伤。

检验方法：观察。

2）塑料门窗扇的密封条不得脱槽。旋转窗间隙应基本均匀。

检验方法：观察，开启和关闭检查。

3）塑料门窗扇的开关力应符合下列规定。

①平开门窗扇平铰链的开关力应不大于80N；滑撑铰链的开关力应不大于80N，并不小于30N。

②推拉门窗扇的开关力应不大于100N。

检验方法：观察，用弹簧秤检查。

4）玻璃密封条与玻璃及玻璃槽口的接缝应平整，不得卷边、脱槽。

检验方法：观察。

5）排水孔应畅通，位置和数量应符合设计要求。

检验方法：观察。

6）塑料门窗安装的允许偏差和检验方法应符合表3-24的规定。

表3-24 塑料门窗安装的允许偏差和检验方法

| 项次 | 项目 | | 允许偏差/mm | 检验方法 |
|---|---|---|---|---|
| 1 | 门窗槽口宽度、高度 | ≤1500mm | 2 | 用钢卷尺检查 |
| | | >1500mm | 3 | |
| 2 | 门窗槽口对角线长度差 | ≤2000mm | 3 | 用钢卷尺检查 |
| | | >2000mm | 5 | |
| 3 | 门窗框的正、侧面垂直度 | | 3 | 用1m垂直检测尺检查 |
| 4 | 门窗横框的水平度 | | 3 | 用1m水平尺和塞尺检查 |
| 5 | 门窗横框标高 | | 5 | 用钢卷尺检查 |

(续)

| 项次 | 项 目 | 允许偏差/mm | 检验方法 |
|---|---|---|---|
| 6 | 门窗竖向偏离中心 | 5 | 用钢卷尺检查 |
| 7 | 双层门窗内外框间距 | 4 | 用钢卷尺检查 |
| 8 | 同樘平开门窗相邻扇高度差 | 2 | 用钢直尺检查 |
| 9 | 平开门窗铰链部位配合间隙 | +2，-1 | 用塞尺检查 |
| 10 | 推拉门窗扇与框搭接量 | +1.5，-2.5 | 用钢直尺检查 |
| 11 | 推拉门窗扇与竖框平行度 | 2 | 用1m水平尺和塞尺检查 |

书后附塑料门窗安装工程检验批质量验收记录表（空白）。

### 8. 特种门安装工程验收

（1）适用范围　本部分内容适用于防火门、防盗门、自动门、全玻门、旋转门、金属卷帘门等特种门安装工程的质量验收。

（2）主控项目

1）特种门的质量和各项性能应符合设计要求。

检验方法：检查生产许可证、产品合格证书和性能检测报告。

2）特种门的品种、类型、规格、尺寸、开启方向、安装位置及防腐处理应符合设计要求。

检验方法：观察，尺寸检查，检查进场验收记录和隐蔽工程验收记录。

3）带有机械装置、自动装置或智能化装置的特种门，其机械装置、自动装置或智能化装置的功能应符合设计要求和有关标准的规定。

检验方法：启动机械装置、自动装置或智能化装置，观察。

4）特种门的安装必须牢固。预埋件的数量、位置、埋设方式、与框的连接方式必须符合设计要求。

检验方法：观察，手扳检查，检查隐蔽工程验收记录。

5）特种门的配件应齐全，位置应正确，安装应牢固，功能应满足使用要求和特种门的各项性能要求。

检验方法：观察，手扳检查，检查产品合格证书、性能检测报告和进场验收记录。

（3）一般项目

1）特种门的表面装饰应符合设计要求。

检验方法：观察。

2）特种门的表面应洁净，无划痕、碰伤。

检验方法：观察。

### 9. 门窗玻璃安装工程验收

（1）适用范围　本部分内容适用于平板、吸热、反射、中空、夹层、夹丝、磨砂、钢化、压花玻璃等玻璃安装工程的质量验收。

（2）主控项目

1）玻璃的品种、规格、尺寸、色彩、图案和涂膜朝向应符合设计要求。单块玻璃大于 $1.5m^2$ 时应使用安全玻璃。

检验方法：观察，检查产品合格证书、性能检测报告和进场验收记录。

2）门窗玻璃裁割尺寸应正确。安装后的玻璃应牢固，不得有裂纹、损伤和松动。

检验方法：观察，轻敲检查。

3）玻璃的安装方法应符合设计要求。固定玻璃的钉子或钢丝卡的数量、规格应保证玻璃安装牢固。

检验方法：观察，检查施工记录。

4）镶钉木压条接触玻璃处，应与裁口边缘平齐。木压条应互相紧密连接，并与裁口边缘紧贴，割角应整齐。

检验方法：观察。

5）密封条与玻璃、玻璃槽口的接触应紧密、平整。密封胶与玻璃、玻璃槽口的边缘应粘结牢固、接缝平齐。

检验方法：观察。

6）带密封条的玻璃压条，其密封条必须与玻璃全部贴紧，压条与型材之间应无明显缝隙，压条接缝应不大于0.5mm。

检验方法：观察，尺量检查。

（3）一般项目

1）玻璃表面应洁净，不得有腻子、密封胶、涂料等污渍。中空玻璃内外表面均应洁净，玻璃中空层内不得有灰尘和水蒸气。

检验方法：观察。

2）门窗玻璃不应直接接触型材。单面镀膜玻璃的镀膜层及磨砂玻璃的磨砂面应朝向室内。中空玻璃的单面镀膜玻璃应在最外层，镀膜层应朝向室内。

检验方法：观察。

3）腻子应填抹饱满、粘结牢固，腻子边缘与裁口应平齐。固定玻璃的卡子不应在腻子表面显露。

检验方法：观察。

## 课题4　轻质隔墙工程的质量检验与验收

### 3.4.1　轻质隔墙工程的质量检验

**1. 预检项目**

1）隔墙工程所用材料的品种、规格、颜色以及隔墙的构造、固定方法，应符合设计要求。

2）隔墙龙骨在运输和安装时，不得扔摔、碰撞，龙骨应平放，防止变形。在使用安装前须进行表面质量检查，检查是否因存放不当造成龙骨生锈、变形。检查龙骨外形是否平整，棱角是否清晰，切口有无影响使用的毛刺和变形。

3）轻钢龙骨表面镀锌层不允许有起皮、起瘤、脱落等缺陷。

4）罩面板及石膏条板在运输安装时，应轻拿轻放，使用前应检查板材表面和边角是否受损，同时需检查板材是否因储存不当，造成受潮变形。

5）石膏板、石膏条板堆放场地应平整、清洁、干燥，并应采取措施，防止石膏板浸水损坏、受潮变形。

6）安装罩面板的螺钉、钉子宜使用镀锌材料，接触砖石、混凝土的木龙骨和预埋的木砖应作防腐处理。

**2. 过程检验项目**

（1）龙骨安装

1）在隔墙与上、下及两边基体的相连处，应按龙骨的宽度弹线。弹线须清楚，位置准确。

2）沿弹线位置固定沿顶、沿地龙骨，各自交接后的龙骨，应保持平直。

3）沿弹线位置固定边框龙骨，龙骨的边线应与弹线重合。龙骨的端部应固定，固定点间距不应大于1m，固定应牢固。边框龙骨与基体之间，应按设计要求安装密封条。

4）选用支撑卡系列龙骨时，应先将支撑卡安装在竖向龙骨的开口上，卡距为400～600mm，距龙骨两端的间距为20～25mm。

5）安装竖向龙骨应垂直，龙骨间距应按设计要求布置。

6）罩面板横向接缝处，如不在沿顶、沿地龙骨上，应加横撑龙骨固定板缝。

7）安装罩面板前，应检查隔墙龙骨的牢固程度，如有不牢固处应进行加固。

（2）罩面板安装

1）安装罩面板前，应对预埋隔断中的管道和有关附墙设备采取局部加强措施。

2）石膏板宜竖向铺设，长边接缝宜落在竖龙骨上，但隔墙为防火墙时，石膏板应横向铺设。曲面墙所用石膏板宜横向铺设。

3）用自攻螺钉固定的覆面板，其周边螺钉间距：石膏板不应大于200mm，胶合板为80～150mm，纤维板为80～120mm，中间部分螺钉间距不应大于300mm，螺钉与板边缘的距离应为10～16mm。

4）安装覆面板，应从板的中部向板周边固定，钉头略埋入板内约0.5～1mm，但不得损坏板面，钉眼应用石膏腻子抹平。

5）覆面板的接缝，应按设计要求进行板缝处理。

6）隔墙墙端部的覆面板与周围的墙和柱应留有3mm的槽口，施工时，先在槽口处加注嵌缝膏，然后铺板，挤压嵌缝膏使其和邻近表层紧紧接触。

7）隔墙以丁字形相接时，阴角处应用腻子嵌满，贴上接缝带，阳角处应做护角。安装防火墙覆面板时，覆面板不得固定在沿顶、沿地龙骨上，应另设横撑龙骨加以固定。

8）如在基体表面用油毡、油纸防潮时，应铺设平整，搭接严密，不得有皱折、裂缝和透孔等。

9）石膏条板安装前，应进行合理选配，将厚度误差大和因受潮变形的石膏条板挑出，以保证隔断墙的质量。

10）石膏条板墙安装时，隔墙下端光滑的楼（地）面表面应先凿毛，在填细石混凝土前应把杂物清扫干净。

### 3.4.2 轻质隔墙工程的质量验收

**1. 适用范围**

本节适用于板材隔墙、骨架隔墙、活动隔墙、玻璃隔墙等分项工程的质量验收。

**2. 检验批划分**

同一品种的轻质隔墙工程每 50 间（大面积房间和走廊按轻质隔墙的墙面 $30m^2$ 为一间算）划分为一个检验批，不足 50 间也应划分为一个检验批。

**3. 检查数量**

1）板材隔墙工程、骨架隔墙工程：每个检验批应至少抽查 10%，并不得少于 3 间；不足 3 间时应全数检查。

2）活动隔墙工程、玻璃隔墙工程：每个检验批应至少抽查 20%，并不得少于 6 间；不足 6 间时应全数检查。

**4. 基本要求**

1）轻质隔墙工程验收时应检查下列文件和记录。

①轻质隔墙工程的施工图、设计说明及其他设计文件。

②材料的产品合格证书、性能检测报告、进场验收记录和复验报告。

③隐蔽工程验收记录。

④施工记录。

2）轻质隔墙工程应对人造木板的甲醛含量进行复验。

3）轻质隔墙工程应对下列隐蔽工程项目进行验收。

①骨架隔墙中设备管线的安装及水管试压。

②木龙骨防火、防腐处理。

③预埋件或拉结筋。

④龙骨安装。

⑤填充材料的设置。

**5. 板材隔墙工程验收**

（1）适用范围　本部分内容适用于复合轻质墙板、石膏空心板、预制或现制的钢丝网水泥板等板材隔墙工程的质量验收。

（2）主控项目

1）隔墙板材的品种、规格、性能、颜色应符合设计要求。有隔声、隔热、阻燃、防潮等特殊要求的工程，板材应有相应性能等级的检测报告。

检验方法：观察，检查产品合格证书，进场验收记录和性能检测报告。

2）安装隔墙板材所需预埋件、连接件的位置、数量及连接方法应符合设计要求。

检验方法：观察，尺量检查，检查隐蔽工程验收记录。

3）隔墙板材安装必须牢固。现制钢丝网水泥隔墙与周边墙的连接方法，应符合设计要求，并应连接牢固。

检验方法：观察，手扳检查。

4）隔墙板材所用接缝材料的品种及接缝方法应符合设计要求。

检验方法：观察，检查产品合格证书和施工记录。

(3) 一般项目

1) 隔墙板材安装应垂直、平整、位置正确,板材不应有裂缝或缺损。

检验方法:观察,尺量检查。

2) 板材隔墙表面应平整光滑、色泽一致、洁净,接缝应均匀、顺直。

检验方法:观察,手摸检查。

3) 隔墙上的孔洞、槽、盒应位置正确,套割方正、边缘整齐。

检验方法:观察。

4) 板材隔墙安装的允许偏差和检验方法应符合表3-25的规定。

表3-25 板材隔墙安装允许偏差和检验方法

| 项次 | 项目 | 允许偏差/mm | | | | 检验方法 |
|---|---|---|---|---|---|---|
| | | 复合轻质墙板 | | 石膏空心板 | 钢丝网水泥板 | |
| | | 金属夹芯板 | 其他复合板 | | | |
| 1 | 立面垂直度 | 2 | 3 | 3 | 3 | 用2m垂直检测尺检查 |
| 2 | 表面平整度 | 2 | 3 | 3 | 3 | 用2m靠尺和塞尺检查 |
| 3 | 阴、阳角方正 | 3 | 3 | 3 | 4 | 用直角检测尺检查 |
| 4 | 接缝高低差 | 1 | 2 | 2 | 3 | 用钢直尺和塞尺检查 |

书后附板材隔墙工程检验批质量验收记录表(空白)。

**6. 骨架隔墙工程验收**

(1) 适用范围 本部分内容适用于以轻钢龙骨、木龙骨等为骨架,以纸面石膏板、人造木板、水泥纤维板等为墙面板的骨架隔墙工程的质量验收。

(2) 主控项目

1) 骨架隔墙所用龙骨、配件、墙面板、填充材料及嵌缝材料的品种、规格、性能和木材的含水率应符合设计要求。有隔声、隔热、阻燃、防潮等特殊要求的工程,材料应有相应性能等级的检测报告。

检验方法:观察,检查产品合格证书、进场验收记录、性能检测报告和复验报告。

2) 骨架隔墙工程边框龙骨与基体结构必须连接牢固,并应平整垂直、位置正确。

检验方法:手扳检查,尺量检查,检查隐蔽工程验收记录。

3) 骨架隔墙中龙骨间距和构造连接方法应符合设计要求。骨架内设备管线的安装、门窗洞口等部位加强龙骨应安装牢固、位置正确,填充材料的设置应符合设计要求。

检验方法:检查隐蔽工程验收记录。

4) 木龙骨及木墙面板的防火和防腐处理必须符合设计要求。

检验方法:检查隐蔽工程验收记录。

5) 骨架隔墙的墙面板应安装牢固、无脱层、翘曲、折裂及缺损。

检验方法:观察,手扳检查。

6) 墙面板所用接缝材料的接缝方法应符合设计要求。

检验方法:观察。

(3) 一般项目

1）骨架隔墙表面应平整光滑、色泽一致、洁净、无裂缝，接缝应均匀、顺直。

检验方法：观察，手摸检查。

2）骨架隔墙上的孔洞、槽、盒应位置正确、套割吻合、边缘整齐。

检验方法：观察。

3）骨架隔墙内的填充材料应干燥，填充应密实、均匀、无下坠。

检验方法：轻敲检查，检查隐蔽工程验收记录。

4）骨架隔墙安装的允许偏差和检验方法应符合表3-26的规定。

**表3-26　骨架隔墙安装允许偏差和检验方法**

| 项次 | 项目 | 允许偏差/mm | | 检验方法 |
| --- | --- | --- | --- | --- |
| | | 纸面石膏板 | 人造木板、水泥纤维板 | |
| 1 | 立面垂直度 | 3 | 4 | 用2m垂直检测尺检查 |
| 2 | 表面平整度 | 3 | 3 | 用2m靠尺和塞尺检查 |
| 3 | 阴、阳角方正 | 3 | 3 | 用直角检测尺检查 |
| 4 | 接缝直线度 | — | 3 | 拉5m线，不足5m拉通线，用钢直尺检查 |
| 5 | 压条直线度 | — | 3 | 拉5m线，不足5m拉通线，用钢直尺检查 |
| 6 | 接缝高低差 | 1 | 1 | 用钢直尺和塞尺检查 |

书后附骨架隔墙工程检验批质量验收记录表（空白）。

**7. 活动隔墙工程验收**

（1）适用范围　本部分内容适用于各种活动隔墙工程的质量验收。

（2）主控项目

1）活动隔墙所用墙板、配件等材料的品种、规格、性能和木材的含水率应符合设计要求。阻燃、防潮等特殊要求的工程，材料应有相应性能等级的检测报告。

检验方法：观察，检查产品合格证书、进场验收记录、性能检测报告和复验报告。

2）活动隔墙轨道与基体结构的连接必须牢固，位置正确。

检验方法：尺量检查，手扳检查。

3）活动隔墙用于组装、推拉和制动的构配件必须安装牢固、位置正确，推拉必须安全、平稳、灵活。

检验方法：尺量检查，手扳检查，推拉检查。

4）活动隔墙制作方法、组合方式应符合设计要求。

检验方法：观察。

（3）一般项目

1）活动隔墙表面应色泽一致，平整光滑、洁净，线条应顺直、清晰。

检验方法：观察，手摸检查。

2）活动隔墙上的孔洞、槽、盒应位置正确，套割吻合、边缘整齐。

检验方法：观察，尺量检查。

3）活动隔墙推拉应无噪声。

检验方法：推拉检查。

4）活动隔墙安装的允许偏差和检验方法应符合表 3-27 的规定。

表 3-27　活动隔墙安装的允许偏差和检验方法

| 项次 | 项目 | 允许偏差/mm | 检验方法 |
|---|---|---|---|
| 1 | 立面垂直度 | 3 | 用 2m 垂直检测尺检查 |
| 2 | 表面平整度 | 2 | 用 2m 靠尺和塞尺检查 |
| 3 | 接缝直线度 | 3 | 拉 5m 线，不足 5m 拉通线，用钢直尺检查 |
| 4 | 接缝高低差 | 2 | 用钢直尺和塞尺检查 |
| 5 | 接缝宽度 | 2 | 用钢直尺检查 |

**8. 玻璃隔墙工程验收**

（1）适用范围　本部分内容适用于玻璃砖、玻璃板隔墙工程的质量验收。

（2）主控项目

1）玻璃隔墙工程所用材料的品种、规格、性能、图案和颜色应符合设计要求。玻璃板隔墙应使用安全玻璃。

检验方法：观察，检查产品合格证书、进场验收记录和性能检测报告。

2）玻璃砖隔墙的砌筑或玻璃板隔墙的安装方法应符合设计要求。

检验方法：观察。

3）玻璃砖隔墙砌筑中埋设的拉结筋必须与基体结构连接牢固、位置正确。

检验方法：手扳检查，尺量检查，检查隐蔽工程验收记录。

4）玻璃板隔墙的安装必须牢固，玻璃板隔墙胶垫的安装应正确。

检验方法：观察，手推检查，检查施工记录。

（3）一般项目

1）玻璃隔墙表面应色泽一致、平整洁净、清晰美观。

检验方法：观察。

2）玻璃隔墙接缝应横平竖直，玻璃应无裂纹、缺损和划痕。

检验方法：观察。

3）玻璃隔墙嵌缝及玻璃砖墙勾缝应密实平整、均匀顺直、深浅一致。

检验方法：观察。

4）玻璃隔墙安装的允许偏差和检验方法应符合表 3-28 的规定。

表 3-28　玻璃隔墙安装允许偏差和检验方法

| 项次 | 项目 | 允许偏差/mm | | 检验方法 |
|---|---|---|---|---|
| | | 玻璃砖 | 玻璃板 | |
| 1 | 立面垂直度 | 3 | 2 | 用 2m 垂直检测尺检查 |
| 2 | 表面平整度 | 3 | — | 用 2m 靠尺和塞尺检查 |
| 3 | 阴阳角方正 | — | 2 | 用直角检测尺检查 |
| 4 | 接缝直线度 | — | 2 | 拉 5m 线，不足 5m 拉通线，用钢直尺检查 |
| 5 | 接缝高低差 | 3 | 2 | 用钢直尺和塞尺检查 |
| 6 | 接缝宽度 | — | 1 | 用钢直尺检查 |

## 课题 5　吊顶工程的质量检验与验收

### 3.5.1　预检项目

(1) 施工准备工作检查

1) 按吊顶设计图要求，考虑罩面板的种类、吊顶面积等，绘制施工安装平面图，按图计算出所用各种龙骨、吊杆、配件的数量。

2) 在吊顶施工前，吊顶内的通讯、水、电、管道及上人吊顶内的人行或安装通道应安装完毕，消防管道已安装并试压完毕，从顶棚经墙体通下来的各种开关、插座线路也已安装就绪。

3) 在吊顶施工前，应对吊顶固定处的楼面进行结构检查，质量应符合有关国家标准的规定，并能满足吊杆施工要求及承重要求。在现浇板或预制板缝中，应按设计要求设置埋件或吊杆。对特殊结构部位或特殊楼板结构（如预应力楼盖或保温楼面）应检查埋件数量、间距、质量等。

(2) 吊顶材料质量检查

1) 吊顶用材料应按设计要求提前备料，宜先取样品，会同有关方面检查其质量、规格等，符合要求后，才可订货进场。

2) 吊顶工程所用材料的品种、规格、颜色以及基层构造、固定方法应符合要求，生产厂家应具备生产许可证，产品应提供质量保证资料，并建立严格封样制度。

3) 对吊顶用木龙骨进行认真筛选，对有腐蚀、斜口开裂、虫蛀孔等缺陷的木龙骨应剔除，并刷防火涂料。木龙骨、轻钢龙骨、铝合金龙骨及其配件应符合有关现行国家标准。

4) 各类罩面板不应有气泡、起皮、裂纹、缺角、污垢和图案不完整等缺陷，表面应平整，边缘应整齐，色泽应一致。穿孔板的孔距应排列整齐，暗装的吸声材料应有防散落措施。胶合板、木质纤维板不应脱胶、变色和腐朽。各类罩面板的质量均应符合现行国家标准、行业标准的规定。

5) 安装罩面板的紧固件宜采用镀锌制品，预埋的木砖应作防腐处理。

6) 胶粘剂的类型应按所用罩面板品种配套选用，现场配制的胶粘剂，其配合比应由试验确定。

7) 对进场吊顶龙骨材料和罩面板，应按国家、地方、行业标准规定进行抽样检查，其技术性能指标应符合质量要求。

### 3.5.2　过程检验项目

(1) 弹线

1) 吊顶施工前，应按设计要求弹好吊顶的水平标高线、龙骨布置线和吊杆悬挂点。标高线弹到墙面或柱面上，其他线弹在楼板底面上。

2) 弹线应清楚、准确，其水平允许误差为 ±5mm。

3) 吊顶水平标高线位置根据设计要求确定，龙骨和吊杆的间距根据龙骨的断面及其使用荷载综合确定。

4）线弹好后，马上固定封口材料（边龙骨或其他封口材料），用水泥钉或射钉固定在墙面或柱面上，封口材料底面应与标高线重合。

（2）固定吊杆

1）龙骨吊杆种类。

①固定吊杆采用伸缩式吊杆或简易吊杆（直接用镀锌铅丝或钢筋），吊杆的具体尺寸应根据工程要求通过验算确定。固定吊杆承载性能要满足吊杆使用荷载要求，同时为防止吊杆产生晃动，采用镀锌钢丝作为吊杆时，其不宜采用小于14号钢丝；采用钢筋作吊杆时，应采用$\phi 6$以上钢筋。

②使用钢筋做吊杆时，首先应要对钢筋进行冷拉，使其竖直，弯曲的钢筋吊杆不得使用。

2）吊杆与结构连接方法及要求。

①吊杆与结构之间的连接一般通过在楼面底部结构面安装或预埋吊点紧固件的方法进行，吊点紧固件可以通过预埋吊筋或采用在结构底面按设计要求，打孔下膨胀螺栓的方法设置。

②吊杆与吊点紧固件之间采用焊接时，焊缝长度不小于5cm，焊缝应均匀饱满。

③用冲击电钻在建筑结构底面下膨胀螺栓，其孔径和长度应符合表3-29的规定。

表3-29　金属膨胀螺栓的使用规定

| | 螺栓规格 | M6 | M8 | M12 | M14 | M16 | 备注 |
|---|---|---|---|---|---|---|---|
| 使用规定 | 钻孔直径/mm | 8.5 | 10.5 | 14.5 | 16.5 | 21 | 所列数据是膨胀螺栓与不低于C15混凝土锚固时的技术参考数据 |
| | 钻孔深度/mm | 40 | 50 | 60 | 75 | 100 | |
| | 允许拉力/N | 2400 | 4400 | 7000 | 10300 | 19400 | |
| | 允许剪力/N | 1800 | 3300 | 5200 | 7400 | 1400 | |

④当吊杆与吊点紧固件连接后，要对焊缝及吊杆进行防腐处理。涂刷防锈漆要保证两遍以上，尤其是焊缝及钢筋端部要涂刷到位。

3）吊杆安装要求。

①主龙骨吊点间距，应按设计推荐系列选择，一般间距都在1m左右，不能超过1.2m，吊杆距主龙骨端部不得超过300mm，否则应增设吊杆，以防主龙骨下坠。边部主龙骨距墙的距离不宜超过400mm，相应地吊杆距墙的距离不宜超过400mm。

②当吊杆与设备相遇时，应调整吊杆位置或增设吊杆，平顶吊杆不得与设备吊杆共用。

4）吊杆与龙骨之间连接。

吊杆与龙骨之间连接常采用吊挂件。吊杆与吊挂件之间采用焊接或套丝连接。若采用搭接焊时，焊缝应大于5mm，焊缝要均匀、饱满。采用套丝办法，吊杆与连接件应尺寸配套，连接紧固。

（3）安装龙骨

1）主龙骨安装要求。

①根据拉好的标高线，将主龙骨安装到吊杆的吊挂件上，吊挂件要拧紧，将主龙骨卡牢。

②主龙骨连接时，可用配套的插接件进行连接，接缝不应超过2mm。插接件与主龙骨

之间采用自攻螺钉或铆钉固定，数量不少于4个。主龙骨连接应错位安装（L形、T形龙骨采用插接，其他要求同前）。

③主龙骨安装后应及时校正其位置和标高，龙骨起拱高度宜为房间短向跨度的1/300。

2）次（副）龙骨安装要求。

①次龙骨安装应垂直于主龙骨，在交叉点用次龙骨吊挂件将其固定在主龙骨上（L形、T形龙骨采用开槽钻孔等方法），吊挂件应与主龙骨卡牢。

②次龙骨连接要求同主龙骨。

③次龙骨间距一般要根据罩面板材料规格确定，最大间距不应超过600mm。

3）其他要求。

①为增加吊顶的刚度并使罩面板四周均能固定在龙骨上，尚需设置适当的横撑龙骨。明龙骨吊顶的横撑龙骨与次龙骨的间隙不应大于1mm。

②对于检修孔、上人孔、通风箅子等部位龙骨的安装，应按尺寸留出位置，将封边的横撑龙骨安装完毕。设备灯饰处的吊顶，有时龙骨还需断开，此时构造上应作适当调整并增设必要的吊杆。一般灯饰可直接固定在龙骨上，大型或重型灯饰应脱开龙骨，固定于结构上，以确保吊顶整体安全。

③龙骨安装完毕，应全面校正主次龙骨的位置及水平度。对于明龙骨应目测无明显弯曲。校正后应将龙骨所有连接件、吊挂件拧紧，确保牢固可靠。

4）木龙骨质量要求。

①吊顶顶棚的主梁应悬吊在桁架下弦的节点上，顶棚搁栅直接固定在主梁上。非保温顶棚可将顶棚搁栅直接悬吊在桁架下弦上。顶棚的吊杆宜采用圆钢，非保温顶棚也可采用木吊杆，但应采用不易劈裂的干燥木材，端头用两个钉子固定，钉裂的木吊杆应立即更换。

②吊杆经检验合格后，方可钉装吊顶罩面板。

③吊杆的固定必须牢固，吊点固定的方式要根据上人或不上人确定吊顶的载重要求。

④木龙骨互相对接要在同一平面上，两者之间要固定衔接。

⑤木龙骨吊顶在固定完毕后，要进行一次全面检查和校平，并检查安装位置是否正确。

⑥木龙骨所用木方规格应按设计要求，各木方之间应钉接固定，与罩面板接触的一面必须刨平。

⑦木龙骨可用25mm×30mm木方组合成300mm×300mm方框架，或用40mm×60mm木方组成400mm×400mm方框架。

⑧木龙骨用木方材料应用东北松或花旗松，木材应系烘干或风干的干燥料。

⑨吊顶木龙骨结构必须按防火要求，涂刷三遍防火漆。

5）轻钢龙骨质量要求。

①安装主龙骨。将主龙骨用吊挂件连接在吊杆上，并拧紧螺钉卡牢。主龙骨接长用接插体连接。

主龙骨按照大样图的位置和方向安装完毕，进行调平。可用木方将主龙骨卡住临时固定，在主龙骨下面拉线找平，拧动吊杆螺栓使主龙骨升降，并应考虑吊顶起拱高度宜为房间短向跨度的1/300。

主龙骨调整完毕，按中龙骨位置在主龙骨底部弹线。

②安装中龙骨。中龙骨水平与主龙骨垂直交叉，用中吊挂件将中龙骨固定在主龙骨下

面。吊挂件上端搭在主龙骨上，U型腿用钳子卧入主龙骨内。

中龙骨的位置根据大样图按板材尺寸而定，如果间距较大（大于800mm）时，在中龙骨之间增加小龙骨，小龙骨与中龙骨平行，与主龙骨垂直用小吊挂件固定。

③安装横撑龙骨。横撑龙骨用中、小龙骨截取，其位置与中、小龙骨垂直，装在罩面板的拼接处，如装在罩面板内部或者作为边龙骨时，宜用小龙骨截取。横撑龙骨与中、小龙骨的连接，采用中、小接插体连接牢固。再安装沿边异型龙骨或铝角条。横撑龙骨与中、小龙骨的底面必须平顺，所有接头处不得有下沉感，以便于罩面板安装。横撑龙骨的间距与中龙骨的间距，都必须根据所使用每块罩面板的实际尺寸决定。

④安装灯具、风口的附加龙骨。在吊顶顶棚设置灯具、通风口时，根据灯具、风口的质量大小来决定固定方法。0.5kg以上的小型灯具可安装在面板上，轻型的可固定在中龙骨或附加横撑上，稍重的可吊在主龙骨或附加主龙骨上，3kg以上的大型灯具应设置专用吊杆。

龙骨安装完毕后要认真检查，符合要求后才能安装罩面板。对安装完毕的轻钢龙骨架，特别要检查对接和连接处的牢固性，不得有虚接、虚焊现象。

6）铝合金龙骨质量要求。

①铝合金龙骨吊顶属轻型活动式吊顶，其饰面板放在龙骨的分格内而不需固定。

②铝合金龙骨施工时，吊顶以上部分的设备与管道必须安装完毕。通过墙面伸下来的电气线管应设置到位。

③安装时，控制龙骨的间隔需要用模规。模规可用刨光的木方或铝合金条来制作，模规的两端要求平整，尺寸准确，与要求的龙骨间隔一致。

④龙骨的标准分格尺寸定下后，再根据吊顶面积对分格位置进行布置。布置的原则是尽量保证龙骨分格的均匀性和完整性，以保证吊顶有规整的装饰效果。

⑤安装时，先将各条主龙骨吊起后，在稍高于标高线的位置上临时固定。如果吊顶面积较大，可分成几个部分吊装，然后安装次龙骨。横撑龙骨的截取应使用做好的模规来测量长度。安装时，也应用模规来测量龙骨间的间距。

7）木质板吊顶质量要求。

①用粘贴和钉子或木螺钉固定的木条板、胶合板、纤维板及其他木制品板材，表面应平整，粘贴的罩面板不得脱层。

②胶合板、纤维板表面不得有污染、折裂、缺棱掉角和锤伤等缺陷。胶合板不得有刨透之处。

③各种木质板材尺寸准确，不得有表面破损、鼓包等现象。

④吊顶标高与造型应符合设计要求。自动喷淋、烟感器等设备，同吊顶表面的交接应吻合，相贴紧密。

⑤龙骨外露部分，实际上是罩面板的压条，应顺直，纵横交接平整，不得有错台现象。表面应干净，不得有油污、涂料等与表面色彩不一致的杂物。

⑥吊顶表面应平整，在视线范围内不应有明显的起伏变化。悬吊系统安装要牢固，吊杆间距不宜大于1.2m。

8）金属装饰板吊顶质量要求。

①塑料装饰板粘贴前，应在基层表面按分块尺寸弹线预排。粘贴时，每次涂刷胶粘剂的面积不宜过大，厚度应均匀；粘贴后，应采取临时固定措施，并及时擦去挤出的胶液。

②安装塑料贴面复合板，应钻孔并用木螺钉和垫圈或金属压条固定。用木螺钉时，钉距一般为400~500mm，钉帽应排列整齐。用金属压条时，先用钉将塑料贴面复合板临时固定，然后加盖金属压条，压条应平行，接口应严密。

③塑料贴面板对缝处在粘贴前需细致修边，并进行试拼，对缝缝隙不应大于0.3mm。

④塑料装饰板粘贴后，应周边整齐、无裂纹、无凸点、无胶迹、无崩边崩角处。

（4）罩面板安装

1）罩面板安装方法和类型。罩面板安装方法包括钉固法、粘贴法、搁置法和嵌装法。其中搁置法适用于明龙骨吊顶（或称活动式吊顶，指搁置罩面板的纵横龙骨下表面暴露在外，罩面板搁置在龙骨翼缘上，罩面板能从上取下。一般适用于T形、L形龙骨，罩面板常用轻质材料、小幅面、正方形），而钉固法、粘贴法、嵌装法适用于隐蔽式吊顶（指龙骨不外露的一种吊顶，除嵌装法外，罩面板一般只作基层用，其表面另需装饰）。

针对隐蔽式吊顶，根据其板缝处理，尚有两种安装类型，即离缝安装和密缝安装两种类型，适用不同材质不同厚度的罩面板。

2）罩面板安装条件。罩面板安装前的准备工作应符合下列条件。

①所有龙骨已调整完毕，并通过质量检查。

②重型灯具、电扇等设备的吊杆布置完毕。

③吊顶内的通风、水电管道以及上人吊顶的人行或安全通道、消防管道应安装完毕，并完成调试和验收。

④吊顶内的灯槽、斜撑、剪力撑等，应根据工程情况合理布置。

3）吊顶工程隐蔽工程验收项目。在罩面板安装前，应完成下列隐蔽工程项目验收。

①吊顶内管道、设备的安装及水管试压。

②木龙骨防火、防腐处理。

③预埋件或拉结筋。

④吊杆安装。

⑤龙骨安装。

⑥填充材料的设置。

4）纸面石膏板安装质量要求。

①钉固法安装。

a. 板材应在自由状态下固定，防止出现弯棱凸鼓现象。

b. 纸面石膏板的长边应沿纵向次龙骨铺开。

c. 自攻螺钉与纸面石膏板边距离应不小于15mm。

d. 钉距以150~170mm为宜，螺钉应与板面垂直，弯曲、弯形的螺钉应剔除。

e. 安装双层石膏板时，面层板与基层板的接缝应错开，不得在同一根龙骨上接缝。

f. 石膏板的接缝应按设计要求处理，石膏板与墙边应留有3mm左右间隙；相邻两张纸面石膏板在同一根龙骨的搭接宽度应基本相等，板间应预留3mm左右的缝隙。

g. 纸面石膏板安装完毕，对预留缝要用石膏填平，然后贴一张纸带或布带，以防止板间裂纹。

h. 对于板面的钉帽应作防锈处理，并用石膏腻子填平。

i. 在饰面装饰之前，要在板面涂刷一层防潮漆，以增强石膏板的抗潮性。

②粘结法安装。胶贴剂应涂抹均匀,不得漏涂,粘实粘牢。

5)矿棉装饰吸声板的安装质量要求。

①安装时,吸声板上不得放置其他材料,防止受压变形。

②安装时,应使吸声板背面的箭头方向和白线方向一致,以保证花样、图案的整体性。

③采用复合粘贴时,胶粘剂未完全固化前,板材不得有强烈震动,并应保持房间的通风。

④采用搁置法时,应有板材安装缝,每边缝隙不宜大于1mm。

6)胶合板、纤维板安装质量要求。

①胶合板可用钉子固定,钉距为80~150mm,钉长为25~35mm,钉帽应打扁,并钉入板面内0.5~1mm,钉眼用油性腻子抹平。

②纤维板用钉子固定时,钉距为80~120mm,钉长为20~30mm,钉帽进入板面0.5mm,并用油性腻子抹平钉眼。

③胶合板、纤维板用木压条固定时,钉距不应大于200mm,钉帽应打扁,进入木压条0.5~1mm,钉眼用油性腻子抹平。

7)塑料板安装质量要求。

①粘贴板材的水泥砂浆基层必须坚硬平整、洁净,其含水率不得大于8%。当表面有麻面时,应用乳胶腻子修补平整,再用乳胶水溶液刷一遍。

②塑料板粘贴前,基层表面应按分块尺寸弹线预排。粘贴时,每次涂刷胶粘剂的面积不宜过大,厚度应均匀,粘贴后应采取临时固定措施,及时擦去挤压出的胶液。

③安装塑料贴面复合板时,应先钻孔,后用木螺钉和垫圈或金属压条固定。用木螺钉固定时,钉距一般为400~500mm;用金属压条固定时,先用钉将塑料贴面复合板临时固定,然后加盖金属压条,压条应平直、接口应严密。

### 3.5.3 吊顶工程的质量验收

**1. 适用范围**

本节适用于暗龙骨吊顶、明龙骨吊顶等分项工程的质量验收。

**2. 检验批划分**

同一品种的吊顶工程每50间(大面积房间和走廊按吊顶面积30$m^2$为一间)应划分为一个检验批,不足50间也应划分为一个检验批。

**3. 检查数量**

每个检验批应至少抽查10%,并不得少于3间;不足3间时应全数检查。

**4. 基本要求**

1)吊顶工程验收时应检查下列文件和记录。

①吊顶工程的施工图、设计说明及其他设计文件。

②材料的产品合格证书、性能检测报告、进场验收记录和复验报告。

③隐蔽工程验收记录。

④施工记录。

2)吊顶工程应对人造木板的甲醛含量进行复验。

3)吊顶工程应对下列隐蔽工程项目进行验收。

①吊顶内管道、设备的安装及水管试压。
②木龙骨防火、防腐处理。
③预埋件或拉结筋。
④吊杆安装。
⑤龙骨安装。
⑥填充材料的设置。

4) 安装龙骨前,应按设计要求对房间净高、洞口标高和吊顶内管道、设备及其支架的标高进行交接检验。

5) 吊顶工程的木吊杆、木龙骨和木饰面必须进行防火处理,并应符合有关设计防火规范的规定。

6) 吊顶工程中的预埋件、钢筋吊杆和型钢吊杆应进行防锈处理。

7) 安装饰面板前应完成吊顶内管道和设备的调试及验收。

8) 吊杆距主龙骨端部距离不得大于300mm,当大于300mm时,应增加吊杆。当吊杆长度大于1.5m时,应设置反支撑。当吊杆与设备相遇时,应调整并增设吊杆。

9) 重型灯具、电扇及其他重型设备严禁安装在吊顶工程的龙骨上。

**5. 暗龙骨吊顶工程验收**

(1) 适用范围  本部分内容适用于以轻钢龙骨、铝合金龙骨、木龙骨等为骨架,以石膏板、金属板、矿棉板、木板、塑料板或格栅等为饰面材料的暗龙骨吊顶工程的质量验收。

(2) 主控项目

1) 吊顶标高、尺寸、起拱和造型应符合设计要求。

检验方法:观察,尺量检查。

2) 饰面材料的材质、品种、规格、图案和颜色应符合设计要求。

检验方法:观察,检查产品合格证书、性能检测报告、进场验收记录和复验报告。

3) 暗龙骨吊顶工程的吊杆、龙骨和饰面材料的安装必须牢固。

检验方法:观察,手扳检查,检查隐蔽工程验收记录和施工记录。

4) 吊杆、龙骨的材质、规格、安装间距及连接方式应符合设计要求。金属吊杆、龙骨应经过表面防腐处理;木吊杆、龙骨应进行防腐、防火处理。

检验方法:观察,尺量检查,检查产品合格证书、性能检测报告、进场验收记录和隐蔽工程验收记录。

5) 石膏板的接缝应按其施工工艺标准进行板缝防裂处理。安装双层石膏板时,面层板与基层板的接缝应错开,并不得在同一根龙骨上接缝。

检验方法:观察。

(3) 一般项目

1) 饰面材料表面应洁净、色泽一致,不得有翘曲、裂纹及缺损。压条应平直、宽窄一致。

检验方法:观察,尺量检查。

2) 饰面板上的灯具、烟感器、喷淋头、风口篦子等设备的位置应合理、美观,与饰面板的交接应吻合、严密。

检验方法:观察。

3）金属吊杆、龙骨的接缝应均匀一致，角缝应吻合，表面应平整，无翘曲、锤印。木质吊杆、龙骨应顺直，无劈裂、变形等缺陷。

检验方法：检查隐蔽工程验收记录和施工记录。

4）吊顶内填充吸声材料的品种和铺设厚度应符合设计要求，并应有防散落措施。

检验方法：检查隐蔽工程验收记录和施工记录。

5）暗龙骨吊顶工程安装的允许偏差和检验方法应符合表3-30的规定。

表3-30　暗龙骨吊顶工程安装的允许偏差和检验方法　　（单位：mm）

| 项次 | 项目 | 允许偏差 | | | | 检验方法 |
|---|---|---|---|---|---|---|
| | | 纸面石膏板 | 金属板 | 矿棉板 | 木板、塑料板、格栅 | |
| 1 | 表面平整度 | 3 | 2 | 2 | 2 | 用2m靠尺和塞尺检查 |
| 2 | 接缝直线度 | 3 | 1.5 | 3 | 3 | 拉5m线，不足5m拉通线，用钢直尺检查 |
| 3 | 接缝高低差 | 1 | 1 | 1.5 | 1 | 用钢直尺和塞尺检查 |

书后附暗龙骨吊顶工程检验批质量验收记录表（空白）。

**6. 明龙骨吊顶工程验收**

（1）适用范围　本部分内容适用于以轻钢龙骨、铝合金龙骨、木龙骨等为骨架，以石膏板、金属板、矿棉板、塑料板、玻璃板或格栅等为饰面材料的明龙骨吊顶工程的质量验收。

（2）主控项目

1）吊顶标高、尺寸、起拱和造型应符合设计要求。

检验方法：观察、尺量检查。

2）饰面材料的材质、品种、规格、图案和颜色应符合设计要求。当饰面材料为玻璃板时，应使用安全玻璃或采取可靠的安全措施。

检验方法：观察，检查产品合格证书、性能检测报告和进场验收报告。

3）饰面材料的安装应稳固严密。饰面材料与龙骨的搭接宽度应大于龙骨受力面宽度的2/3。

检验方法：观察，手扳检查，尺量检查。

4）吊杆、龙骨的材质、规格、安装间距及连接方式应符合设计要求。金属吊杆、龙骨应进行表面防腐处理；木龙骨应进行防腐、防火处理。

检验方法：观察，尺量检查，检查产品合格证书、进场验收记录和隐蔽工程验收记录。

5）明龙骨吊顶工程的吊杆和龙骨安装必须牢固。

检验方法：手扳检查，检查隐蔽工程验收记录和施工记录。

（3）一般项目

1）饰面材料表面应洁净、色泽一致，不得有翘曲、裂纹及缺损。饰面板与明龙骨的搭接应平整、吻合，压条应平直、宽窄一致。

检验方法：观察、尺量检查。

2）饰面板上的灯具、烟感器、喷淋头、风口箅子等设备的位置应合理、美观，与饰面板的交接应吻合、严密。

检验方法：观察。

3）金属龙骨的接缝应平整、吻合、颜色一致，不得有划伤、擦伤等表面缺陷。木质龙骨应平整、顺直，无劈裂。

检验方法：观察。

4）吊顶内填充吸声材料的品种和铺设厚度应符合设计要求，并应有防散落措施。

检验方法：检查隐蔽工程验收记录和施工记录。

5）明龙骨吊顶工程安装的允许偏差和检验方法应符合表3-31的规定。

表3-31　明龙骨吊顶工程安装的允许偏差和检验方法　　　　（单位：mm）

| 项次 | 项目 | 允许偏差 | | | | 检验方法 |
|---|---|---|---|---|---|---|
| | | 纸面石膏板 | 金属板 | 矿棉板 | 塑料板、格栅 | |
| 1 | 表面平整度 | 3 | 2 | 3 | 2 | 用2m靠尺和塞尺检查 |
| 2 | 接缝直线度 | 3 | 2 | 3 | 2 | 接5m线，不足5m拉通线，用钢直尺检查 |
| 3 | 接缝高低差 | 1 | 1 | 2 | 1 | 用钢直尺和塞尺检查 |

## 课题6　饰面板（砖）工程的质量检验与验收

### 3.6.1　石材类饰面工程的质量检验与验收

**1. 石材饰面板湿挂法安装**

此施工方法主要用于边长大于400mm的石材饰面板（剁斧板、毛石多采用湿挂法）。

1）预检项目。

①主要材料的进场验收。石材、水泥必须有产品合格证书和质量检测报告；连接件的材质、规格和型号应符合设计要求。

石板块复合品种、花色、规格应符合设计要求，并按照国标GB/T 19766—2005《天然大理石建筑板材》对大理石的外观质量和尺寸偏差进行进场验收，验收时要查看产品合格证和产品检测报告。按GB/T 18601—2009《天然花岗石建筑板材》对花岗石的外观质量和尺寸偏差进行进场验收，将物理力学性能、尺寸规格相同、颜色基本一致的，分类放好备用。

复检项目：需对花岗石的天然放射性、水泥的凝结时间、体积安定性和强度等级进行复检（取样送检）。

各项材料的包装应完好，符合要求，数量必须与单据一致。

②顶棚（天花）墙柱面粉刷抹灰应施工完毕。

③墙柱面暗装管线、电开关盒及门窗框应安装完毕，并检验合格。

④墙柱面必须坚实、清洁（无油污、浮浆、残灰等），凸出墙面会影响贴面板镶贴部位，应剔平。

⑤安装好的窗台及门窗与墙柱之间的缝隙，用1:2.5水泥砂浆堵灌密实（铝门窗边嵌缝材料应由设计确定），铝门窗应事先粘贴好保护膜。

⑥当基体表面处理同时，内隔板、阳台阴角以及给排水穿墙洞眼应封堵严实，脚手眼亦

应填塞严密。光滑的混凝土面，须用钢尖或扁錾凿坑处理，使表面粗糙。打点凿毛应注意以下几点。

a. 受凿面积应≥70%（即打点200个/m²），打点凿毛深度为0.5~1.5mm，绝不能象征性地打坑。

b. 凿点后，应清理凿点面，由于凿打中必然产生凿点局部松动的现象，必须用钢丝刷清刷一道，并用清水冲洗干净，防止产生隔离层。

c. 要认真检查和校对基体上的预留孔洞、预埋件及预埋管线是否满足要求，如有遗漏、错位应及时更正。门窗框安装位置要准确、牢固，框与洞口的填缝要适当，以保证饰面板安装后与门窗框两侧相平。一般填缝为40~50mm。

⑦同一房间墙柱面应使用同一分类的板块，并在镶贴现场按设计规格、配花、颜色、纹理进行预排编号，以备正式镶贴时按编号取用。

⑧将基层面的残灰、尘土、污垢清理干净（油污可用10%火碱水清洗，干净后再用清水将火碱水清洗干净）。

⑨基层应在镶贴前一天浇水湿透。

⑩按照设计图纸要求，弹出花色、品种规格分界线。

⑪弹出水平和垂直控制墨线。

⑫石材作防碱背涂处理。

⑬对强度较低或较薄的石材应在石材背面粘贴玻璃纤维网布进行加强。

2）过程检验项目。

①按照水平控制线安装通长拉结钢筋，并与膨胀螺栓焊接牢固。

②在镶贴石板上下左右皮口，沿厚度中央钻孔，每边钻孔不少于2个，孔径不小于3mm，孔深应大于30mm。目前采用较多的是工效较高的开槽扎丝的方法。

挂丝应用镀锌铅丝或铜丝，将金属丝剪成20cm左右，一端用木楔、环氧树脂将金属丝紧固在墙孔内，另一端顺槽弯曲卧入石材槽内。

③临时固定的板块，应用靠尺检查板面是否平整，用直角尺检查四角的方正，发现问题，应立即调整。

④灌浆前先浇水湿润石板块及基层，灌浆时，应用竹片边灌边捣插，使砂浆充满缝隙，灌浆应根据石板的高度分层进行，第一层灌浆的高度应控制在150mm左右，并不得大于1/3石板高度。待砂浆初凝后，才能继续灌注，以后灌注的高度应控制在200~300mm左右。

⑤每排板灌浆完毕，应养护不少于24h，再进行上一排板材的绑扎和分层灌浆。

⑥安装白颜色的板材时，灌浆应采用白水泥和白石屑，以免透底而影响美观。

⑦嵌缝与清洁。全部石板块安装完毕后，应将其表面清理干净，然后按板材颜色调制水泥色浆嵌缝，边嵌边擦干净，使缝隙密实干净，颜色一致。

⑧夏季安装外墙面石板时，应设有防暴晒的可靠措施。

⑨冬期施工应设有防冻措施，如灌缝砂浆应采取保温措施，砂浆的温度不宜低于5℃；气温低于5℃时，应掺入防冻剂，其掺入量应由试验确定；用冻结法砌筑的墙应待其解冻后方可施工；冬期施工时，镶贴饰面板一般采用供暖（暖棚），保温养护7~9d。

**2. 石材饰面板干挂法安装**

此施工方法主要用于大规格大理石、花岗石板。

直接干挂式是直接使用干挂件将石板挂于墙面上，而不使用型钢骨架，一般适用于30m以下的钢筋混凝土结构，不适用于砖墙和轻质砌体墙体。金属扣件挂板安装法施工工艺适合基层平整度较好（整体平整度偏差不超过4mm，墙面垂直度偏差不超过30mm或$H/1000$，$H$为干挂石材墙面的施工高度）的钢筋混凝土结构的外墙石材挂面施工。

骨架干挂法是目前较为成熟稳定的施工工艺，特别适合大面积、高层或多层的外墙施工，也适合框架填充墙的墙面施工。由于骨架干挂法施工时，石材与墙体结构的表面之间留有100~150mm的空腔，采暖设计时可填入保温材料。施工时不受季节影响，可以由上而下施工，有利于成品保护；石材不受析碱的影响，施工质量容易控制；面层的平整度不受基层平整度的影响，平整度、缝宽都容易调整。

1）预检项目。

①主要材料的进场验收。检测材料的产品合格证书和质量检测报告，金属骨架、干挂件、连接件、紧固件，埋件的材质、规格和型号应符合设计要求。对埋件应进行现场拉拔试验测试。

石板块复合品种、花色、规格符合设计要求，并按照国标 GB/T 19766—2005《天然大理石建筑板材》对大理石的外观质量和尺寸偏差进行进场验收，验收时要查看产品合格证和产品检测报告。按 GB/T 18601—2009《天然花岗石建筑板材》对花岗石的外观质量和尺寸偏差进行进场验收。将物理力学性能、尺寸规格相同、颜色基本一致的，分类放好备用。

复检项目：需对花岗石的天然放射性进行复检（取样送检）。

各项材料的包装应完好，符合要求，数量必须与单据一致。

②根据设计要求，核对选用材料的品种、规格和颜色，并统一编号。

③柱面安装前，应先按平面图的位置放好平面位置线，确定柱墩的位置。

④拱、璇脸安装前，须根据设计图纸，用三合板画出样板，并根据拱、璇脸样板定出中心线及边线，画出拱的圆弧线，然后自上而下进行安装。

⑤室外块材的安装应比室外地坪低 50mm，以免露底，并注意检查基础的软硬程度。

⑥若以钢结构骨架或铝型材骨架作为干挂基层，则应核对构架是否符合设计要求，检查构架是否与主体结构连接牢固，是否有防腐措施。

2）过程检验项目。

①放线。从所在饰面部位的两端，由上而下吊出垂直线，投点在地面上或固定点上。找垂直时，一般按板背与基层面的空隙（即架空）为 50~70mm 为宜。按吊出的垂线，连接两点作为起始层挂板材的基准，在基层立面上按板材的大小和缝隙的宽度，弹出横平竖直的分格墨线。

②板格钻孔。按设计要求在板端面需钻孔的位置预先划线、集中钻孔，孔径一般为5mm，孔深宜30mm，孔的纵向要与端面垂直一致。

③挂件安装。按放出的墨线和设计以挂件的规格、数量的要求安装挂件，同时必须以测力扳手检测膨胀螺栓和联接螺母的旋紧力度，使之达到设计质量的要求。

④板材连接。在板材端面的孔，灌入适量的环氧树脂混合料并插入锚固针。环氧树脂混合料的配比要保证有适当的凝固时间，应视具体情况而定，一般在 4~8h 为宜，避免过早凝固而出现脆裂，过慢凝固而产生松动等现象。

⑤板材安装。一般由主要的立面或主要的观赏面开始，由下而上依此按一个方向顺序安装，尽量避免交叉作业以减少偏差，并注意板材色泽的一致性。每层（皮）安装完成，应作一次外形误差的调校，并以测力扳手对挂件螺栓旋紧力进行抽检复验。

⑥应着重检查挂件是否扣挂牢固。

⑦封缝。每一施工段安装后经检查无误，可清扫拼接缝，填入橡胶条，然后用注胶枪进行硅胶涂缝，一般硅胶只封平缝或表面比板面稍凹少许即可。雨天或板材受潮不宜涂硅胶。

**3. 内墙砖贴面**

1）预检项目。

①主要材料的进场验收。检测内墙砖、水泥的产品合格证书和质量检测报告。

内墙砖的品种、花色、规格应符合设计要求，并按照国标 GB/T 4100—2006《陶瓷砖》对内墙砖的外观质量和尺寸偏差进行进场验收，验收时要查看产品合格证和产品检测报告。将尺寸规格相同、颜色基本一致的分类放好备用。

水泥的品种、强度等级应符合要求。

复检项目：需对水泥的凝结时间、体积安定性和强度等级进行复检（取样送检）。对内墙砖的吸水率、抗釉裂性等项目进行复检。

各项材料的包装应完好，符合要求，数量必须与单据一致。

②墙柱面抹灰应施工完毕；墙柱面暗装管线、电开关盒、窗框应安装完毕，并检验合格。

③墙柱面必须坚实、清洁（无油污、浮浆、残灰等），影响面砖铺贴凸出墙柱面部位应凿平，过于凹陷的墙、柱面应用 1:3 水泥砂浆分层抹压找平（先浇水湿润后再抹灰）。

④安装好的窗台板及门窗框与墙柱之间缝隙应用 1:3 水泥砂浆堵灌密实。铝门窗框边缝隙之嵌塞材料应由设计确定，铺贴面砖前应先粘贴好保护膜。

⑤大面积施工前，应先做样板墙和样板间，经质量及有关部门检查应符合要求。

⑥对光滑表面基层应先打毛，并用钢丝刷满刷一遍，再浇水湿润。

⑦对表面光滑的基层应进行"毛化处理"。

2）过程检验项目。

①预排砖块应按照设计式样要求，一个房间、一整幅墙柱面贴同一分类和规格的面砖；同一墙面，最后只能留一行（排）非整砖，非整砖应排在靠近地面或不显眼的阴角；砖块排列一般自阳角开始，至阴角停止（收口），自顶棚（天花）开始至楼地面停止（收口）；如果水池、镜框及凸出柱面时，必须以其中往两边对称排列；墙裙、浴缸、水池等上口和阴阳角处应使用相应配件的砖块。

②检查花色变异分界线及垂直与水平控制线。

③应预先将釉面砖泡水浸透晾干。

④在每一分段或分块内的面砖，均应自下而上铺贴。

⑤浇水将底子灰面湿润后，先贴第一排砖块，其下皮要紧靠装好的靠尺板，砖面要求垂直平整。

⑥以第一排贴好的面砖为基准，贴上基准点，用垂球检查，以控制砖面出墙面尺寸和垂直度。

⑦铺贴应从最低一皮开始,并按基准点挂线,由下而上铺贴,面砖背面应满涂水泥浆,贴上墙面后用铁抹子木把手着力敲击,使面砖贴牢,同时用杠木检查砖面及上皮。

⑧铺贴完毕,待水泥初凝后,用清水将砖面洗干净,用白水泥(彩色面砖应按设计要求用矿物颜料调色)将缝填平,完工后用棉纱、布片将表面擦干净至不留残灰迹为止。

**4. 外墙面砖贴面**

1)预检项目。

①主要材料的进场验收。检测外墙砖、水泥的产品合格证书和质量检测报告。

外墙砖的品种、花色、规格应符合设计要求,并按照国标 GB/T 4100—2006《陶瓷砖》对外墙砖的外观质量和尺寸偏差进行进场验收,验收时要查看产品合格证和产品检测报告。将尺寸规格相同、颜色基本一致的分类放好备用。

水泥的品种、强度等级应符合要求。

复检项目:需对水泥的凝结时间、体积安定性和强度等级进行复检(取样送检)。对外墙砖的吸水率、抗釉裂性、抗冻性等项目进行复检。

各项材料的包装应完好,符合要求,数量必须与单据一致。

②粘贴前应有专人对面砖进行挑选,凡外形倾斜、缺棱、掉角、翘棱、裂缝、颜色不匀的应剔除。

③施工前应按规格、颜色挑选分类堆放,不同规格的面砖要分别堆放。同号的面砖用套板分大、中、小三类,再根据面砖的数量分别使用在不同部位。

④基层表面上的杂质、油污应清除干净,光滑的基层要凿毛。

⑤抹灰找平要浇水湿润,特别是暑期要浇足,否则找平层的砂浆会疏松起壳。

⑥当基层厚度偏差较大时,找平层应分遍进行,若一次抹得太厚,砂浆易于开裂。

⑦找平层涂抹应平整,表面要粗糙,平整可减少粘结砂浆的厚薄不均,粗糙可增强砂浆的粘结力。

⑧门窗口及其他钢木等配件、预埋件应安装正确,不能遗漏;门窗口标高位置必须准确。务必做到上下、左右、进出一条线;混凝土墙柱、过梁等,如有凹凸不平,要凿平或用 1:3 水泥砂浆分层补平。

2)过程检验项目。

①根据设计要求挑选规格、颜色一致的面砖,面砖使用前在清水中浸泡 2~3h 后阴干备用。

②根据设计要求进行弹线分格、排砖,一般要求横缝与璇脸或窗台一平,阳角窗口都是整砖,并在底子灰上弹上垂直线。

③外墙面砖粘贴排缝种类很多,原则上要按设计要求进行。

a. 矩形面砖粘贴墙面砖分为边长水平粘贴和边长垂直粘贴两种。

b. 同一墙面齐缝排列又可采取密封粘贴、离缝分格,以取得立面装饰效果。

c. 凡阳角部位都应是整砖,且阳角处的砖一般应将拼缝留在侧边,也有采取整砖对角粘贴法。

④突出墙面的如窗台、腰线阳角及滴水线排砖方法,需注意正面面砖要往下突出 3mm 左右,底面面砖要留有流水坡度。

⑤用面砖作灰饼,找出墙面、柱面、门窗套等标准,阳角处要双面排直,灰饼间距

1.6m。

⑥粘贴时，在面砖背后满铺贴粘结砂浆；粘贴后，用小铲把轻轻敲击，使之与基层粘贴牢固，并用靠尺随时找平找方。

⑦在与抹灰交接的门窗窗角墙、柱子等处应先抹好底子灰，然后粘贴面砖。

⑧分格条在粘贴前应用水充分浸泡，以防胀缩变形。

⑨在粘贴过程中，力争一次成功，不宜多动，尤其是在收水之后。

⑩整个工程完工后，应加强养护，同时可用稀盐酸刷洗表面，并随时用水冲洗干净。

**5. 金属饰面板**

（1）铝塑板的安装方法　铝塑板的安装方法有直接粘贴法、骨架粘贴法和骨架干挂法。

直接粘贴法是将铝塑板直接粘贴在基层板上的安装方法。此方法成本底，施工简单，适用于室内墙柱面装饰和家具等的表面装饰，也可以用于一般的门面装饰。

骨架粘贴法是用双面胶和专用胶粘剂将铝塑板粘贴在铝合金骨架上的做法。此种做法多用于高档次的门头店面装饰，对铝塑板的质量要求较高，成本也较高。

骨架干挂法是将铝塑板四边刨槽折边后，四边背面固定专用副框，通过副框将铝塑板固定在铝合金骨架上的做法。此做法多用于要求较高的外墙饰面或做金属幕墙，且此做法成本较高。

1）预检项目。

①主要材料进场验收。铝塑板品种、花色、规格应符合设计要求，普通装饰用；铝塑板并按照国标 GB/T 22412—2008《普通装饰用铝塑复合板》的外观质量和尺寸偏差进行进场验收；幕墙用铝塑板按 GB/T 17748—2008《建筑幕墙用铝塑复合板》的外观质量和尺寸偏差进行进场验收。验收时要查看产品合格证和产品检测报告。

各项材料的包装应完好，符合要求，数量必须与单据一致。

需要折边用的铝塑板，其表面铝皮的厚度不应小于 20 丝（0.20mm）；用于室外的铝塑板，表面应采用带氟碳涂层的铝塑板；用于幕墙的铝塑板，总厚度不应小于 4mm，面皮铝材的厚度不应小于 50 丝（0.5mm），表面涂层应采用氟碳漆，中间塑料层为挤出型 PE 树脂。施工前应检查选用的铝塑板是否符合设计要求，规格是否一致，表面有无划痕等外观缺陷。

复检项目：应对铝塑板专业胶粘剂的胶结能力、阻燃性铝塑板的燃烧性能、外墙用铝塑板及室外用耐候密封胶的耐老化性能等进行复检。

铝塑板的支承骨架的材料、规格应符合设计要求，应进行防腐、防锈处理。

应检查预埋件的连接焊缝的焊接质量及防腐措施。

2）过程检验项目。

①放线。固定骨架，首先要将骨架的位置弹到基层上，放线必须准确。

②固定骨架连接件。骨架的横竖杆件是通过连接件与结构连接，而连接件与结构之间可以与结构的预埋件焊牢，打膨胀螺栓。连接件施工时，主要保证牢固。连接件及骨架的位置应与铝塑板的规格一致。

③固定骨架。骨架应预先进行防腐处理。安装骨架位置要准确，结合要固定。应检查膨胀螺栓的数量及安装质量，必要时还应抽样进行拉拔试验。核对骨架各杆件及连接方式是否符合设计要求。

④安装铝合金板。采用直接粘贴法施工时,应采用万能胶粘贴,刷胶要匀要薄,晾至10~15min以后,等胶层不沾手时,将铝塑板对准基层板的弹线位置轻轻放下一边,然后从一边向另一边拍压,以便排出内部空气,再用橡皮锤轻轻敲击板面振实。严禁先排压四边后拍压中部。

板与板之间的间隙幕墙一般为10~20mm,店面及门头一般为4~6mm,内墙贴面一般为3~5mm,家具贴面一般为2~3mm,间隙要用橡胶条、玻璃胶或防水密封胶等弹性材料处理。

铝塑板与地面、水泥类抹面相交,不可直接接触,应留有一定的缝隙。

⑤收口结构检查。

a. 检查转角处收口。

b. 检查窗台、女儿墙上部收口。

c. 检查墙面下端收口。

d. 检查伸缩缝、沉降缝收口。

⑥施工后的墙体表面应做到平整,接缝平直,连接可靠,无翘起、卷边等现象。

⑦铝塑板安装完毕后,应于两周之内揭去表层塑料保护薄膜。

(2) 彩色涂层钢板安装

1) 预检项目。

①主要材料进场验收。彩色涂层钢板的品种、花色、规格应符合设计要求,并有产品合格证和产品检测报告。对外观质量和尺寸偏差进行进场验收。

各项材料的包装应完好,符合要求,数量必须与单据一致。检查涂层钢板是否符合设计要求。

②支承骨架的材料、规格应符合设计要求并进行防腐、防火、除锈处理。涂层钢板的切边打孔处应注意作防锈处理。

③预埋件及墙筋的位置,应与钢板及异型板规格尺寸一致。

④应着重检查与预埋件连接焊缝的焊接质量及防腐措施。

⑤应检查膨胀螺栓的数量及安装质量,必要时还应抽样进行拉拔试验。

⑥核对骨架各杆件及连接方式是否符合设计要求。

2) 过程检验项目。

①预埋件必须安装牢固,木砖应作防腐处理。

②墙筋与预埋件连接应牢固可靠,墙角、窗口等部位要加设墙筋,以免造成板的端部悬空。

③应按板材及缝隙的宽度进行排板,画线定位。

④在转角和窗口等处应使用异型板以加强连接效果和增加防水效果。

⑤墙板与墙筋的连接应用自攻螺钉或专用卡条连接。

⑥板缝的处理应平直,缝隙均匀,密封严密。

⑦施工后的墙体表面应做到平整,接缝平直,连接可靠,无翘起、卷边等现象。

**6. 木质饰面**

1) 预检项目。

①主要材料进场验收。木质人造板的品种、花色、规格应符合设计要求,并有产品合格

证和产品检测报告。对外观质量和尺寸偏差进行进场验收并现场测试实木材料、胶合板及其他木质人造板的含水率不应大于12%。

各项材料的包装应完好，符合要求，数量必须与单据一致。

复检项目：对人造板材的甲醛释放量、人造板材的结合强度、2h 吸水厚度膨胀率等项目应进行复检。

骨架及生根材料的品种、规格应符合设计要求，进行防腐、防火、除锈处理。

应着重检查与预埋件连接焊缝的焊接质量及防腐措施。

应检查膨胀螺栓的数量及安装质量，必要时还应抽样进行拉拔试验。

核对骨架各杆件及连接方式是否符合设计要求。

②检查基层面是否符合施工要求。

2）过程检验项目。

①胶合板或其他木质饰面板应钉牢，表面平直，不应发生翘曲或呈波浪形等情况。

②胶合板或其他木质饰面板胶层不允许出现开胶、鼓包等现象。

③胶合板或其他木质饰面板一般应刷胶后用蚊钉枪固定，当用圆钉固定时，钉帽必须钉入 1~2mm。钉时木面不得有伤痕，板上口应平整。拉通线检查偏差不大于3mm，接槎平整，误差不大于1mm。防火板或免漆板应用万能胶粘贴，在底板面层和饰面板背面同时均匀涂刷一遍薄薄胶液，晾置 10~15min，等胶面不粘手时，将涂胶的两面对准位置从一边向另一边拍实，以便排出内部空气，再用橡皮锤轻轻敲击板面振实。严禁先排压四边后拍压中部。

④收口线的接缝处应用斜边压槎粘贴法，墙面阴阳交处宜做45°斜边平整粘贴补接缝，不能搭接。

⑤胶粘。在底板面层和饰面板背面同时均匀涂刷一遍薄薄的木胶液（白乳胶），待胶液渗透到木材的空隙中然后将涂胶的两面紧密粘贴并用蚊钉固定。待胶液固化后用修边刨修边。

## 3.6.2 饰面板（砖）工程的成品保护

1）提前做好水、电、通风、设备安装作业工作，以防止安装时损坏墙面。

2）饰面的结合层在凝结前，应采取防风、防曝晒、防水冲和振动等保护措施，以保证各层粘结牢固及有足够的强度。

3）大理石板或磨光花岗岩、预制水磨石板柱面、门窗套等安装完毕，应对所有面层的阳角及时用木板保护，并要及时擦干净残留在门窗框、扇的砂浆。对于铝合金门窗框、扇，应事先粘贴好保护膜，预防污染。

4）严防水泥浆、石灰浆、涂料、颜料、油漆等液体污染墙面饰面，也要教育施工人员注意不要在已做好的饰面砖墙面上乱写乱画或脚蹬、手摸等。

5）拆脚手架时，应轻拿轻放，要注意不要碰坏墙面。

## 3.6.3 饰面板（砖）工程的质量检验与验收

**1. 工程验收条件**

1）饰面板（砖）工程验收时应检查下列文件和记录。

①饰面板工程的施工图，设计说明及其他设计文件。
②材料的产品合格证书、性能检测报告、进场验收记录和复验报告。
③后置埋件的现场拉拔检测报告。
④外墙饰面砖样板件的粘结强度检测报告。
⑤隐蔽工程验收记录。
⑥施工记录。

2）饰面板（砖）工程应对下列材料及其性能指标进行复验。
①室内用花岗石的放射性。
②粘贴用水泥的凝结时间、安定性和抗压强度。
③外墙陶瓷面砖的吸水率。
④寒冷地区外墙陶瓷面砖的抗冻性。

3）饰面板（砖）工程应对下列隐蔽工程项目进行验收。
①预埋件（或后置埋件）。
②连接节点。
③防水层。

4）检验批应按下列规定划分。
①相同材料、工艺和施工条件的室内饰面板（砖）工程每50间（大面积房间和廊按施工面积$30m^2$为一间计算）应划分为一个检验批；不足50间也应划分为一个检验批。
②同材料、工艺和施工条件的室外饰面板（砖）工程每500～$1000m^2$应划分为一个检验批；不足$500m^2$也应划分为一个检验批。

5）检查数量应符合下列规定。
①室内每个检验批应至少抽查10%，并不得少于3间；不足3间时应全数检查。
②室外每个检验批每$100m^2$应至少抽查一处，每处不得小于$10m^2$。

6）质量检验内容。
①外墙饰面砖粘贴前和施工过程中，均应在相同基层上做样板件，并对样板件的面砖粘结强度进行检验，其检验方法和结果判定应符合《建筑工程饰面砖粘结强度检验准》（JGJ110—2008）的规定。
②饰面板工程的抗震缝、伸缩缝、沉降缝等部位的处理应保证缝的使用功能和饰面的完整性。
③检查饰面板的品种、规格、颜色和性能是否符合设计要求。
④检查饰面板孔、槽的数量、位置和尺寸、预埋件数量规格等是否符合设计要求。
⑤检查饰面板安装工程的预埋件（或后置埋件）、连接件的数量、规格、位置、连接方法和防腐处理是否符合设计要求。
⑥检查饰面板表面及嵌缝情况。

7）工程质量验收
①检验批合格质量应符合下列规定。
a. 抽查样本主控项目均合格；一般项目80%以上合格，其余样品不得有影响使用功能或明显影响装饰效果的缺陷，其中有允许偏差的检验项目其最大偏差不得超过允许偏差的1.5倍。

b. 具有完整的操作依据、质量检查记录。

② 分项工程质量验收合格应符合下列规定。

a. 分项工程所含的检验批均应符合合格质量的规定。

b. 分项工程所含的检验批的质量验收记录应完整。

c. 观感质量验收应符合要求。

**2. 饰面板工程质量检验**

（1）适应范围　本部分内容适应于内墙饰面板工程和高度不大于100mm、抗震烈度不大于7度的外墙饰面板工程的质量验收。

（2）主控项目

1）饰面板的品种、规格、颜色和性能应符合设计要求。

检验方法：观察，检查产品的合格证书、进场验收记录和性能检验报告。

2）饰面板孔、槽的数量、位置和尺寸应符合设计要求。

检验方法：检查进场验收记录和施工记录。

3）饰面板安装工程的预埋件（或后置埋件）、连接件的数量、规格、位置、连接方法和防腐处理必须符合设计要求。后置埋件的现场拉拔强度必须符合设计要求。饰面板安装必须牢固。

检验方法：手扳检查，检查进场验收记录、现场拉拔检测报告、隐蔽工程验收记录和施工记录。

（3）一般项目

1）饰面板表面应平整、洁净、色泽一致，无裂痕和缺损。石材表面应无泛碱等污染。

检验方法：观察。

2）饰面板嵌缝应密实、平直，宽度和深度应符合设计要求，嵌填材料色泽应一致。

检验方法：观察，尺量检查。

3）采用湿作业法施工的饰面板工程，石材应进行防碱背涂处理。饰面板与基体之间的灌注材料应饱满、密实。

检验方法：用小锤轻击检查，检查施工记录。

4）饰面板上的孔洞应套割吻合，边缘应整齐。

检验方法：观察。

5）饰面板安装的允许偏差和检验方法应符合表3-32、表3-33的规定。

表3-32　饰面板安装的允许偏差和检验方法

| 项次 | 检验项目 | 允许偏差/mm | | | | 检验方法 |
| --- | --- | --- | --- | --- | --- | --- |
| | | 石　材 | | | 瓷板 | |
| | | 光面 | 剁斧石 | 蘑菇石 | | |
| 1 | 立面垂直度 | 2 | 3 | 3 | 2 | 用2m垂直检测尺检查 |
| 2 | 表面平整度 | 2 | 3 | — | 1.5 | 用2m靠尺和塞尺检查 |
| 3 | 阴阳角方正 | 2 | 4 | 4 | 2 | 用直角检测尺检查 |
| 4 | 墙裙、勒脚上口直线度 | 2 | 4 | 4 | 2 | 拉5m线，不足5m拉通线，用钢直尺检查 |

（续）

| 项次 | 检验项目 | 允许偏差/mm 石材 光面 | 允许偏差/mm 石材 剁斧石 | 允许偏差/mm 石材 蘑菇石 | 允许偏差/mm 瓷板 | 检验方法 |
|---|---|---|---|---|---|---|
| 5 | 接缝直线度 | 2 | 3 | 3 | 2 | 拉5m线，不足5m拉通线，用钢直尺检查 |
| 6 | 接缝高低差 | 0.5 | 3 | — | 0.5 | 用钢直尺和塞尺检查 |
| 7 | 接缝宽度 | 1 | 2 | 2 | 1 | 用钢直尺检查 |

表3-33 饰面板安装的允许偏差和检验方法

| 项次 | 检验项目 | 允许偏差/mm 金属饰面板 | 允许偏差/mm 木饰面板 | 允许偏差/mm 塑料饰面板 | 检验方法 |
|---|---|---|---|---|---|
| 1 | 立面垂直度 | 2 | 1.5 | 2 | 用2m垂直检测尺检查 |
| 2 | 表面平干整度 | 3 | 1 | 3 | 用2m靠尺和塞尺检查 |
| 3 | 阴阳角方正 | 3 | 1.5 | 3 | 用直角检测尺检查 |
| 4 | 墙裙、勒脚上口直线度 | 1 | 1 | 1 | 拉5m线，不足5m拉通线，用钢直尺检查 |
| 5 | 接缝直线度 | 2 | 2 | 2 | 拉5m线，不足5m拉通线，用钢直尺检查 |
| 6 | 接缝高低差 | 1 | 0.5 | 1 | 用钢直尺和塞尺检查 |
| 7 | 接缝宽度 | 1 | 1 | 1 | 用钢直尺检查 |

书后附饰面板安装工程检验批质量验收记录表（空白）。

**3. 陶瓷饰面砖的粘贴工程质量检验**

（1）适应范围 本部分内容适应于内墙饰面砖工程和高度不大于100mm、抗震烈度不大于8度，采用满粘法施工的外墙饰面砖粘贴工程的质量验收。

（2）主控项目

1）饰面板的品种、规格、颜色和性能应符合设计要求。

检验方法：观察，检查产品的合格证书、进场验收记录和性能检验报告。

2）饰面砖粘贴工程的找平、防水、粘结和勾缝材料及施工方法应符合设计要求、国家先行产品标准和工程技术标准的规定。

检验方法：检查产品合格证书、复验报告和隐蔽工程验收记录。

3）饰面砖粘贴必须牢固。

检验方法：检查样板件粘贴强度检测报告和施工记录。

4）满粘法施工的饰面砖工程应无空鼓、裂缝。

检验方法：观察，用小锤轻击检查。

(3) 一般项目

1) 饰面砖表面应平整、洁净,色泽一致,无裂痕和缺损。

检验方法:观察。

2) 阴阳角处搭接方式、非整砖使用部位应符合设计要求。

检验方法:观察。

3) 墙面突出物周围的饰面砖应整砖套割吻合,边缘应整齐。贴脸突出墙面的厚度应一致。

检验方法:观察,尺量检查。

4) 饰面砖接缝应平直、光滑,填嵌应连续、密实;宽度和深度应符合设计要求。

检验方法:观察,尺量检查。

5) 有排水要求的部位应做滴水线(槽)。滴水线(槽)应顺直,坡度应符合设计要求。

检验方法:观察,用水平尺检查。

6) 饰面砖粘贴的允许偏差和检验方法应符合表3-34的规定。

表3-34 饰面砖粘贴的允许偏差

| 检验项目 | 允许偏差/mm | | 检验方法 |
|---|---|---|---|
| | 外墙面砖 | 内墙面砖 | |
| 立面垂直度 | 3 | 2 | 用2m垂直检测尺检查 |
| 表面平整度 | 4 | 3 | 用2m靠尺和塞尺检查 |
| 阴阳角方正 | 3 | 3 | 用直角检测尺检查 |
| 接缝直线度 | 3 | 2 | 拉5m线,不足5m拉通线,用钢直尺检查 |
| 接缝高低差 | 1 | 0.5 | 用钢直尺和塞尺检查 |
| 接缝宽度 | 1 | 1 | 用钢直尺检查 |

书后附饰面砖粘贴工程检验批质量验收记录表(空白)。

## 课题7 油漆(溶剂型涂料)工程质量检验与验收

现在油漆的含义已不再是采用传统的以干性油为主要成膜物质的涂料,而是溶剂型涂料的统称,甚至还包括新型的水性木器漆。油漆一般是在木质基层或人造板材表面进行施工,木护墙及门窗家具表面常进行油漆装饰。

常用的油漆主要有:醇酸漆、硝基漆、聚氨酯漆、聚酯漆、水性木器漆等,每类油漆都分清漆和白漆,如果需要色漆可按要求加入色精调制。油漆配套的面漆又分亮光型和半哑光型。

### 3.7.1 油漆的施工常识

**1. 油漆的用量**

油漆用量一般为每遍油漆涂刷面积为 $4 \sim 6m^2/kg$。一般刷涂为 $6m^2$ 左右,喷涂为 $4m^2$ 左右。相同面积，清漆的用量适当减少，而混漆的用量应适当增加。

**2. 基层处理**

油漆的施工，基层处理是关键，应用腻子刮平，腻子应牢固，并用砂纸打磨平整。基层应干透（木质基层含水率一般不宜大于12%）才能施工。

**3. 油漆的施工工艺**

1）油漆的调制。按要求调制油漆（固化剂、稀料按比例加入），调匀后要用滤网过滤，并在规定的时间内涂刷完（聚酯漆、聚氨酯漆等要求配制好后在2小时内完成施工，否则油漆会在容器中固化或胶化）。不同类型的油漆不能混合使用。每种油漆应使用与之配套的稀料，双组分的油漆应使用与之配套的固化剂。

2）清漆一般可以采用刷涂工艺，黏度低的漆最好使用羊毛刷，黏度高的漆可采用棕刷，涂刷方向应一致，一般是顺木纹方向涂刷。色漆使用喷涂施工工艺可以取得更好的表面效果。

3）不管采用刷涂或是喷涂工艺，油漆都不能调制过稠，每遍都不能过厚，否则易造成流挂和皱皮、橘皮或长时间不干的现象。

4）涂刷间隔时间。第一遍干透后可进行下一遍的涂刷，不同类型的油漆实干时间及完全干燥时间不同，硝基漆最快，一般1小时左右，聚氨酯漆和聚酯漆表干时间一般为3小时左右，醇酸磁漆或清漆表干时间一般为6~12小时，普通调和漆一般为10~24小时。喷涂下一遍油漆前，应用细砂纸打磨。

5）油漆的涂刷遍数。不同的漆涂刷遍数不同，配套系列漆为了达到最佳的装饰效果，底漆和面漆应配套使用。醇酸调和漆、醇酸清漆和色漆一般涂刷3遍，聚酯漆一般是采用"三底两面"施工，即三遍底漆、两遍面漆。硝基漆一般是6~8遍。

## 3.7.2 作业条件

1）施工温度宜保持平稳，不得突然变化，且通风良好。湿作业应已完并具备一定的强度，环境宜比较干燥。一般油漆工程施工时的环境温度不宜低于10℃，相对湿度不宜大于60%。

2）在室内高于2m处作业时，应事先搭设好脚手架，并以不妨碍操作为准。

3）大面积施工前应先做样板间，经有关质量部门检查鉴定合格后方可进行大面积施工。

4）操作前应认真进行交接检查工作，并对遗留问题进行妥善处理。

5）木基层含水率一般不宜大于12%。

## 3.7.3 成品保护

1）每遍油漆前，都应将地面、窗台清扫干净，防止尘土飞扬，影响油漆质量。

2）每遍油漆后，都应将门窗用桱钩勾住或用木楔固定，防止扇框油漆粘结，影响质量和美观，同时防止门窗扇玻璃损坏。

3）刷油后应立即将滴在地面或窗台上、污染墙上及五金上的油漆清擦干净。

4）油漆完成后，应派专人负责看管，禁止摸碰。

### 3.7.4 安全环保措施

1) 高度作业超过 2m 应按规定搭设脚手架。施工前要检查是否牢固。使用的人字梯应四角落地，摆放平稳，梯脚应设防滑橡皮垫和保险链。人字梯上铺设脚手板，脚手板两端搭设长度不得少于 20cm，脚手板中间不得两人同时操作。梯子挪动时，作业人员必须下来，严禁站在梯子上踩高跷式挪动，人字梯顶部铰轴不准站人，不准铺设脚手板。人字梯应当经常检查，发现开裂、腐朽、楔头松动、缺档等，不得使用。

2) 油漆施工前应集中工人进行安全教育，并进行书面交底。

3) 施工现场严禁设油漆材料仓库，场外的油漆仓库应有足够的消防设施。

4) 施工现场应有严禁烟火的安全标语，现场应设专职安全员监督保证施工现场无明火。

5) 每天收工后应尽量不剩油漆材料，剩余油漆不准乱倒，应收集后集中处理。废弃物（如废油桶、油刷、棉纱等）按环保要求分类消纳。

6) 现场清扫设专人洒水，不得有扬尘污染。打磨粉尘用潮布擦净。

7) 施工现场周边应根据噪声敏感区域的不同，选择低噪声设备或其他措施，同时应按国家有关规定控制施工作业时间。

8) 涂刷作业时操作工人应配戴相应的保护设施，如：防毒面具、口罩、手套等，以免危害工人肺部、皮肤等。

9) 严禁在民用建筑工程室内用有机溶剂清洗施工用具。

10) 油漆使用后，应及时封闭存放，废料应及时清出室内，施工时室内应保持良好通风，但不宜出现过堂风。

### 3.7.5 施工质量标准

**1. 主控项目**

1) 溶剂型涂料涂饰工程所选用涂料的品种、型号和性能应符合设计要求。

检验方法：检查产品合格证书，性能检测报告和进场验收记录。

2) 溶剂型涂料涂饰工程的颜色、光泽、图案应符合设计要求。

检验方法：观察。

3) 溶剂型涂料涂饰工程应涂饰均匀、粘结牢固，不得漏涂、透底、起皮和反锈。

检验方法：观察，手摸检查。

4) 溶剂型涂料涂饰工程的基层处理应符合 GB 50210—2001《建筑装饰装修工程质量验收规范》中第 10.1.5 条的要求。

检验方法：观察，手摸检查和检查施工记录。

**2. 一般项目**

1) 色漆的涂饰质量和检验方法应符合表 3-35 的规定。

表 3-35 色漆的涂饰质量和检验方法

| 项次 | 项目 | 普通涂饰 | 高级涂饰 | 检验方法 |
|---|---|---|---|---|
| 1 | 颜色 | 均匀一致 | 均匀一致 | 观察 |

(续)

| 项次 | 项目 | 普通涂饰 | 高级涂饰 | 检验方法 |
|---|---|---|---|---|
| 2 | 光泽、光滑 | 光泽基本均匀、光滑、无挡手感 | 光泽基本均匀一致、光滑 | 观察、手摸检查 |
| 3 | 刷纹 | 刷纹通顺 | 无刷纹 | 观察 |
| 4 | 裹棱、流坠、皱皮 | 明显处部允许 | 不允许 | 观察 |
| 5 | 装饰线、分色线直线度允许偏差/mm | 2 | 1 | 拉5m线，不足5m拉通线，用钢直尺检查 |

2）清漆的涂饰质量和检验方法应符合表3-36的规定。

表3-36 清漆的涂饰质量和检验方法

| 项次 | 项目 | 普通涂饰 | 高级涂饰 | 检验方法 |
|---|---|---|---|---|
| 1 | 颜色 | 均匀一致 | 均匀一致 | 观察 |
| 2 | 木纹 | 棕眼刮平、木纹清楚 | 棕眼刮平、木纹清楚 | 观察 |
| 3 | 光泽、光滑 | 光泽基本均匀、光滑、无挡手感 | 光泽基本均匀一致、光滑 | 观察、手摸检查 |
| 4 | 刷纹 | 无刷纹 | 无刷纹 | 观察 |
| 5 | 裹棱、流坠、皱皮 | 明显处部允许 | 不允许 | 观察 |
|  | 装饰线、分色线直线度允许偏差/mm | 2 | 1 | 拉5m线，不足5m拉通线，用钢直尺检查 |

3）图层与其他装饰材料和设备衔接处应吻合，界面应清晰。

## 课题8 内墙涂料工程的质量检验与验收

### 3.8.1 施工作业条件

1）墙面应基本干燥，基层含水率不大于10%。
2）抹灰应全部完成，过墙管道、洞口、阴阳角等处应提前抹灰找平修整，并充分干燥。
3）门窗玻璃应安装完毕，湿作业的地面应施工完毕，管道设备应试压完毕。
4）冬期要求在采暖条件下进行，环境温度不低于5℃。

### 3.8.2 对基层的要求

1）基层的pH值应在10以下，含水率应小于等于10%。

2）基层表面应平整，阴、阳角及角线应密实，轮廓分明。
3）基层应坚固，如有空鼓、酥松、起泡、起砂、孔洞、裂缝等缺陷，应进行处理。
4）外墙预留的伸缩缝应进行防水密封处理。
5）表面应无油污、灰尘、溅沫及砂浆流痕等杂物。

### 3.8.3 基层处理方法

**1. 基层清理**

涂料饰面工程施工前，应认真检查基层质量，基层经验收合格后方可进行下道工序的操作。基层清理的目的在于清除基层表面的粘附物，使基层清洁，不影响涂料对基层的粘结。常见的基层粘附物及清理方法见表3-37。

表3-37 常见的基层粘附物及清理方法

| 项次 | 常见的粘附物 | 清 理 方 法 |
| --- | --- | --- |
| 1 | 灰尘及其他粉末状粘附物 | 可用扫帚、毛刷进行清扫或用吸尘器进行除尘处理 |
| 2 | 砂浆喷溅物、水泥砂浆流痕、杂物 | 用铲刀、錾子铲剔凿或用砂轮打磨，也可用刮刀、钢丝刷等工具进行清除 |
| 3 | 油脂、脱膜剂、密封材料等粘物 | 要先用5%～10%浓度的火碱水清洗，然后用清水洗净 |
| 4 | 表面泛"白霜" | 可先用3%的草酸液清洗，然后再用清水洗 |
| 5 | 酥松、起皮、起砂等硬化不良或分离脱壳部分 | 应用錾子、铲刀将脱离部分全部铲除，并用钢丝刷刷去浮灰，再用水清洗干净 |
| 6 | 霉斑 | 用化学去霉剂清洗，然后用清水清洗 |
| 7 | 油漆、彩画及字痕 | 可用10%浓度的碱水清洗，或用钢丝刷蘸汽油或去油剂刷净；也可用脱漆剂清除或用刮刀刮去 |

**2. 基层修补**

1）小裂缝修补。用防水腻子嵌平，然后用砂纸将其打磨平整。对于混凝土板材出现的较深小裂缝，应用低黏度的环氧树脂或水泥浆进行压力灌浆，使裂缝被浆体充满。

2）孔洞修补。一般情况下，φ3mm以下的孔洞可用水泥聚合物腻子填平，φ3mm以上的孔洞应用聚合物砂浆填充，待固结硬化后，用砂轮机打磨平整。

3）表面凹凸不平的处理。凸出部分可用錾子凿平或用砂轮机打磨，凹入部分用聚合物砂浆填平，待硬化后，整体打磨一次，使之平整。

4）接缝错位处的处理。先用砂轮磨光机打磨或用錾子凿平，再根据具体情况用水泥聚合物腻子或聚合物砂浆进行修补填平。

5）露筋处理。可将露面的钢筋直接涂刷防锈漆，或用磨光机将铁锈全部清除后再进行防锈处理。根据情况不同，可将混凝土进行少量剔凿，并将混凝土内露出的钢筋进行防锈处理后，再用聚合物砂浆补抹平整。

另外,还有麻面及脆弱部位的处理。这些部位的处理,首先应清洗干净,然后用水泥聚合物腻子或聚合物砂浆抹平即可。

**3. 批腻子磨平**

墙面修补好以后,先局部批一遍大白腻子或专用内墙腻子,然后再满刮两遍以上的大白腻子或专用内墙腻子,最后用砂纸磨平。

混凝土内墙面为了增加腻子与基层的附着力,要先用4%的聚乙烯醇溶液,或30%的108胶,或2%的乳液水喷刷于基层,晾干后刮腻子,厨房、厕所、浴室等潮湿的房间采用耐擦洗及防潮防火涂料,腻子应强度相当、耐火性好。

若腻子层太厚,则应分层刮批,干燥后用砂纸打磨平整,并将表面的粉尘及时清扫干净。

### 3.8.4 施工工艺流程

清理墙面→修补墙面→刮腻子→第一遍乳胶漆、磨光→第二遍乳胶漆、磨光→刷第三遍乳胶漆。

### 3.8.5 成品保护

1)不能污染门窗油漆,不能污染已做完的饰面层(含清水砖墙)。

2)已完成的刷(喷)浆成品应做好成品保护工作,防止其他工序对产品的污染和损坏。

3)室内浆活进行修理时,应注意对已安装好的电门、插销、灯具等电气产品及设备管道的保护,严防刷(喷)浆时造成污染。

4)为减少污染,应事先将门窗口圈用排笔刷好浆后,再进行大面积浆活的施涂工作。

5)刷(喷)浆前应对已完成的地面面层进行保护,严防落浆造成污染。

6)移动浆桶、喷浆机等施工工具时严禁在地面上拖拉,防止损坏地面的面层。

### 3.8.6 刷涂法或滚涂法施工注意事项

1)环境温度是否符合涂料的施工条件。一般乳胶漆的最低施工温度通常在10℃以上,温度过低,不能成膜。混凝土和抹灰表面施涂水性和乳液浆时,含水率不得大于10%,以防止脱皮。

2)石膏板墙接缝处按要求留置缝隙,按规矩粘贴玻璃网格布并用嵌缝腻子进行嵌缝。

3)乳胶涂料干燥快,如大面积涂刷或滚涂,因此应注意配合操作和流水作业。要注意接头,顺一方向刷,接槎处应处理好。刷(喷)浆工程使用的腻子,应坚硬牢固,不得粉化、起皮和有裂纹。施工时,后一遍涂料必须在前一遍涂料干燥后进行,否则易发生皱皮、开裂等质量问题。

4)如墙面有分色线,施工前应认真划好粉线,并沿线粘贴好专用胶带,先涂刷线的一侧,等干后再揭掉胶带,重新沿线将胶带贴在刷好的一侧,然后涂刷线的另一侧,涂刷用力均匀,起落要轻,排笔蘸漆量要适当,注意从前往后刷。

5)涂刷带颜色的涂料时应配料适当,一次调足,保证独立面每遍都使用同一批涂料,以保色泽一致。

6）施工时如局部起泡或破皮，应等涂料干后，用相同颜色的乳胶漆调腻子补平并轻轻打磨平整。

7）乳胶涂料应储存在0℃以上的地方，使涂料不冻，不破乳。储存期已过的涂料须经检验后方可使用。

### 3.8.7　内墙、顶棚水性薄涂料的质量标准

**1. 主控项目**

1）涂饰工程所用涂料的品种、型号和性能应符合设计要求。
2）涂饰工程的颜色、图案应符合设计要求。
3）涂饰工程应涂饰均匀、粘结牢固，不得漏涂、透底、起皮和掉粉。
4）涂饰工程的基层处理应符合质量验收的基本要求：基层含水率不得超过10%；基层在涂饰涂料前应涂刷抗碱封闭底漆；基层腻子应平整、坚实、牢固、无粉化、起皮和裂缝。地下室、浴室等易受潮湿部位应采用耐水腻子。

**2. 一般项目**

一般项目应符合表3-38的规定，并要求涂层与其他装饰材料的衔接处应吻合，界面应清晰。

表3-38　内墙顶棚水性薄涂料的施工质量标准

| 项次 | 项　　目 | 普通涂饰 | 高级涂饰 |
| --- | --- | --- | --- |
| 1 | 颜色 | 均匀一致 | 均匀一致 |
| 2 | 泛碱、咬色 | 允许少量、轻微 | 不允许 |
| 3 | 流坠、疙瘩 | 允许少量、轻微 | 不允许 |
| 4 | 砂眼、刷纹 | 允许少量、轻微的砂眼刷纹通顺 | 无砂眼，无刷纹 |
| 5 | 装饰线、分色线直线度允许偏差/mm | 2 | 1 |

## 课题9　裱糊与软包工程的质量控制与验收

### 3.9.1　裱糊与软包工程的质量控制

**1. 裱糊工程**

（1）预检项目

1）顶棚喷浆、门窗油漆和地面装修已完成，并将面层保护好。
2）水、电等设备和顶棚预留预埋件已完成。
3）裱糊工程基体或基层的含水率要求混凝土和抹灰不得大于8%，直观灰面反白，无湿印，手摸感觉干；木材制品不得大于12%，手摸不凉且无潮湿感，敲击声音较清脆。
4）突出基层表面的设备或附件已临时拆除卸下，待壁纸贴完后，再将部件重新安装复原。
5）较高房间已提前搭设脚手架或准备铝合金折叠梯子，不高房间已提前钉好木马凳。

6）根据基层面及壁纸的具体情况，已选择和准备好施工所需的腻子及胶粘剂。对湿度较大的房间和经常潮湿的表面，已备有能防水的塑料壁纸和胶粘剂等材料。

7）壁纸的品种、花色、色泽样板已确定。

8）裱糊样板间经检查鉴定合格可按样板施工。已进行技术交底，强调技术措施和质量标准要求。

（2）裱糊工程的材料要求

1）壁纸、墙布应整洁，图案清晰。塑料壁纸的质量应符合现行规定。

2）壁纸、墙布的图案、品种、色彩应符合设计要求，并应附有产品合格证。

3）胶粘剂应按壁纸和墙布的品种选配，并应具有防霉、防菌、耐久等性能，如有防火要求，胶粘剂应具有耐高温不起层的性能。

4）裱糊材料的环保性能应符合 GB 50325—2010《民用建筑工程室内环境污染控制规范》的规定。

5）所有进入现场的材料，均应有质量保证资料和近期检测报告。

（3）施工过程检验项目

1）基层处理。

①将基体或基层表面的污垢、尘土清除干净，泛碱部位宜用9%的稀醋酸中和、清洗。基层面不得有飞刺、麻点、砂粒和裂缝。阴阳角应顺直。

②旧墙涂料墙面，应打毛处理，并涂表面处理剂，或在基层上涂刷一遍抗碱底漆，并使其表面干燥。

③刮腻子前，应先在基层刷一遍涂料进行封闭，以防止腻子粉化，防止基层吸水。

④混凝土及抹灰基层面满刮腻子一遍，腻子干后用砂纸打磨。如基层有气孔、麻点或凹凸不平的地方，应增加刮腻子和磨砂纸的遍数，并且每遍腻子厚度应较薄。

⑤木材基层的接缝、钉眼等用腻子填平，满刮石膏腻子一遍找平大面。腻子干后用砂纸打磨，再刮第二遍腻子并磨砂纸。裱糊壁纸前应先涂刷一层涂料，使其颜色与周围墙面颜色一致。

⑥对于纸面石膏板，主要是在对缝处和螺钉孔位处用嵌缝腻子处理板缝，然后用油性石膏腻子局部找平。如质量要求较高时，还应满刮腻子并磨平。无纸石膏板基层应刮一遍乳液石膏腻子并磨平。

⑦不同基体材料的对接处，如木夹板与石膏板、石膏板面与抹灰或混凝土面的对缝，都应粘贴接缝带。

⑧有防潮要求的裱糊墙面，基层应进行防潮处理。

⑨开关、插座等突出墙面的电气盒，先卸去盒盖。

2）弹线、预拼。

①在底胶干燥后弹划基准线，以保证壁纸裱糊后横平竖直，图案端正。

②弹线时应从墙面阴角处开始，将窄条纸的裁切边留在阴角处，阳角处不得有接缝。

3）裁纸。根据裱糊面尺寸和材料规格统筹规划，并考虑修剪量，两端各留出 30～50mm，然后剪出第一段壁纸。有图案的材料，应将图形自墙的上部开始对花。裁好的壁纸要卷起平放，不得立放。

4）润纸（闷水）。

①塑料壁纸遇水或胶水自由膨胀变大,因此,刷胶前必须先将塑料壁纸在水槽中浸泡 2~3min 取出后抖掉余水,静置 20min,若有明水可用毛巾揩干,然后才能涂胶。闷水的办法还可以用排笔在纸背面刷水,刷满均匀并保持 10min 也可达到使其膨胀充分的目的。如果干纸涂胶,或未能让纸充分胀开就涂胶,壁纸上墙后,会继续吸湿膨胀,贴上墙的壁纸会出现大量的气泡、皱折。

②玻璃纤维基材的壁纸,遇水无伸缩性,不需润纸。

③复合纸质壁纸由于湿强度较差,禁止闷水润纸。为了达到软化壁纸的目的,可在壁纸背面均匀刷胶后,将胶面对胶面对叠,放置 4~8min,然后上墙。

④纺织纤维壁纸也不宜闷水,粘贴前只需用湿布在纸背稍揩一下即可达到润纸的目的。

⑤带背胶的壁纸,应在水中浸泡数分钟后裱糊。

⑥金属壁纸裱糊前应浸水 1~2min,阴干 5~8min,再在背面刷胶。

对于待粘贴的壁纸,若不了解其遇水膨胀的情况,可取其一小条试贴,隔日观察纵横向收缩情况以确定是否润纸。

5)刷胶粘剂。基层表面与壁纸背面应同时涂胶。刷胶粘剂要求薄而均匀,不裹边,不得漏刷。基层表面的涂刷宽度要比预贴的壁纸宽 20~30mm。阴角处应增刷 1~2 遍胶。

①塑料壁纸裱糊墙面时,可只在基层表面涂刷胶粘剂。但 PVC 塑料壁纸裱糊顶棚时,则基层和壁纸背面均应涂刷胶粘剂。

②用带背胶的壁纸裱糊顶棚时,应涂刷一层稀释的胶粘剂。

③金属壁纸应使用壁纸粉一边刷胶,一边将刷过胶的部分向上卷在发泡壁纸卷上。

6)裱糊。

①壁纸不得在阳角拼缝,应包角压实,壁纸包过阳角部分不应小于 20mm。阴角处的搭接宽度一般为 2~3mm,并应顺光搭接,使拼缝不显眼。

②遇到突出墙面的不可卸掉的物体,应在壁纸相应的位置开洞,剪去不需要的部分,并使突出物四周不留缝隙。

③壁纸与顶棚、挂镜线、踢脚板的交接处应严密顺直。

④壁纸裱糊后,如局部翘边,应及时修补,如有气泡,应用针头扎破,排出空气并压实压平。

⑤裱糊壁纸时,室内相对湿度不能过高,一般应低于 85%。同时,温度也不能有剧烈变化,裱糊过程中应防止穿堂风,防止过快干燥。冬季施工应采取保暖措施。

⑥在潮湿天气粘贴壁纸时,粘糊完后,白天应打开门窗,加强通风;夜间应关闭门窗,防止潮湿气体侵袭。

⑦阳角处不允许留拼接缝,应包角压实;阴角拼缝宜在暗面处。

基层应具有一定的吸水性。混合砂浆和纸筋灰罩面的基层,较为适合壁纸裱糊。水泥砂浆抹光面裱糊效果最差,因此壁纸裱糊前应将基层涂刷涂料,以提高裱糊效果。

(4)墙布裱糊施工过程检验

1)墙布裱糊工程的基层处理要求与壁纸裱糊基本相同。

2)玻璃纤维墙布和无纺墙布由于其遮盖力稍差,如基层颜色较深时,应满刮石膏腻子或在胶粘剂中掺加适量的白色涂料。裱糊锦缎的基层应彻底干燥。

3)纯棉装饰墙布无吸水膨胀的特点,故不需要预先用水湿润。

4）纯棉装饰墙布应在其背面和基层同时刷胶粘剂。

5）玻璃纤维墙布和无纺墙布只需在基层刷胶粘剂。

6）锦缎柔软易变形，裱糊时可先在其背面衬糊一层宣纸，使其挺括。

7）胶粘剂应随用随配，当天用完。

（5）成品保护

1）运输和贮存时，所有壁纸、墙布均不得日晒雨淋；压延壁纸和墙布应平放；发泡壁纸和复合壁纸则应竖放。

2）裱糊后的房间应及时清理干净，尽量封闭通行，避免污染或损坏，因此应将裱糊工序作为最后一道工序施工。

3）完工后，白天应加强通风，但要防止穿堂风劲吹；夜间应关闭门窗，防止潮气侵袭。

4）塑料壁纸施工过程中，严禁非操作人员随意触摸壁纸饰面。

5）电气和其他设备在进行安装时，应注意保护已经裱糊好的壁纸饰面，以防止污染或损坏。

6）严禁在已经裱糊好的壁纸饰面剔眼打洞。如因设计变更，应采取相应的措施，施工时要小心保护，施工完要及时认真修复，以保证壁纸饰面完整美观。

7）在修补油漆、涂刷浆时，要注意做好壁纸保护，防止污染、碰撞与损坏。

**2. 软包工程**

（1）预检项目

1）顶棚、门窗油漆和地面装修已完成，并将面层保护好。

2）水、电等设备和顶棚预留预埋件已完成。

3）房间里的木护墙和细木装修底板已完工，经检查符合设计要求。

4）大面积装修前已按设计要求先做样板间，经检查鉴定合格后，可大面积施工。

5）在操作前已进行技术交底，强调技术措施和质量标准要求。

（2）材料检验

1）木基层材料。

①木龙骨、木基层板、木线等木材的树种、规格、等级、防潮、防蛀、防腐蚀等处理，均应符合设计图要求和国家有关规范的技术标准。

②木龙骨料一般用红、白松烘干料，含水率不大于12%，不得有腐朽、节疤、劈裂、扭曲等疵病。其规格应按设计要求加工，并预先经过防腐、防火、防蛀处理。

③木基层板一般采用胶合板（三合板或九合板），颜色、花纹要尽量相似或对称，含水率不大于12%，厚度不大于20mm，要求纹理顺直、颜色均匀、花纹近似，不得有节疤、扭曲、裂缝、变色等疵病。胶合板进场后必须抽样复验，其游离甲醛释放量应不大于1.5mg/L（干燥器法）。

2）面层材料。

①墙布、锦缎、人造革、真皮革等面料，其防火性能必须符合设计要求及建筑内装修设计防火的有关规定。

②海绵橡胶板、聚氯乙烯泡沫板等填充材料，其防火性能必须符合设计要求及建筑内装修设计防火的有关规定。

③饰面用的木压条、压角木线、木贴脸（或木线）等，采用工厂加工的成品，含水率不大于12%，厚度及质量应符合设计要求。

3）其他材料。胶粘剂、防火涂料、防腐剂、钉子、木螺钉等其他材料应根据设计要求采用。其中胶粘剂、防腐剂必须满足环保要求。

（3）施工过程检验项目

1）基层处理。

①检查墙面、基层垂直度和平整度。

②墙面基层含水率不得大于8%。

③墙面基层应涂刷清油或防潮涂料，严禁用沥青油毡作防潮层。

2）弹线、打木楔。墙面基层按设计要求弹出标高线、分格线、打木楔孔，其尺寸偏差值不大于3mm。

当设计无规定时，木龙骨竖向间距应为400mm，横向间距为300mm；门框竖向正面设双排龙骨孔，距墙边80~100mm，孔直径为12~14mm，深度不小于40mm，梅花式布置时间距为250~300mm。

3）钉木楔、装木龙骨。

①木楔应作防腐处理，不削尖，直径略大于孔径，以便于楔紧。木楔钉入后，端部应与墙面平齐。

②木龙骨应厚度一致，沿线钉在木楔上，钉头砸扁，冲入2mm。

③墙面上安装家电的电气盒，在铺钉木基层时，应加钉电气盒框格，以便电气盒能安装。

④用靠尺检查龙骨面的垂直度和平整度，偏差不大于3mm。

4）铺钉胶合板。三合板铺钉前应在板背面涂刷防火涂料，且应满涂，涂均匀。木龙骨与胶合板接触的一面应刨光，使铺钉的三合板平整。用气钉枪将三合板钉在木龙骨上。胶合板接缝应设在木龙骨上，钉头应埋入板内，使其牢固、平整。

5）软包面层施工。

①裁剪织锦缎和压角木线。木线长度尺寸应按软包边框裁制，在90°角处接45°角对缝，织锦缎应比泡沫塑料块周边宽50~80mm。

②锦缎面应展平绷紧不起皱。

6）采用硬收边时，应钉收边框。

7）软包安装完工后，应全面检查和修整。接缝处理要精细，做到横平竖直，框口端正。

8）如采用预制软包块拼装软包墙面，其操作工艺与上述方法基本相同。

9）软包施工时，室内相对湿度不能过高，一般应低于85%；同时，温度也不能有剧烈变化。

10）软包工程阳角处不允许留拼接缝，应包角压实；阴角拼缝宜在暗面处。

（4）成品保护

1）软包后的房间应及时清理干净，尽量封闭通行，避免污染或损坏。

2）软包施工过程中，严禁非操作人员随意触摸软包饰面。

3）电气和其他设备在进行安装时，应注意保护已经包好的饰面，以防止污染或损坏。

4)严禁在已经包好的饰面上剔眼打洞。如因设计变更,应采取相应的措施,施工时要小心保护,施工完要及时认真修复,以保证饰面完整美观。

5)在修补油漆、涂刷灰浆时,要注意做好饰面保护,防止污染、碰撞与损坏。

### 3.9.2 裱糊与软包工程的质量检验与验收

**1. 裱糊工程的质量检验与验收**

(1) 主控项目

1)壁纸、墙布的种类、规格、图案、颜色和燃烧性能等级必须符合设计要求及国家现行标准的有关规定。

检验方法:观察,检查产品合格证书、进场验收记录和性能检测报告。

2)裱糊工程基层处理质量应符合一般要求的规定。

检验方法:观察,手摸检查,检查施工记录。

3)裱糊后备幅拼接应横平竖直,拼接处花纹、图案应吻合,不离缝,不搭接,不显拼缝。

检验方法:观察,拼缝检查(距离墙面1.5m处正视)。

4)壁纸、墙布应粘贴牢固,不得有漏贴、补贴、脱层、空鼓和翘边。

检验方法:观察,手摸检查。

(2) 一般项目

1)裱糊后的壁纸、墙布表面应平整,色泽应一致,不得有波纹起伏、气泡、裂缝、皱折及斑污,斜视时应无胶痕。

检验方法:观察,手摸检查。

2)复合压花壁纸的压痕及发泡壁纸的发泡层应无损坏。

检验方法:观察。

3)壁纸、墙布与各种装饰线、设备线盒应交接严密。

检验方法:观察。

4)壁纸、墙布边缘应平直整齐,不得有纸毛、飞刺。

检验方法:观察。

5)壁纸、墙布阴角处搭接应在暗面处,阳角处应无接缝。

检验方法:观察。

(3) 工程验收

1)裱糊工程验收时应检查下列文件和记录。

①裱糊工程的施工图、设计说明及其他设计文件。

②饰面材料的样板及确认文件。

③材料的产品合格证书、性能检测报告、进场验收记录和复验报告。

④施工记录。

2)各分项工程的检验批应按下列规定划分。同一品种的裱糊工程每50间(大面积房间和走廊按施工面积30m$^2$为一间计算)应划分为一个检验批,不足50间也应划分为一个检验批。

3）检查数量应符合下列规定。裱糊工程每个检验批应至少抽查 10%，并不得少于 3 间，不足 3 间时应全数检查。

4）裱糊前，基层处理质量应达到下列要求。

①新建建筑物的混凝土或抹灰基层墙面在刮腻子前应涂刷抗碱封闭底漆。

②旧墙面在裱糊前应清除疏松的旧装修层，并涂刷界面剂。

③混凝土或抹灰基层含水率不得大于 8%，木材基层的含水率不得大于 12%。

④基层腻子应平整、坚实、牢固，无粉化、起皮和裂缝；腻子的粘结强度应符合《建筑室内用腻子》（JG/T 3049—1998）中 N 型的规定。

⑤基层表面平整度、立面垂直度及阴阳角方正应达到高级抹灰基层处理的要求。

⑥基层表面颜色应一致。

⑦裱糊前应用封闭底胶涂刷基层。

5）检验批合格质量和分项工程质量验收合格应符合下列规定。

①抽查样本主控项目均合格；一般项目 80% 以上合格，其余样本不得有影响使用功能或明显影响装饰效果的缺陷。其中有允许偏差的检验项目，其最大偏差不得超过规定允许偏差的 1.5 倍。各项目均须具有完整的施工操作依据、质量检查记录。

②分项工程所含的检验批均应符合合格质量规定，所含的检验批的质量验收记录应完整。

6）分部（子分部）工程质量验收合格应符合下列规定。

①分部（子分部）工程所含分项工程的质量均应验收合格。

②质量控制资料应完整。

③观感质量验收应符合要求。

书后附裱糊工程检验批质量验收记录表（空白）。

**2. 软包工程的质量检验与验收**

（1）主控项目

1）软包面料、内衬材料及边框的材质、颜色、图案、燃烧性能等级和木材的含水率应符合设计要求及国家现行标准的有关规定。

检验方法：观察，检查产品合格证书、进场验收记录和性能检测报告。

2）软包工程的安装位置及构造做法应符合设计要求。

检验方法：观察，尺量检查，检查施工记录。

3）软包工程的龙骨、衬板、边框应安装牢固，无翘曲，拼缝应平直。

检验方法：观察，手扳检查。

4）单块软包面料不应有接缝，四周应绷压严密。

检验方法：观察，手摸检查。

（2）一般项目

1）软包工程表面应平整、洁净，无凹凸不平及皱折；图案应清晰、无色差，整体应协调美观。

检验方法：观察。

2）软包边框应平整、顺直、接缝吻合。其表面涂饰质量应符合涂饰工程的有关规定。

检验方法：观察，手摸检查。

3）清漆涂饰木制边框的颜色、木纹应协调一致。

检验方法：观察。

4）软包工程安装的允许偏差和检验方法应符合表 3-39 的规定。

表 3-39　软包工程安装的允许偏差和检验方法

| 检验项目 | 允许偏差/mm | 检验方法 |
| --- | --- | --- |
| 垂直度 | 3 | 用 1m 垂直检测尺检查 |
| 边框宽度、高度 | 0，-2 | 用钢直尺检查 |
| 对角线长度差 | 3 | 用钢直尺检查 |
| 裁口、线条接缝高低差 | 1 | 用钢直尺和塞尺检查 |

（3）工程验收

1）软包工程验收时应检查下列文件和记录。

①软包工程的施工图、设计说明及其他设计文件。

②饰面材料的样板及确认文件。

③材料的产品合格证书、性能检测报告、进场验收记录和复验报告。

④施工记录。

2）各分项工程的检验批的划分。同一品种的软包工程每 50 间（大面积房间和走廊按施工面积 30m² 为一间）计算应划分为一个检验批，不足 50 间也应划分为一个检验批。

3）检查数量应符合的规定。软包工程每个检验批应至少抽查 20%，并不得少于 6 间，不足 6 间时应全数检查。

4）检验批合格质量和分项工程质量验收合格应符合下列规定。

①抽查样本主控项目均合格；一般项目 80% 以上合格，其余样本不得影响使用功能或明显影响装饰效果的缺陷。其中有允许偏差和检验项目，其最大偏差不得超过规定允许偏差的 1.5 倍。各分项工程均须具有完整的施工操作依据、质量检查记录。

②分项工程所含的检验批均应符合合格质量规定，所含的检验批的质量验收记录应完整。

5）分部（子分部）工程质量验收合格应符合下列规定。

①分部（子分部）工程所含分项工程的质量均应验收合格。

②质量控制资料应完整。

③观感质量验收应符合要求。

# 课题 10　地面工程的质量控制与检验

## 3.10.1　地面工程的质量控制

### 1. 地板砖、石材铺贴工程

地板砖、石材通常采用干铺工艺，地板砖的干铺法是先采用干硬性的水泥砂浆作垫层，然后将水泥膏均匀抹在地板砖的背面，再将地板砖粘在干硬性水泥砂浆垫层上；石材的干铺法是先采用干硬性的水泥砂浆作垫层，然后在垫层表面浇一层水泥浆，再将石材粘贴在垫层表面的方法,也可用在垫层上干撒水泥后喷水的方法再将石材粘在找平层上。

干硬性水泥砂浆的体积配合比为1:(3~4)。干铺法施工速度慢、工效低,但施工质量和施工精度容易控制,当饰面砖的规格超过400mm×400mm时,为保证施工质量,应采用干铺法施工。

(1) 预检项目

1) 作业条件。

①材料进场复验和相关试验已经完毕并符合要求。

②隐蔽工程已通过验收且验收合格。

③对所有作业人员已进行了技术交底,特殊工种必须持证上岗。

④作业时的环境如天气、温度、湿度等状况应满足施工质量达到标准的要求。

⑤竖向穿过地面的立管已安装完,并装有套管。如有防水层,管根应已作防水处理。

⑥墙面抹灰已完成,门框已安装到位,并通过验收,并用木板或铁皮作保护;原有旧门框需拆除时应提前几天拆除,并用水泥砂浆将拆除后的空洞填补好。

⑦地面的标高需要提升时,应提前5~7d用1:(3~4)干硬性的水泥砂浆做好垫层(厚度较大时应分次涂抹),表面搓毛。

⑧基层洁净,缺陷已处理完,已作隐蔽验收。

⑨如艺术图案较复杂时,应绘制好拼花大样图,并按图分类、选配面料。

2) 施工材料及其要求。

①地板砖、大理石、花岗石等的质量应符合标准要求。

②水泥:强度等级为32.5MPa的普通硅酸盐水泥,质量符合标准要求。

③大砂:含泥量不超过3%,过8mm方孔筛。

④白水泥:擦缝用。

⑤建筑801胶。

⑥水:自来水。

(2) 施工过程检验项目

①清理基层。板块地面铺砌前,应先挂线检查楼(地)面垫层的平整度,将地面垫层上的杂物清除,用钢丝刷刷掉粘在垫层上的砂浆,并清扫干净。如果是光滑的钢筋混凝土楼面,应凿毛,凿毛深度为5~10mm,凿毛凹痕的间距为30mm左右。基层表面应提前一天浇水湿润。

②找标高、抄平、弹线。根据设计要求,用抄平管抄平,在相应的立面(墙面或柱面)上弹线,先弹出+50cm基准线,根据+50cm基准线向下量至设计地面设计标高,在四周墙上弹楼(地)面建筑标高线,并测量房间的实际长、宽尺寸,按板块规格加灰缝(1~3mm)计算长、宽向应铺设的板块数。

踢脚线按设计高度弹上口线;楼梯和台阶,按楼(地)面和休息平台的建筑标高线,从上下两头踏步起止端点弹斜线作为分步标准。根据楼梯踏步和台阶弹出楼面、休息平台和分步齿角的控制线。

③选砖。合格的材料中都会有少数的等外品,将表面有缺陷的地砖或尺寸偏差较大的地板砖挑出,这些砖不是不可使用,挑出这些砖的目的是要将好砖用于房间的主要部位,而将有一定缺陷的地板砖用于房间的次要部位、靠墙边的部位、不显眼的部位、有固定家具覆盖

的部位或需要切割使用的其他部位，这样更能保证施工质量。

④试拼、试排。

a. 试拼：在正式铺设前，对每一房间的地板砖块，应按图案、颜色、纹理并按房间弹线的分布情况试拼。试拼后按两个方向编号排列，然后按编号码归放整齐。

b. 试排：在房间内的两个相互垂直的方向铺两条干砂，其宽度大于板块宽度，厚度不小于3cm。结合施工大样图及房间实际尺寸，把地板砖块排好，以便检查板块之间的缝隙，核对板块与墙面、柱、洞口等部位的相对位置，并保证靠墙或柱的砖离墙或柱的距离不超过10mm（踢脚板的厚度），缝隙可以被踢脚板遮盖住。当排到两端边缘不合整砖时，量出尺寸，将整砖切割成镶边砖。

如果房间铺设要求板块对称分布，则将非整块板对称排放在房间靠墙部位，严禁将半砖留在房间的任何中间部位；单个的房间铺设地板砖，排砖时应将非整砖布置在房间不显眼的墙面部位，视线容易看到的房间的主要部位尽可能不用非整砖；并应避免使用小于1/3边长的非整砖，当使用整砖依次排列时，最后一块的靠墙砖刚好小于1/3边长时，可以两边切板。如果房间要与走廊对通缝时，则应以走廊板缝为准进行对通缝排砖，将走廊的砖缝的位置线延伸到房间内，沿线的两侧对应排砖。房间的门洞口处左右的两块砖应整砖套割，严禁用非整砖对拼。

⑤浸砖。将选配好的砖块清洗干净，放入清水中浸泡2~3h后，取出晾至表面无明水以备用。因为有的地板砖吸水率可能较大，直接铺贴时会较快地吸收水泥砂浆中的水分，导致砂浆粘接不良。而对于全瓷抛光地板砖，不必进行浸水处理，因为全瓷抛光地板砖的吸水率极低，一般在0.5%以下。

⑥拉十字线、做标志块。当房间较大时应根据房间拉的十字控制线，纵横先各铺一行，作为大面积铺贴标筋用。

⑦刷水泥浆结合层。将地面清扫干净，用喷壶洒水湿润，刷一层素水泥浆（水灰比为0.4~0.5，刷的面积不要过大，随铺砂浆随刷）或聚合物水泥浆（掺20%的801胶）。根据板面水平线确定结合层砂浆厚度。

⑧铺砂浆垫层（干铺法）。根据地板砖板标志块的水平标高线确定垫层砂浆厚度，沿铺贴方向拉水平通线，开始铺水泥砂浆粘接层（一般采用1:(3~4)的干硬性水泥砂浆，干硬程度以手捏成团、落地即散为宜），厚度控制在放上地板砖板块时高出面层水平线2~3mm。铺好后用大杠刮平，再用铁抹子抹平（每次铺摊面积不宜过大）。

⑨试铺。将2~3块地板（背面不抹灰膏）平铺于垫层上，用木锤敲平振实至实际铺贴高度线，然后将地板按顺序搬开，记清楚试铺的方向和板上下方的位置。

⑩铺设板块。将试铺后的地板背面均匀地抹一层3~4mm的灰膏，并按原来试铺的方向重新铺于试铺好的垫层砂浆上，铺平振实后，拉通线先竖缝后横缝进行拨缝调直，使缝口平直、贯通。调缝后，再用木锤、拍板拍平，破损面砖应更换，随即将灰缝余浆或砖面上的灰浆擦去。因为地板铺贴的时间有先后，其干燥时间也有先后，造成地板收缩不同步，尤其在施工接茬处更为明显，所以在接茬处，后铺地板应稍高出先铺地板0.5mm左右，当地板铺够一定面积时，一般应于2h之内再进行一次拍平，拍至与原先铺贴地板一致。

⑪嵌缝。地面砖铺完2d后，将缝口清理干净，刷水湿润，用水泥浆（或1:1水泥细砂浆）嵌缝。如为彩色面砖，则用白水泥或调色水泥浆嵌缝，嵌缝做到密实、平整、光滑，

水泥浆凝结前,彻底清理砖面灰浆,并用棉纱将地面擦拭干净。对于无釉面砖,严禁扫浆灌缝,以免污染饰面。当采用不留缝的密贴施工时,不必嵌缝。

⑫养护。地面砖铺完后24h后,应撒砂洒水养护5~7d,养护期间不准上人。

(3) 成品保护及劳动安全措施

①施工时应注意对定位定高的标准杆、尺、线的保护,不得触动、移位。

②对所覆盖的隐蔽工程要有可靠的保护措施,不得因浇筑砂浆造成漏水、堵塞、破坏或降低等级。

③砖面层完工后在养护过程中应进行遮盖和拦挡,保持湿润,避免受侵害。当水泥砂浆结合层强度达到设计要求后,方可正常使用。

④后续工程在砖面上施工时,必须进行遮盖、支垫,严禁直接在砖面上动火、焊接、和灰、调漆、支铁梯、搭脚手架等。进行上述工作时,必须采取可靠的保护措施。

⑤地面、楼梯、台阶施工中,应临时封闭,不准上人。

⑥严禁采用"扫浆灌缝"进行嵌缝处理,以免污染板面。

⑦地板铺贴施工中,面层残余的灰浆必须及时清除干净,不得留有任何污染物。

⑧施工中的地漏、管口,应及时封闭,以免物料落入管内,堵塞管道;严禁在水池、面盆等处冲洗抹子、铁锹等施工工具,以免水泥在管内凝结堵塞下水管道。

⑨严禁在已完工的地面上拌和砂浆或堆放物料。

⑩浅色大理石不宜用草绳、草帘和稻草包捆,以防稻草受潮后色素污染板面。板材在运输中应防湿,严禁滚、摔、碰、撞。施工后板块表面必须清洗干净,明亮无瑕。

(4) 地板(砖)铺贴工程的质量标准

1) 主控项目:

①地板砖、天然石材面层所用的板块的品种、质量必须符合设计要求。

检验方法:观察检查地板砖、天然石材合格证明文件及检测报告。

②地板砖、天然石材面层与下一层的结合(粘结)应牢固,无空鼓。

检验方法:小锤轻击检查,凡单块砖边角有局部空鼓,且每自然间(标准间)不超过总数的5%可不计。

2) 一般项目。

①地板砖、天然石材面层的表面应洁净、图案清晰、色泽一致、接缝平整、深浅一致、周边顺直。板块无裂纹、掉角和缺棱等缺陷。

检验方法:观察检查。

②地板砖、天然石材面层邻接处的镶边用料及尺寸应符合设计要求,边角须整齐、光滑。

检验方法:观察和用钢直尺检查。

③踢脚线表面应洁净、高度一致、结合牢固、出墙厚度一致。

检验方法:观察,用小锤轻击及用钢直尺检查。

④楼梯踏步和台阶板块的缝隙宽度应一致、齿角整齐;楼段相邻踏步高度差不应大于10mm;防滑条应顺直。

检验方法:观察和用钢直尺检查。

⑤地板砖、天然石材层表面的坡度应符合设计要求,不倒泛水,无积水;与地漏、管道

结合处应严密牢固，无渗漏。

检验方法：观察，泼水、坡度尺及蓄水检查。

⑥地板砖、天然石材铺贴工程的允许偏差和检验方法应符合表 3-40 的规定。

**表 3-40　地板砖、天然石材铺贴工程的允许偏差和检验方法**

| 项　　目 | 允许偏差/mm | | | 检验方法 |
| --- | --- | --- | --- | --- |
| | 普通地板砖 | 抛光地板砖、磨光大理石、磨光花岗石 | 碎拼大理石、花岗石 | |
| 表面平整度 | 2.0 | 1.0 | 3.0 | 用 2m 靠尺和楔形塞尺检查 |
| 缝格平直 | 2.0 | 2.0 | — | 拉 5m 线和用钢直尺检查 |
| 接缝高低差 | 0.5 | 0.5 | — | 用钢直尺和楔形塞尺检查 |
| 踢脚线上口平直 | 3.0 | 1.0 | 1.0 | 拉 5m 线和用钢直尺检查 |
| 板块间隙宽度 | 2.0 | 1.0 | — | 用钢直尺检查 |

书后附大理石、花岗石、地板砖面层铺贴工程检验批质量验收记录表（空白）。

**2. 木地板工程**

（1）预检项目

1）材料要求。

木地板的品种、花纹、规格应符合设计要求，包装完整，数量与单据一致，并有产品检验合格证和检测报告。现场检测外观质量和尺寸偏差符合国家标准要求，现场检测木地板的含水率不超过 12%。

①实木地板的质量应符合 GB/T 15036—2009《实木地板》的规定，底面应作防腐、防蛀处理，宜选用免刨免漆产品。

强化地板的质量应符合 GB/T 18102—2007《浸渍纸层压木质地板》的规定及设计要求。强化地板配套使用的泡沫地垫，要求厚度适中、压缩变形能力强、弹性较好的优质产品，使地板脚感更舒爽。进口产品要有海关报关单复印件。

竹地板的质量应符合 GB/T 20240—2006《竹地板》的规定。

复检项目：强化地板、实木复合地板、竹地板的甲醛释放量、强化地板的耐磨性等应送检。

②实木踢脚线规格（长×宽×厚）为 2000mm×150mm×20mm。木材含水率不得大于 12%，背面抽凹槽，并满涂防腐剂，花纹和颜色应与面层地板一致，还有配套使用的三角线条等，均应有商品质量合格证。宜选用免刨免漆产品。

③毛地板：木材（松木或杉木）含水率不得大于 12%，宽度和厚度按设计要求加工成高低缝，板面应刨平，并应经防腐、防蛀或经防火处理。现多用耐水多层胶合板（九厘板）作毛地板使用，使铺装木地板更为方便。

④木搁栅、垫木、撑木

红、白松，其含水率不得大于 13%，断面尺寸按设计要求加工，要求上、下两面刨平，并应经防腐、防蛀或经防火处理。

⑤胶粘剂、处理剂。胶粘剂是以聚丙烯酸树脂为基料的乳液 8123 胶粘剂或以溶液聚合的聚醋酸乙烯树脂为基料的 4115 建筑胶粘剂等，要求是具有耐老化、防水、防菌和无毒、

无味等性能的材料,并应有质量合格证明、产品说明书和检测报告。木材防腐、防蛀的处理剂应符合环保要求,严禁采用沥青类处理剂。

⑥隔热、隔声材料:膨胀珍珠岩、矿渣棉、炉渣等。要求干燥无潮,并有含水率检测报告。

⑦其他材料:弹性橡胶垫、防潮纸、防锈漆、地板漆、地板蜡、厚铝片、薄型铜盖条、铁钉、特种地板专用钢钉、气钉等。

2)施工作业条件。

①吊顶和内装饰已施工完毕;全部管线已安装,并已通过验收。

②门窗玻璃已安装。

③混凝土楼(地)面及水泥砂浆基层,其强度等级已达到设计要求,表面干燥平整,含水率不大于8%,四周墙根已找方,并已做好了防潮层。搁栅的锚固件已预埋,且间距合格。基层表面平整,无起壳、起砂、开裂等缺陷。空铺地板地垄墙的砌筑水泥砂浆强度已达到设计要求;绑扎搁栅的铁丝已预埋,位置准确,地垄墙间的砖头、灰渣等物已清除。墙体四周预埋了钉踢脚线的防腐木砖,其位置间距准确;通风窗洞口已经留好。

④加工订货的木材和地板产品已进场,其木材树种、产品品种、规格应符合设计规定,木材的含水率已见证取样复验,符合设计要求。

⑤拼花条材地板已进行了预拼、找方,并符合设计要求。

⑥木搁栅、垫木的上下两面已刨平。毛地板等已进行了防腐、防蛀处理,有防火要求的涂刷了防火涂料。

⑦墙面+50cm的水平基准线已弹好,并在墙面上弹好了实木(复合)地板面的建筑标高线,核对了与相邻房间的地面标高。弹出了踢脚线上口线。四周墙面上已预埋了钉踢脚线的防腐木砖。

⑧施工用电已接通,防火设施已备齐。

⑨强化地板已提前3~5d将地板材料备齐,运送到施工现场的室内,打开包装,将地板平放好,充分适应房间的温度和湿度。

(2)施工过程检验项目

1)实木地板实铺面层过程检验。

①基层清理。基层上的砂浆、垃圾、尘埃等应彻底清除和清扫干净。

②弹线、抄平。弹线是先在基层上按设计规定的搁栅间距和预埋件,弹出十字交叉点,检查预埋件的数量和偏移情况,如不符合设计要求,应进行处理。

抄平是依墙上+50cm水平基准线,量尺在四周墙面上弹出地板面层的建筑标高线,并在预埋件处逐点测设水平标高,供安装搁栅和垫木调平时使用。

③安装固定木搁栅、垫木。木搁栅铺钉时,应边钉边拉线,用水准仪抄平,用垫木调整水平度。然后,双面用铁钉将搁栅与垫木钉牢连接。个别凸起处可在搁栅表面刨平。铺钉完毕,检查直线度、水平度合格后,低于搁栅面钉卡档横撑木,中距一般为800mm。木搁栅上面每隔1m以内,应开深不大于10mm,宽20mm的通风小槽。如设计有保温、隔声层时,应在搁栅之间,清除刨花杂物,填入经干燥处理的松散保温、隔声材料,铺设高度低于搁栅面2~3cm。对于首层地面基层,必须满铺油毡、油毡纸、塑料膜,作好防潮处理。搁栅固定时,不得损坏基层和预埋管线。

④钉毛地板。首先在木搁栅顶面弹与搁栅成 30°~45°的铺钉线。毛地板铺钉时，木材髓心应向上，接头必须设在搁栅上，错缝相接，每块板的接头处留 2~3mm 的缝隙，板的间隙缝不应大于 3mm，与墙之间留 8~12mm 的空隙。然后用 60mm 的钉子钉牢在搁栅上。板的端头各钉两颗钉子，与搁栅相交位置钉一颗钉帽砸扁的钉子，并应冲入地板面 2mm，表面应刨平。

毛地板的铺钉也可使用耐水多层胶合板直接钉于木搁栅顶面。

钉完，弹方格网点抄平，边刨平边用直尺检测，使表面同一水平度与平整度达到控制要求后方能钉木地板。

单层条材是将条材直接铺钉在木搁栅上，不装毛地板。

⑤铺钉实木地板面层。铺装前，应进行选配，将纹理、颜色接近的条板集中使用于一个房间或部位。毛地板清扫干净后，弹直条铺钉线。由中间向两边铺钉（小房间可从门口开始）。先跟线铺钉一条作标准。检验合格后，顺次向前展开。

实木地板条材一般垂直于门洞铺钉，而走道条材平行于门洞铺钉，其接缝应留在门框中央，待地板刨磨和上漆打蜡后，应用薄型铜盖条盖封，隐蔽接缝。

单层条材是将条材直接铺钉在木搁栅上，不装毛地板。因此，铺钉前应根据条板的长度与搁栅的间距模数计算确定条板的接缝是否搁置在搁栅的中线上（正确的应在中线上），拼板时应用锤子垫木块敲打紧密，板缝不得大于 0.5mm，且接缝要错开，条板与每条搁栅应钉结牢固。

免漆地板应使用专用地板钢钉以 45°角从地板企口凸榫处直接钉在木搁栅上，钉前应先用手电钻在要钉处钻孔。

⑥钉踢脚板。踢脚板的安装，应先在墙面上弹出踢脚板上口的水平线，在地板上弹出踢脚板厚度的铺钉边线。一般可用电锤打孔埋入木楔，然后用钉枪固定踢脚板。踢脚板的接头处要锯成 45°角对拼，接头的上下均应加钉。踢脚板上的通风孔应钻在踢脚板的凹槽内。

⑦刨平、打磨。硬木拼花地板采用刨板机（转速 5000r/min 以上）与地板成 45°角斜刨。刨时不宜走得过快，可多刨几遍。停机不刨时，应先将刨板机提起再关开关，以避免慢速咬坏地板面。边角处用手刨，刨平后用细刨净面，检测平整度。最后，用磨地板机装上砂布与木纹成 45°角斜磨打光。免漆地板没有此道工艺。

⑧油漆、打蜡。硬木地板一般应为清漆涂饰。硬木地板磨光后应立即上漆，避免湿气侵袭地板。先补钉眼，再满刮清漆腻子两遍，砂纸打磨平整，然后涂刷地板漆三遍，地板漆干后，打蜡、擦亮。

免漆地板没有此道工艺。

2) 强化复合地板过程检验。强化复合地板铺装，因此地板是免刨免漆产品，一般采用浮铺安装法。即直接在混凝土和水泥砂浆基面或毛地板上铺地垫，地垫上装地板，地板与基面不用钉子钉结，要求基面平整度在 2mm 以内，使地板面平整。

①基层清理。基层表面，必须清除杂物，清扫灰尘，保持干燥、洁净。

②铺木搁栅、垫木（同实木地板）。

③钉毛地板（同实木地板）。

④铺地垫。在基层表面上，先满铺地垫，或铺一块装一块，接缝处不得叠压。应采用专用胶带粘贴，衬垫与墙之间应留 10~12mm 空隙。

⑤装地板。

a. 顺墙铺装复合地板，有凹槽口的一面靠着墙，墙壁和地板之间留出空隙10~12mm，在缝内插入与间距同厚度的木条。

b. 最后一排通常比其他的地板窄一些，把最后一块和已铺地板边缘对边缘，用铅笔把与墙壁的距离量出，加8~12mm间隙锯掉，用回力钩放入排紧。

c. 地板完全铺好后，停置24h。

d. 拔出墙四周插入的木条，在沿墙根地板面，弹出踢脚线的出墙厚度线，将踢脚线按线用胶粘剂与墙面粘结牢固。如踢脚线横头有企口，可用钉子钉接。接头一般采用平接，随后安装压条。铺装工程完毕，全面清扫一遍。

e. 走道与房间的地板接头，宜设置在门扇中央，随后用螺钉将收口铜盖条封闭缝隙。

f. 当房间长度或宽度超过8m时，应在适当位置设伸缩缝，并用专用的盖缝压条盖缝。

g. 大面积铺设实木复合地板面层时，其分段铺设和分段缝的处理，应符合设计要求。

(3) 木地板工程的质量标准

1) 主控项目。

①木地板面层所采用的材质和铺设时的木材含水率必须符合设计要求。木地板面层所采用的条材和块材，其技术等级及质量要求应符合设计要求。木搁栅、垫木和毛地板等必须做防腐、防蛀处理。

检验方法：观察检查，检查材质合格证明文件及检测报告。

②木搁栅安装应牢固、平直。

检验方法：观察，脚踩检查。

③面层铺设应牢固，粘接无空鼓。

检验方法：观察，脚踩或用小锤轻击检查。

2) 一般项目。

①木地板面层如不是免刨免漆产品，应刨平、磨光，应无明显刨痕和毛刺等现象；木地板面层应图案清晰、颜色均匀一致。

检验方法：观察、手摸和脚踩检查。

②面层缝隙应严密，接缝位置应错开、表面洁净。

检验方法：观察检查。

③拼花地板接缝应对齐、粘钉严密；缝隙宽度均匀一致；表面洁净，胶粘无溢胶。

检验方法：观察检查。

④踢脚线表面应光滑、接缝严密，高度一致。

检验方法：观察和钢直尺检查。

⑤木地板面层允许偏差和检验方法应符合表3-41的规定。

表3-41 木地板面层的允许偏差和检验方法

| 项次 | 项目 | 允许偏差/mm | | | | 检查方法 |
| --- | --- | --- | --- | --- | --- | --- |
| | | 松木地板 | 硬木地板 | 拼花地板 | 复合地板 | |
| 1 | 板面缝隙宽度 | 1.0 | 0.5 | 0.2 | 0.5 | 用钢直尺检查 |
| 2 | 表面平整度 | 3.0 | 2.0 | 2.0 | 2.0 | 用2m靠尺和楔形塞尺检查 |

（续）

| 项次 | 项目 | 允许偏差/mm | | | | 检查方法 |
|---|---|---|---|---|---|---|
| | | 松木地板 | 硬木地板 | 拼花地板 | 复合地板 | |
| 3 | 踢脚线上口平齐 | 3.0 | 3.0 | 3.0 | 3.0 | 拉5m通线，不足5m拉通线和用钢直尺检查 |
| 4 | 板面拼缝平直 | 3.0 | 3.0 | 3.0 | 3.0 | |
| 5 | 相邻板材高差 | 0.5 | 0.5 | 0.5 | 0.5 | 用钢直尺和楔形塞尺检查 |
| 6 | 踢脚线与面层的接缝 | 1.0 | 1.0 | 1.0 | 1.0 | 楔形塞尺检查 |

（4）成品保护

1）硬木地板应放置在地面平整、干燥、通风的库房内；毛地板、木搁栅和垫木等应成捆成扎搁在平整的墩台上，不得沾潮或暴晒。

2）施工环境温度宜在5~30°C，相对湿度不大于80%。

3）操作人员应穿软底鞋作业，不得在地板上敲、砸。搁栅固定时，应采取防止损坏基层和基层中预埋管线的措施。材料搬运时，要避免损坏楼道内墙、扶手和楼道门窗。地板施工中，不得损坏室内的墙面及各类设施和门窗玻璃。

4）上、下水管和气管在地板施工前应试压、试气，以防漏水、漏气使地板受潮或浸泡。

5）刨板机作业停机时，应先将机械提起后再关开关，以防咬坏木地板面层。

6）木地板刨光打磨后应及时刷油漆和打蜡，以防板面受潮或被污染。

7）免刨免漆产品安装时，应边铺钉边盖塑料薄膜，以免地板受污损。

8）清扫地板时，应用拧干的拖把或用吸尘器清理。

9）对邮箱、消防、供电、电视、报警、网络等公共设施，应采取保护措施。

（5）施工注意事项

1）实木地板面层的木质半成品或成品的木材含水率应在现场见证取样进行复检，其检验数据应符合设计和规范规定。含水率的控制指标：硬木条材地板、踢脚线和毛地板不大于12%；硬木块材地板、拼花地板不大于10%；木搁栅、垫木等不大于13%。凡木材或木材制品检测含水率不合格者，应退货或另作处理。难于鉴别的木材树种，应取样送林业部门鉴定。

2）实木地板面层下的通风是否完善，是保证地板质量的重要问题。楼层地板的通风孔一般设置在踢脚线上。因此，搁栅靠墙面留30mm空隙，毛地板和面层地板与墙之间留10~15mm的空隙。搁栅顶面开通风槽口，踢脚线背面抽凹槽，凹槽与预留空隙留通风通道、踢脚线凹槽垂直方向上下钻通风孔以及空铺地板下的通风窗，这些都是解决地板整体线膨胀效应和使地板下全面通风的重要措施。工程隐蔽时，必须逐项进行检查验收，决不能忽视。

3）实木地板与厕浴间、厨房潮湿地面连接处的构造节点处理及做法，应按施工设计图施工。当设计无规定时，其接缝侧面应钉防潮防水挡板，涂防水涂料等，使水和湿气不得进入木地板内。当实木地板与其他干燥地面平接时，其接缝应用薄型铜盖条封闭。

4）木搁栅、垫木或毛地板与基层接触面应垫油毡、塑料薄膜、油纸或涂防水涂料。

5）垫木必须用整块，不得采用零星板材叠垫。各结构层连接、绑扎要牢固，钉子应钉牢。每铺钉一层，操作人员应脚踩无松动和响声。

6）直铺在基层上的块材地面，其基层表面必须坚硬无尘，平整度必须控制在2mm以内，否则，基层表面应用机械磨削平整。

7）采用免刨免漆地板，施工中要有防污损措施，并教育工人切忌在面板上打砸和污染；铺完后用毛巾擦拭干净。

8）大面积铺设实木地板面层时，应分段铺设，分段缝的处理应符合设计要求。

9）强化复合地板最好选择名牌产品，进口产品应提交海关检验单复印件和原产地证明书以及有关等级证书和详细说明，如发现材料检验不合格，可找商家或生产厂家处理。

10）直接铺设在混凝土或水泥砂浆基面上的复合地板，为使脚感舒爽，必须按设计要求选用厚度适中，压缩变形回弹力和弹性较好的优质地垫。

11）弹性橡胶垫每件产品规格尺寸应一致，并应事先测试弹性，剔除弹性差的，使每件产品弹性基本一致。

12）地垫应满铺平整，接缝处不得叠压。安装第一排地板时其企口凹槽面应靠墙，并留8~10mm缝隙。

13）强化复合地板与任何管道之间必须保持8mm的伸缩间距。强化复合地板与门洞口的侧壁、固定家具、栏杆等之间必须保持8mm左右的伸缩间距。

14）大面积的复合地板，如长、宽超过8m时，应在适当位置设置伸缩缝。

15）强化地板使用前要提前3~5d将地板材料备齐，运送到施工现场的室内，打开包装，将地板平放好，充分适应房间的温度和湿度，以使强化地板铺装后减少收缩或膨胀。

16）强化地板施工之前，应先将需要安装强化地板的房间的门扇卸下，等地板铺装完工后，再将木门扇装好。如果因为安装地板后，地面的标高增加，影响门扇的安装时，应将门扇的下端冒头用电刨刨削适当的厚度。

书后附强化复合地板、实木复合地板面层铺设工程检验批质量验收记录表（空白）。

**3. 地毯工程**

（1）预检项目

1）土建安装工程已全部完工，并已验收合格。

2）室内管线安装后已试压，不漏水、不漏气。

3）楼（地）面工程其质量已验收全部合格。地表面干燥，无潮湿现象。

4）铺设地毯的房间，其踢脚线下部已预留8mm的空隙，便于地毯毛边塞入其内。入库地毯按设计要求的品种、花色、数量已核实无误。

5）地毯工程使用的材料，其质量应符合要求。

6）固定地毯的倒刺板、压条和收口条已备足。

（2）施工过程检验项目

1）基层清理。

①水泥砂浆或其他地面面层的质量主控项目和一般项目，均应符合检验评定标准。地面铺设地毯前应干燥，含水率不得大于8%。

②局部有酥松、麻面、起砂、起灰、凹坑、油渍、潮湿和裂缝的地面，必须修复后方可铺设地毯。

2）裁割。

①地毯裁割前，应量准房间的实际尺寸。

②下料时,按房间长度加长20mm,宽度扣去地毯边缘进行计算,然后在地毯背面弹线。

③大面积地毯用裁边机裁割,小面积一般采用手握裁刀和手推裁刀从地毯背面裁切。圈绒地毯应从环毛的中间切开,割绒地毯应使切口绒毛整齐,将裁好的地毯卷起编号。

3)钉卡条。

①地毯沿墙边和柱边的固定一般是在离踢脚线8mm处用塑料膨胀螺栓将木(夹)板倒刺板钉在地面上,常用木(夹)板倒刺板板长1200mm,宽24~25mm,厚5~6mm,板上钉双排斜铁钉。

②房门口的地毯固定和收口,是在门扇下的地面处,采用厚2mm左右的铝合金(铜)压条,将底面用塑料膨胀螺栓固定在地面上。

③外门口或地毯与其他材料的相接处,采用铝合金"L"形倒刺条、锑条或其他铝压条,将地毯端边固定和收口。

4)拼缝。

①缝合拼缝:将纯毛地毯背面朝上铺平,对齐接缝,使花色图案吻合,用直针缝线缝合结实,再在缝合部位涂刷5~6cm宽的一道白乳胶,粘贴牛皮纸或白布条;也可用塑料胶带粘贴保护接缝。正面铺平后用弯针沿拼缝做绒毛密实的缝合,使表面不显拼缝。

②粘接拼缝:一般用于有麻布衬底的化纤地毯。先在地面上弹一条线,沿线铺一条麻布带,在带上涂刷一层地毯胶粘剂,然后将地毯接缝对好花纹图案,粘贴平整,也可用胶带粘结,但需用电熨斗在胶带的无胶面上熨烫,使胶质熔化,然后用扁铲沿接缝辗压平实。拼缝处不得露底衬。

5)铺设。

①采用倒刺板固定时伸长率要控制适宜,一般纵向不大于2%,横向不大于1.5%。垫有衬垫的地毯应先将衬垫满铺平整、服帖,不得起皱、翘边。

②粘贴固定地毯是将地毯用胶粘剂粘结在地面面(基)层上予以固定。因此,基面上一般不铺衬垫。

③对于活动式地毯铺设,当采用卷材地毯时,其裁割、接缝缝合与固定式相同。地毯拼成整块后,直接干铺在洁净的基面上,不与基面粘结。铺设沿踢脚线下的地毯应塞边压平。

④对于不同材质地面交接处,应按设计规定的收口条收口。如同一标高的地面,可采用铜条或不锈钢条衔接收口。如两种地面有高差时,则选用L形铝合金收口条收口。小方块地毯,一般本身较重,铺设时应在基面上弹出方格线,从房间中央开始铺设,块与块之间只要相互挤紧服帖,就不会卷起。

⑤楼梯地毯铺设首先要从楼梯的最高一级铺起,将始端翻起在顶级的踢脚板上钉住,然后用扁铲将地毯压在第一套角铁的抓钉上。把地毯拉紧包住梯阶,循踢脚板而下,在楼梯阴角处用扁铲将地毯压进阴角,并使地板木条上的抓钉紧紧抓住地毯,然后铺第二套固定角铁。这样连续下来直到最下一级,将多余的地毯朝内折转,钉于底级的踢脚板上。

(3)质量标准

1)主控项目。

①地毯的品种、规格、颜色、花色、胶料和辅料及其材质必须符合设计要求和国家现行地毯产品标准的规定。

检验方法：观察检查和检查材质合格记录。

②地毯表面应平服、拼缝处粘贴牢固、严密平整、图案吻合。

检验方法：观察检查。

2）一般项目。

①地毯表面不应起鼓、起皱、翘边、卷边、显拼缝、露线和无毛边，绒面毛顺光一致，毯面干净、无污染和损伤。

检验方法：观察检查。

②地毯同其他面层连接处、收口处和墙边、柱子周围应顺直、压紧。

检验方法：观察检查。

（4）成品保护

1）地毯开卷时如发现有起鼓现象，应立即卷回头，再重新平移展开。

2）使用胶粘剂粘贴地毯时，其胶液不得污染地毯。

3）地毯施工时，不得将烟头扔在地毯上，且不得在地毯上熄灭烟头。

（5）安全措施

1）地毯操作人员应持证上岗。

2）使用胶粘剂时，应随时封闭其容器。擦拭后的棉纱等物应集中存放，且远离火源。

3）严禁操作人员在现场吸烟。

4）倒刺板条应集中排列放置，不得散乱堆放，以防朝天钉刺伤脚。

5）操作人员应严守操作岗位，不得到处乱窜，不得损坏任何建筑设施。

（6）施工注意事项

1）地毯对花拼接应按毯面绒毛织纹走向的同一方向拼接。

2）有花饰的地毯裁割时，应注意花饰对称。

3）地毯应选用优质和不褪色的地毯，不得验收残次地毯。

4）常年潮湿地面，不得铺设纯羊毛地毯，以防腐蚀、发霉和生菌。

5）使用张紧器伸展地毯时，用力方向应呈"V"字形，应由地毯中心向四周展开。

6）使用倒刺板固定地毯时，应沿房间四周将倒刺板与基层固定牢固。固定地毯时，倒刺要满挂，不得疏漏。

7）地毯铺装方向，应是毯面绒毛走向的背光方向。

8）满铺地毯，应用扁铲将毯边塞入卡条和墙壁间的间隙中和踢脚板下面。

9）楼梯地毯应按设计规定，量准每级踏步板和踢脚板尺寸。

①先将倒刺板钉在踏步板和踢脚板的阴角两边，两条倒刺板顶角之间应留出地毯塞入的间隙，一般约15mm，朝天小钉倾向阴角面。

②海绵衬垫应超出踏步板转角不小于50mm，把角包住。

③楼梯、台阶地毯下料长度，应按每级踏步的宽度和高度之和。如考虑更换磨损部位，可适当预留一定长度。

④楼梯、台阶地毯铺设由上至下，逐级进行，顶级地毯须用压条钉固定平台上。每级阴角处，用扁铲将地毯绷紧后压入两根倒刺板之间的缝隙内。每级阴角处应用卡条固定牢靠。加长部分，可选钉在最下一级踏步的踢脚板上。防滑条应铺钉在踏步板阳角边缘，然后用不锈钢螺钉固定，钉距15~30cm。

### 3.10.2 地面装饰工程验收

**1. 材料验收**

1）建筑地面工程采用的材料应按设计要求和 GB 50209—2010《建筑地面施工质量验收规范》的规定选用，并应符合国家标准的规定。进场材料应有中文质量合格证明文件与规格、型号及性能检测报告，对重要材料应有复验报告。

2）建筑地面采用的大理石、花岗石等天然石材必须符合现行行业标准 GB 6566—2001《建筑材料放射性核素限量》中有害物质的限量规定，进场应有检测报告。

3）胶粘剂、沥青胶结料和涂料等材料应按设计要求选用，并应符合现行国家标准 GB 50325—2001《民用建筑工程室内环境污染控制规范》的规定。

4）厕浴间和有防滑要求的建筑地面的板块材料应符合设计要求。

**2. 隐蔽工程**

建筑地面下的沟槽、暗管等工程完工后，应经检验合格并作隐蔽工程记录，方可进行建筑地面工程的施工。

**3. 构造层施工交接**

建筑地面基层（各构造层）和面层的铺设，均应待其下一层检验合格后方可施工上一层。建筑地面工程各层铺设前与相关专业的分部（子分部）工程、分项工程以及设备管道安装工程之间，应进行交接检验。

**4. 施工温度条件**

建筑地面工程施工时，环境温度的控制应符合下述规定：

1）采用掺有水泥、石灰的拌合料铺设以及用石油沥青胶结料铺设时，要求环境温度不应低于 5°C。

2）采用有机胶粘剂粘贴时，环境温度不应低于 10°C。

3）采用砂、石材料铺设时，环境温度不应低于 0°C。

**5. 坡度面层施工**

铺设有坡度的地面应采用基土高差的方法达到设计要求的坡度；铺设有坡度的楼面（或架空地面）应采用在钢筋混凝土板上变更填充层（或找平层）铺设的厚度或以结构起坡的方法，达到设计要求的坡度。

**6. 隔离层及填充层**

（1）隔离层

1）隔离层的材料，其材质必须符合设计要求和国家产品标准的规定，应经有资质的检测单位认定。

2）厕浴间和有防水要求的建筑地面必须设置防水隔离层；楼层结构必须采用现浇混凝土或整块预制混凝土板，混凝土强度等级不应小于 C20；楼板四周除门洞外应做混凝土翻边，其高度不应小于 120mm。施工时，结构层标高和预留孔洞位置应准确，严禁乱凿洞。

3）在水泥类找平层上铺设沥青类防水卷材、防水涂料或以水泥类材料作为防水隔离层时，其表面应坚固、洁净、干燥。铺设前应涂刷基层处理剂，基层处理剂应采用与卷材性能配套的材料或同类涂料的底子油。

4）当采用掺有防水剂的水泥类找平层作为防水隔离层时，其掺入量和强度等级（或配合比）应符合设计要求。

5）铺设防水隔离层时，在管道穿过楼板面四周，防水材料应向上铺涂，并超过套管的上口；在靠近墙面处，应高出面层200~300mm，或按设计要求的高度铺涂。阴阳角和管道穿过楼板面的根部，应铺涂附加防水隔离层。

6）防水材料铺设后，必须蓄水检验。蓄水深度应为20~30mm，24h内无渗漏为合格，并作记录。

7）隔离层施工质量检验应符合现行国家标准GB 50207—2002《屋面工程质量验收规范》的有关规定。

（2）填充层

1）填充层应按设计要求选用材料，其密度和热导率应符合国家有关产品标准的规定。

2）填充层的下一层表面应平整。当为水泥类时，还应洁净、干燥，并不得有空鼓、裂缝和起砂等缺陷。

3）采用松散材料铺设填充层时，应铺平拍实；采用板、块状材料铺设填充层时，应分层错缝铺贴。

4）填充层施工质量检验还应符合现行国家标准GB 50207—2002《屋面工程质量验收规范》的有关规定。

**7. 面层的检验验收有关规定**

1）一般规定。

①各类面层的铺设，宜在室内其他装饰工程基本完成后进行，并应做建筑地面工程的基层处理工作。当铺设活动地板、木地板、拼花木地板和塑料地板面层时，应待室内抹灰工程或暖气试压等可能造成建筑地面潮湿的施工工序完成后进行，且应在铺设此类面层之前使室内保持干燥，避免在潮湿的环境条件下施工。

②当铺设水泥类面层、结合层和找平层，其下一层为水泥类材料时，下层水泥类材料表面应粗糙、洁净和湿润，不得有积水现象；当在预制混凝土板上铺设时，应在已压光的板面上划（凿）毛或涂刷界面处理剂，当铺设水泥类面层和在水泥类结合层上铺设板（砖）块类面层时，其下一层的水泥类材料的抗压强度不得小于12MPa。在铺设前应刷一遍水泥浆，其水灰比宜为0.4~0.5，并随刷随铺。

③当铺设沥青类面层以及采用沥青胶结料或防水涂料结合层铺设板（砖）块面层时，其下一层表面应坚固、密实、平整、干燥、洁净，并应涂刷基层处理剂。基层处理剂的表面以及沥青胶结料或防水卷材、防水涂料隔离层的表面，应保持洁净。

④结合层和板（砖）块面层的填缝所采用的水泥砂浆，应符合下列规定。

a. 配制的水泥砂浆，应采用硅酸盐水泥、普通硅酸盐水泥或矿渣硅酸盐水泥，其强度等级不宜小于32.5MPa。

b. 水泥砂浆采用的砂，应符合现行国家标准或行业标准的有关规定。

⑤铺设水泥类面层以及铺设预制混凝土板、预制水磨石板、水泥花砖、陶瓷地砖或条石、缸砖、碎拼大理石等面层的结合层和填缝的水泥砂浆，在面层铺设后，表面应覆盖湿润，其养护时间不应小于7d。

⑥当水泥类面层的抗压强度达到5MPa，以及板（砖）块面层的水泥砂浆结合层的抗压强度达到1.2MPa时，其面层方可允许上人行走；当此类面层或结合层的抗压强度达到设计

要求后，其面层方可正常使用。

⑦踢脚板施工时，除应执行同类楼地面面层施工的规定外，还应符合下列规定。

a. 当采用掺有水泥的拌合料做踢脚板时，不得采用石灰砂浆打底。

b. 踢脚板宜在楼地面面层基本完工及墙面最后一遍抹灰或涂饰工程施工之前完成。当墙面采用机械喷涂抹灰时，应先做踢脚板。

c. 木制踢脚板的施工，应在木地板面层刨（磨）光后装置。

⑧厕浴间和有防水要求的建筑地面的结构层标高，应结合房间内外标高差、坡度流向以及隔离层需要裹住地漏等进行施工。面层铺设后不应出现倒泛水，地漏处不应发生渗漏。

⑨楼梯踏步的高度，应以楼梯间结构层的标高，结合楼梯上、下级踏步与平台、走道连接处面层的做法进行划分。铺设后每级踏步的高度与上一级踏步或下一级踏步的高度差，不应大于20mm。

2）变形缝及镶边。建筑地面的变形缝及镶边处理应按设计要求，并应符合下列规定（其中镶边的规定是指若设计无要求时采用）。

①建筑地面的沉降缝、伸缩缝和防震缝，应与结构相应设缝的位置一致，且应贯通建筑地面的各构造层。

②沉降缝和防震缝的宽度应符合设计要求，缝内清理干净，以柔性密封材料填嵌后用板封盖，并应与面层齐平。

③有强烈机械作用下的水泥类整体面层与其他类型的面层邻接处，应设置金属镶边构件。

④采用水磨石整体面层时，应用同类材料以分格条设置镶边。

⑤条石面层和砖面层与其他面层邻接处，应用顶铺的同类材料镶边。

⑥采用木、竹面层和塑料板面层时，应用同类材料镶边。

⑦地面面层与沟管、孔洞、检查井等邻接处，均应设置镶边。

⑧管沟、变形缝等处的建筑地面面层的镶边构件，应在面层铺设前装设。

3）厕浴间、厨房和有排水（或其他液体）要求的建筑地面面层与相连接各类面层的标高差应符合设计要求。

4）各类面层的铺设宜在室内装饰工程基本完工后进行。木、竹面层以及活动地板、塑料板、地毯面层的铺设，应待抹灰工程或管道试压等施工完工后进行。

5）检验水泥混凝土和水泥砂浆强度试块的组数，按每一层（或检验批）建筑地面工程不应少于1组算。当每一组（或检验批）建筑地面工程面积大于1000$m^2$时，每增加1000$m^2$应增做1组试块；小于1000$m^2$按1000$m^2$计算。当改变配合比时，也应相应地制作试块组数。

6）建筑地面工程施工质量的检验与验收，应符合下列规定。

①基层（各构造层）和各类面层的分项工程的施工质量验收应按每一层次或每层施工段（或变形缝）作为检验批，高层建筑的标准层可按第三层（不足三层按三层计）作为检验批。

②每检验批应以各子分部工程的基层（各构造层）和各类面层所划分的分项工程按自然间（或标准间）检验，抽查数量随机检验不应少于3间；不足3间，应全数检查，其中走廊（过道）应以10延米为一间，工业厂房（按单跨计）、礼堂、门厅应以两个轴线为一

间计算。

③有防水要求的建筑地面子分部工程的分项工程施工质量每检验批抽查数量应按其房间总数随机检验不应少于4间，不足4间，应全数检查。

7）建筑地面工程分项工程施工质量检验的主控项目，必须达到 GB 50209—2010《建筑地面工程施工质量验收规范》规定的质量标准，认定为合格；一般项目80%以上的检查点（处）应符合 GB 50209—2010《建筑地面工程施工质量验收规范》规定的质量要求，其他检查点（处）不得有明显影响使用，并不得大于允许偏差值的50%为合格。凡达不到质量标准时，应按 GB 50300—2001《建筑工程施工质量验收统一标准》规定处理。即：

①经返工重做或更换器具、设备的检验批应重新进行验收。

②经有资质的检测单位检测鉴定能够达到设计要求的检验批，应予以验收。

③经有资质的检测单位检测鉴定达不到设计要求、但经原设计单位核算认可能够满足结构安全和使用功能的检验批，可予以验收。

④经返修或加固处理的分项、分部工程，虽然改变外形尺寸但仍能满足安全使用要求的，可按技术处理方案和协商文件进行验收。通过返修或加固处理仍不能满足安全使用的分部工程，严禁验收。

8）建筑地面工程完工后，施工质量验收应在建筑施工企业自检合格的基础上，由监理单位组织有关单位对分项工程、子分部工程进行检验。

## 课题11　细部工程的质量控制与验收

### 3.11.1　细部工程简介

**1. 细部工程的分类**

细部工程是指室内的橱柜、窗帘盒、窗台板、散热器罩、门窗套、护栏与扶手、花饰等的制作与安装。细部工程应在隐蔽工程已完成并经验收后进行。

**2. 细部工程的一般规定**

1）框架结构的固定橱柜应用榫连接。板式结构的固定橱柜应用专用连接件连接。

2）木饰面板安装后，应立即刷一遍底漆。潮湿部位的固定橱柜、木门套应作防潮处理。

3）护栏、扶手应采用坚固、耐久材料，并能承受规范允许的水平荷载。

4）扶手高度不应低于0.90m，护栏高度不应低于1.05m，栏杆间距不应大于0.11m。

5）湿度较大的房间，不得使用未经防水处理的石膏花饰、纸质花饰等。花饰安装完毕后，应采取成品保护措施。

**3. 主要材料质量要求**

人造木板、胶粘剂的游离甲醛含量应符合国家现行标准 GB 50325—2010《民用建筑工程室内环境污染控制规范》的有关规定，应有产品合格证书。

木材含水率应符合国家现行标准的有关规定。

**4. 细部工程的施工要点**

(1) 木门窗套的制作安装应符合的规定

1) 门窗洞口应方正垂直，预埋木砖应符合设计要求，并应进行防腐处理。

2) 根据洞口尺寸、门窗中心线和位置线，用方木制成搁栅骨架或用细木工板做骨架并应作防腐处理，搁栅横撑位置必须与预埋件位置重合。

3) 搁栅骨架应平整牢固，表面刨平。安装搁栅骨架应方正，除预留出板面厚度外，搁栅骨架与木砖间的间隙应垫以木垫，连接牢固。安装洞口搁栅骨架时，一般先上端后两侧，洞口上部骨架应与紧固件连接牢固。

4) 与墙体对应的基层板板面应进行防腐处理，基层板安装应牢固。

5) 饰面板颜色、花纹应协调。板面应略大于搁栅骨架，大面应净光，小面应刮直。木纹根部应向下，长度方向需要对接时，花纹应通顺，其接头位置应避开视线平视范围，宜在室内地面2m以上或1.2m以下，接头应留在横撑上。

6) 贴脸、线条的品种、颜色、花纹应与饰面板协调。贴脸接头应成45°角，贴脸与门窗套板面结合应紧密、平整，贴脸或线条盖住抹灰墙面应不小于10mm。

（2）扶手、护栏的制作安装应符合的规定

1) 木扶手与弯头的接头要在下部连接牢固。木扶手的宽度或厚度超过70mm时，其接头应加强。

2) 扶手与垂直杆件连接应牢固，紧固件不得外露。

3) 整体弯头制作前应做足尺样板，按样板划线，粘接弯头时，温度不宜低于5℃。弯头下部应与栏杆扁铁结合紧密、牢固。

4) 木扶手弯头加工成形应刨光，弯曲应自然，表面应磨光。

5) 金属扶手、护栏垂直杆件与预埋件连接应牢固、垂直，如采用焊接方式连接，则表面应打磨抛光。

6) 玻璃栏板应使用夹层玻璃或安全玻璃。

（3）花饰的制作安装应符合的规定

1) 装饰线安装的基层必须平整、坚实，装饰线不得随基层起伏。

2) 装饰线、件的安装应根据不同基层，采用相应的连接方式。

3) 木（竹）质装饰线、件的接口应拼对花纹，拐弯接口应齐整无缝，同一房间的颜色应一致，封口压边条与装饰线、件应连接紧密牢固。

4) 石膏装饰线、件安装的基层应干燥，石膏线与基层连接的水平线和定位线的位置、距离应一致，接缝应45°角拼接。当使用螺钉固定花件时，应用电钻打孔，螺钉钉头应沉入孔内，螺钉应做防锈处理；当使用胶粘剂固定花件时，应选用短时间固化的胶粘剂。

5) 金属类装饰线、件安装前应作防腐处理。基层应干燥、坚实。铆接、焊接或紧固件连接时，紧固件位置应整齐，焊接点应在隐蔽处，焊接表面应无毛刺。刷漆前应去除氧化层。

## 3.11.2 细部工程的质量控制

**1. 橱柜制作与安装**

（1）材料要求

1) 橱柜由工厂生产成品或半成品时，其木材制品含水率不得超过12%。加工的框和扇进场时，应检查型号、质量，验证产品合格证。

2) 橱柜为现场加工制作时,其所用树种、材质等级、含水率和防腐处理必须符合设计要求和《木结构工程施工质量验收规范》(GB 50206—2002)的规定。

3) 其他材料:防腐剂、插销、木螺钉、拉手、锁、碰珠、铰链(俗称合页)等,按设计要求的品种、规格、型号购备,并应有产品质量合格证。

4) 橱柜露明部位要选用优质材,做清漆、油饰显露木纹时,应注意同一房间或同一部位选用颜色、木纹近似的相同树种。木材不得有腐朽、节疤、扭曲和劈裂等弊病。

5) 凡进场花岗石放射性和人造木板甲醛含量限值经复验超标的及木材燃烧性能等级不符合设计要求和 GB 50325—2010《民用建筑工程室内环境污染控制规范》规定的不得使用。

(2) 施工作业条件

1) 细木工程基层的隐蔽工程已验收。

2) 结构工程和有关橱柜的连体构造已具备安装的条件,室内按已测定的 +50cm 基准线,测设橱柜的安装标高和位置。

3) 橱柜成品、半成品已进场或现场已制作好,并经验收,数量、质量、规格、品种无误。

4) 橱柜产品进场验收合格后,已及时对安装位置靠墙、贴地面部位涂刷防腐涂料,其他各面应涂刷底油漆一道,存放在平整、保持通风的库房内。

5) 橱柜的框和扇检查无窜角、翘扭、弯曲、劈裂等缺陷。吊柜钢骨架检查规格符合设计要求,无变形。

(3) 施工过程检验

1) 找线定位。根据设计要求和地面、顶棚标高,确定橱柜的平面位置和标高。抹灰前利用室内统一标高线,按设计施工图要求的标高及上下口高度,考虑与抹灰厚度的关系,确定相应的位置。

2) 框、架安装。潮湿部位的固定橱柜应做防潮处理。框、架安装位置正确后,两侧框固定点应用两个钉子与墙体木砖钉牢,钉帽不得外露。若隔墙为轻质材料,应按设计要求固定。如设计无要求,可预钻深 70~100mm、直径 10mm 的孔,按孔径相应大小用经防腐处理的木楔打入孔内并用钉子固定框架。

制作木框架时,整体立面应垂直,平面应水平,框架交接处应做榫连接,并应涂刷木工乳胶。侧板、底板、面板应用圆钉与框架固定牢固,钉帽应作防腐处理。

3) 橱柜隔板支固点安装。按施工图隔板标高位置及支固点的构造要求,安设隔板的支固条、架、件。

4) 橱柜扇安装。

①按扇的规格尺寸,确定五金的型号和规格,对开扇的裁口方向,一般应以开启方向的右扇为盖口扇。

②检查框口尺寸:框口高度应量上口两端;框口宽度,应量两侧框之间上、中、下三点,并在扇的相应部位定点划线。

③框扇修刨:根据划线对框扇进行第一次修刨,使框扇间留缝合适,试装并划第二次修刨线,同时划出框、扇合页槽的位置,注意划线时避开上、下冒头。

④铲、剔合页槽进行合页安装:根据划定的合页位置,用扁铲凿出合页边线,即可剔合页槽。

⑤安装扇：安装时应将合页先压入扇的合页槽内，找正后拧好固定螺钉，进行试装，调好框扇间缝隙，修整框上的合页槽，固定时框上每只合页拧一个螺钉，然后关闭，检查框与扇的平整，无缺陷符合要求后，将全部螺钉装上拧紧。木螺钉应钉入全长的1/3，拧入2/3，如框、扇为黄花松或其他硬木时，合页安装、螺钉安装应划位打孔，孔径为木螺钉直径的0.9倍，孔深为螺钉长度的2/3。

⑥安装对开扇：先将框扇尺寸量好，确定中间对口缝、裁口深度、划线后进行刨槽，试装合适后，先装左扇，后装右扇（盖扇）。

5）五金安装。五金件可先安装就位，油漆之前将其拆除，五金件安装应整齐、牢固。五金的品种、规格、数量按设计要求选用，安装时注意位置的选择。无具体尺寸时，操作应按技术交底进行，一般应先安装样板，经确认后再大面积安装。

6）抽屉应采用燕尾榫连接，安装时应配置抽屉滑轨。

（4）质量检验标准

1）主控项目。

①橱柜制作与安装所用木料的材质和规格、木材的燃烧性能等级和含水率、花岗石的放射性及人造木板的甲醛含量应符合设计要求及国家现行标准的有关规定。

检查方法：观察，检查产品合格证、进场验收记录、性能检测报告和复验报告。

②橱柜安装预埋件或后置埋件的数量、规格、位置应符合设计要求。

检验方法：检查隐蔽工程验收记录和施工记录。

③橱柜的造型、尺寸、安装位置、制作和固定方法应符合设计要求。橱柜安装必须牢固。

检验方法：观察，尺量检查，手扳检查。

④橱柜配件的品种、规格应符合设计要求。配件应齐全，安装应牢固。

检验方法：观察，手扳检查，检查进场验收记录。

⑤橱柜的抽屉和柜门应开关灵活、回位正确。

检验方法：观察，开启和关闭检查。

2）一般项目。

①橱柜表面应平整、洁净、色泽一致，不得有裂缝、翘曲及损坏。

检验方法：观察。

②橱柜裁口应顺直、拼缝应严密。

检验方法：观察。

③橱柜安装的允许偏差和检验方法应符合表3-42的规定。

表3-42 橱柜安装的允许偏差和检验方法

| 项次 | 项目 | 允许偏差/mm | 检验方法 |
| --- | --- | --- | --- |
| 1 | 外形尺寸 | 3 | 用钢直尺检查 |
| 2 | 立面垂直度 | 2 | 用1m垂直检测尺检查 |
| 3 | 门与框架的平行度 | 2 | 用钢直尺检查 |

（5）成品保护

1）木制品进场后及时刷底油一道，靠基层面应刷防腐剂；钢制品应及时刷防锈漆并入库存放。

2) 壁、吊柜安装时，严禁碰撞抹灰及其他装饰面的口角，防止损坏成品面层。

3) 安装好的壁柜隔板，不得拆动，保护产品完整。

**2. 窗帘盒、窗台板和散热器罩制作与安装**

(1) 材料要求

1) 木材和木材制品一般采用红、白松及硬杂木干燥料，含水率不大于12%，并不得有裂缝、扭曲等现象。

2) 窗台板、散热器罩制作材料的品种、材质、颜色应按设计选用。木制品做好防腐处理，不允许有扭曲变形。

3) 五金配件，如窗帘轨、轨堵、轨卡、大角、小角、滚轮、木螺钉、机螺钉、铁件等，应根据设计选用，并且产品应有质量合格证。

4) 天然石材应抽样复验放射性，其检测值必须符合设计和规范规定。

5) 安装用角钢或扁钢应有材质证明。

6) 人造木板及饰面人造板等应复验甲醛含量，其检测值应符合设计和规范规定。

(2) 施工作业条件

1) 安装窗帘盒的房间，在结构施工时，应按施工图的要求预埋木砖或铁件；预制混凝土构件应已埋设预埋件。

2) 对于无吊顶采用明窗帘盒的房间，应已安好门窗框，做好内抹灰冲筋；对于有吊顶采用暗窗帘盒的房间，吊顶施工应与窗帘盒安装同时进行。

(3) 施工过程检验

1) 窗帘盒。

①窗帘盒宽度应符合设计要求。当设计无要求时，窗帘盒宜伸出窗口两侧200～300mm，窗帘盒中线应对准窗口中线，并使两端伸出窗口长度相同。窗帘盒下沿与窗口上沿应平齐或略低。

②当采用木龙骨双包夹板工艺制作窗帘盒时，遮挡板外立面不得有明榫、露钉帽等现象，底边应作封边处理。

③窗帘盒底板可采用后置木楔或膨胀螺栓固定，遮挡板与顶棚交接处宜用角线收口。窗帘盒靠墙部分应与墙面紧贴。

④窗帘轨道安装应平直。窗帘轨固定点必须在底板的龙骨上，连接必须用木螺钉，严禁用圆钉固定。采用电动帘轨时，应按产品说明进行安装调试。

2) 窗台板。

①安装前，房间内应统一抄平，位置准确无误。

②预埋件应符合要求，位置准确。

③木窗台板底面及侧面应作防腐处理，安装时可打木楔固定，固定窗台板的预埋木砖或后置木楔应进行防腐处理。固定点的间距不能超过600mm。

④木窗台板上表面应略向室内倾斜，坡度约1%，木窗台板与窗框或窗洞侧壁交接处应用密封胶密封，防止雨水渗入。

⑤预制水磨石窗台板、石料窗台板的安装应按设计要求找好位置，出墙尺寸应符合设计要求，按设计要求固定，接缝应平顺严密。

3）暖气罩。
①暖气罩的框架制作要考虑散热空间和方便暖气调试和维修。
②框架的安装固定应采用挂接、螺钉连接、插接等方法，便于拆装。
③散热口的位置应准确平直，尺寸准确无误。
④为安装严密，通常应先定做好散热罩或先制作散热罩，再确定散热口的施工尺寸。

（4）质量标准

1）主控项目。

①窗帘盒、窗台板和散热器罩制作与安装所使用材料的材质和规格、木材的燃烧性能等级和含水率、花岗石的放射性及人造木板的甲醛含量应符合设计要求及国家现行标准的有关规定。

检验方法：观察，检查产品合格证、进场验收记录、性能检测报告和复验报告。

②窗帘盒、窗台板和散热器罩的造型、规格、尺寸、安装位置和固定方法必须符合设计要求。窗帘盒、窗台板和散热器罩的安装必须牢固。

检验方法：观察，尺量检查，手扳检查。

③窗帘盒配件的品种、规格应符合设计要求，安装应牢固。

检验方法：手扳检查，检查进场验收记录。

2）一般项目。

①窗帘盒、窗台板和散热器罩表面应平整、洁净、线条顺直、接缝严密、色泽一致，不得有裂缝、翘曲及损坏。

检验方法：观察。

②窗帘盒、窗台板和散热器罩与墙面、窗框的衔接应严密、密封胶缝应顺直平滑。

检验方法：观察。

③窗帘盒、窗台板和散热器罩安装的允许偏差和检验方法应符合表 3-43 的规定。

表 3-43　窗帘盒、窗台板和散热器罩安装的允许偏差和检验方法

| 项　次 | 项　目 | 允许偏差/mm | 检验方法 |
| --- | --- | --- | --- |
| 1 | 水平度 | 2 | 用1m水平尺检查 |
| 2 | 上、下口直线度 | 3 | 拉5m线，不足5m拉通线 |
| 3 | 两端距窗洞口长度差 | 2 | 用钢直尺检查 |
| 4 | 两端出墙厚度差 | 3 | 用钢直尺检查 |

（5）成品保护

1）安装窗帘盒时不得踩踏散热器片及窗台板，严禁在窗台板上敲击、撞碰，以防损坏。

2）窗帘盒安装后及时刷一道底油漆，以防抹灰、喷浆等湿作业时受潮变形或污染。

3）安装窗帘盒、窗台板和散热器罩时，应保护已完成的工程项目，不得因操作损坏地面、窗洞、墙角等成品。

4）窗台板、散热器罩应妥善保管，做到木制品不受潮，金属品不生锈，石料、块料不损坏棱角，不受污染。

5）安装好的成品应有保护措施，做到不损坏，不污染。

**3. 门窗套制作与安装**

(1) 材料要求

1) 木材的树种、材质等级、规格应符合设计图样要求及有关施工及验收规范的规定。门窗贴脸板、压缝条应采用与门窗框相同树种的木材。

2) 龙骨料一般用红、白松烘干料，含水率不大于12%，材质不得有腐朽、超过断面1/3的节疤、劈裂、扭曲等疵病，并预先经过防腐、防蛀、防火处理。

3) 面板一般采用胶合板，厚度不小于3mm，颜色、花纹要尽量相似。用原木材料作面板时，含水率不大于12%，板材厚度不小于15mm；拼接的面板板材厚度不小于20mm，且要求纹理顺直、颜色均匀、花纹近似，不得有节疤、裂缝、扭曲、变色等疵病。

细木工板、胶合板除应有性能检测报告外，必须抽样复验，其甲醛含量不得超过设计和《民用建筑工程室内环境污染控制规范》（GB 50325—2010）规定的限值。

4) 花岗石板必须抽样复验其放射性，其检测值应符合设计要求和规范规定。

5) 辅料。

①胶粘剂、防腐剂、乳胶、氟化钠（纯度应在75%以上，不含游离氟化氢和石油沥青）。

②钉子：长度规格应是面板厚度的2~2.5倍，也可用射钉。

③防火、防腐材料：采用防火、防腐涂料。

(2) 施工作业条件

1) 门窗洞口方正垂直，预埋木砖符合设计要求，并已进行防腐处理。

2) 门窗套龙骨贴面板面已刨平，其余三面已刷防腐剂。

3) 施工机具设备已安装好，电源已接通，并进行试运转。

4) 已绘制施工大样图，并做出样板，经检验合格，可大面积进行作业。

(3) 施工过程检验

1) 找位与划线。门窗套安装前，应根据设计图要求，先找好标高、平面位置、竖向尺寸，并进行弹线。

2) 核查预埋件及洞口。弹线后检查预埋件、木砖是否符合设计及安装的要求，主要检查排列间距、尺寸、位置是否满足钉装龙骨的要求；量测门窗及其他洞口位置、尺寸是否方正垂直，与设计要求是否相符。

3) 涂防潮层。设计有防潮要求的以及在钉装龙骨前进行涂刷防潮层的施工。

4) 搁栅骨架制作。根据洞口实际尺寸、门窗中心线和位置线，用方木制成搁栅骨架并应作防腐处理，横撑位置必须与预埋件位置重合。搁栅骨架应平整牢固，表面刨平。

5) 搁栅骨架安装。安装搁栅骨架应方正，除留出板面厚度外，搁栅骨架与木砖间的间隙应垫以木垫，连接牢固。安装洞口搁栅骨架时，一般先上端后两侧，洞口上部骨架应与紧固件连接牢固。

与墙体对应的基层板板面应进行防腐处理，基层板安装应牢固。

6) 钉装面板。

①面板选色配纹：全部进场的面板材，使用前按同房间、临近部位的用量进行挑选，使安装后从观感上木纹、颜色近似一致。

②裁板配制：按龙骨排尺，在板上划线裁板，板面应略大于搁栅骨架。原木材料板面应

刨光；胶合板、贴面板的板面严禁刨光，小面皆需刮直。木纹根部应向下，长度方向需对接时，花纹应通顺，其接头位置应避开视线平视范围，宜在室内地面2m以上或1.2m以下，接头应位于横龙骨处。

原木材料的面板背面应做卸力槽，一般卸力槽间距为100mm，槽宽10mm，槽深4~6mm，以防板面扭曲变形。

③面板安装：面板安装前，对龙骨位置、平直度、钉设牢固情况、防潮构造要求等进行检查，合格后进行安装。

面板配好后进行试装，面板尺寸、接缝、接头处构造完全合适，木纹方向、颜色的观感尚可的情况下，才能进行正式安装。

正式安装时，面板接头处应涂胶并与龙骨钉牢，钉固面板的钉子规格应适宜，钉长约为面板厚度的2~2.5倍，钉距一般为100mm，钉帽应砸扁，并用尖冲子将钉帽顺木纹方向冲入面板表面以下1~2mm。

④钉贴脸（门套线或窗套线）：贴脸线应进行挑选，花色、颜色应与框料、面板接近。贴脸板的接头应成45°角对接，门套线竖向接头部位应留在地面上方附近；窗套线的竖向接头应留在窗上口部位。

贴脸与门窗套板面的接合应紧密、平整，并应盖住抹灰墙面不小于10mm。贴脸的规格、厚度、宽度应一致，接茬应平顺。

(4) 质量标准

1) 主控项目。

①门窗套制作与安装所使用材料的材质、规格、花纹和颜色、木材的燃烧性能等级和含水率、花岗石的放射性及人造木板的甲醛含量应符合设计要求及国家现行标准的有关规定。

检验方法：观察，检查产品合格证、进场验收记录、性能检测报告和复验报告。

②门窗套的造型、规格、尺寸、安装位置和固定方法必须符合设计要求，安装必须牢固。

检验方法：观察，尺量检查，手扳检查。

2) 一般项目。

①门窗套表面应平整、洁净、线条顺直、接缝严密、色泽一致，不得有裂缝、翘曲及损坏。

检验方法：观察，尺量检查，手扳检查。

②门窗套安装的允许偏差和检验方法应符合表3-44的规定。

表3-44 门窗套安装的允许偏差和检验方法

| 项次 | 项目 | 允许偏差/mm | 检验方法 |
|---|---|---|---|
| 1 | 正侧面垂直度 | 3 | 用1m垂直检测尺检查 |
| 2 | 门窗套上口水平度 | 1 | 用1m水平检测尺和塞尺检查 |
| 3 | 门窗套上口平直度 | 2 | 拉5m线，不足5m拉通线，用钢直尺检查 |

(5) 成品保护

1) 木材或制品进场后，应贮存在室内仓库或料棚中，保持干燥、通风，按种类、规格搁置在垫木上水平堆放。

2）配料应在操作台上进行，不得在没有保护措施的地面上操作。

3）操作时窗台板上应铺垫保护层，不得站在窗台板上操作。

4）门窗套、贴脸板安装后，应及时刷一道底漆，以防干裂和污染。

5）为保护成品，防止碰坏或污染，尤其出入口处应加保护措施，如装设保护条、护角板、塑料贴膜，并设专人看管等。

**4. 护栏和扶手制作与安装工程**

（1）主要材料要求

1）栏板的玻璃应采用安全玻璃（如钢化玻璃、夹层玻璃），钢化玻璃厚度不能小于12mm，其裁切、钻孔、磨边等加工必须事先在钢化前由玻璃厂家完成，不能现场加工。

2）不锈钢扶手和立柱管壁的厚度不应小于1.2mm，不锈钢中铬的含量（质量分数）应超过12%，其焊接性能应符合要求。

3）木栏杆和木扶手一般应从专业工厂订制，不宜采用现场制作。木栏杆和木扶手的树种、规格、尺寸、造型应符合设计要求，表面质量均应纹理顺直、颜色一致，不得有腐朽、节疤、裂缝、扭曲等缺陷。含水率不得大于12%。弯头应采用扶手料，端面特殊的木扶手应按设计要求背弯头料。

4）白乳胶、玻璃胶、硅酮密封胶等化学胶粘剂应有质量合格证书。

5）膨胀螺栓、连接螺钉等的质量和规格应符合设计要求。

（2）施工作业条件

1）楼梯间墙面、楼梯踏步等抹灰已全部完成，并已进行隐蔽工程的验收。

2）预埋件已安装。

（3）过程检验

1）木扶手与弯头的接头要在下部连接牢固。木扶手的宽度或厚度超过70mm时，其接头应加强粘接。

2）扶手与垂直杆件的连接应牢固，紧固件不得外露。

3）整体弯头制作前应做足尺样板，按样板划线。弯头粘接时，温度不宜低于5℃。弯头下部应与栏杆扁铁结合紧密、牢固。

4）木扶手弯头加工成形应刨光，弯曲自然，表面应磨光。

5）金属扶手、护栏垂直杆件与预埋件的连接应牢固、垂直，如果为焊接连接，则表面应打磨抛光。

6）扶手高度不应低于900mm，护栏高度不应低于1050mm，栏杆间距不应大于100mm。

7）木扶手长度，按所需长度尺寸略加余量下料。当扶手长度较长需要拼接时，最好先在工厂用专用开榫机开手指榫，但最好每一梯段上的榫接头不超过1个。大于70mm断面的扶手的接头配置时，除粘接外，还应在下面作暗榫或用铁件铆固。

8）扶手与栏杆（栏板）固定时应使用固定件，用木螺钉拧紧固定。固定间距控制在400mm以内，操作时应在固定点处，先将扶手料钻孔，再将木螺钉拧入，螺母达到平正，不得用锤子直接打入。扶手与垂直杆件连接牢固，紧固件不得外露。

9）木扶手端部与墙或柱的连接必须牢固，不能简单将木扶手伸入墙内。

10）木扶手安装好后，要对所有构件的连接进行仔细检查，木扶手的拼接要平，对不平整处要用小刨清光；扶手折弯处如有不平顺，应用细木锉锉平，使其折角线清晰、坡角合适,弯曲自然,断面一致,再用砂纸打磨光滑。然后刮腻子后按设计要求刷漆。

(4) 质量标准

1) 主控项目。

①护栏与扶手制作与安装所使用材料的材质、规格、数量和木材、塑料的燃烧性能应符合设计要求。

检验方法:观察,检查产品合格证、进场验收记录和性能检测报告。

②护栏与扶手的造型、尺寸及安装位置应符合设计要求。

检验方法:观察,尺量检查、检查进场验收记录。

③护栏与扶手安装预埋件的数量、规格、位置以及护栏与预埋件的连接节点应符合设计要求。

检验方法:检查隐蔽工程验收记录和施工记录。

④护栏高度、栏杆间距、安装位置必须符合设计要求,护栏安装必须牢固。

检验方法:尺量检查,手扳检查。

⑤护栏玻璃应使用公称厚度不小于12mm的钢化玻璃或钢化夹层玻璃。当护栏一侧距楼地面高度为5m及以上时,应使用钢化夹层玻璃。

检验方法:观察,尺量检查,检查产品合格证和进场验收记录。

2) 一般项目。

①护栏与扶手的转角弧度应符合设计要求,接缝应严密,表面应光滑,色泽应一致,不得有裂缝、翘曲及损坏。

②护栏与扶手安装的允许偏差和检验方法应符合表3-45的规定。

表3-45 护栏与扶手安装的允许偏差和检验方法

| 项 次 | 项 目 | 允许偏差/mm | 检验方法 |
| --- | --- | --- | --- |
| 1 | 护栏垂直度 | 3 | 用1m垂直检测尺检查 |
| 2 | 栏杆间距 | 3 | 用钢直尺检查 |
| 3 | 扶手直线度 | 4 | 拉直线,用钢直尺检查 |
| 4 | 扶手高度 | 3 | 用钢直尺检查 |

(5) 成品保护

1) 安装扶手时,应保护楼梯栏杆、楼梯踏步和操作范围内已施工完的项目,所以在扶手和栏板施工过程中和完工后,特别要注意防止成品表面受到碰击破损和变形。除加强施工现场管理外,在交通来往频繁和突出部位应有必要的保护遮挡措施。

2) 注意防止钢化玻璃炸裂。玻璃栏板安装时一定要注意不要使玻璃侧边遭受碰撞,因为钢化玻璃侧边的抗冲击强度远低于垂直于玻璃表面的抗冲击强度。

3) 不锈钢、铜管扶手和玻璃的表面在交工前应进行清洁,将残留在其表面的污物和胶痕清除。金属表面必要时还应抛光处理。

4) 木扶手安装完毕后,宜刷一道底漆,且应加包裹,以免撞击损坏和受潮变色。

**5. 花饰制作与安装**

(1) 材料要求

1) 木花饰。

①木花饰制品由工厂生产成成品或半成品,进场时应检查型号、质量、验证产品合证。

②在现场加工制作的木花饰,宜选用硬木或杉木制作,要求结疤少,无虫蛀、无腐蚀现象;其所用树种、材质等级、含水率和防腐处理必须符合设计要求和《木结构工程施工质量验收规范》(GB 50206—2002)的规定。

③其他材料:防腐剂、铁钉、螺栓、胶粘剂等,应按设计要求的品种、规格、型号购备,并应有产品质量合格证。

④木材应提前进行干燥处理,其含水率应控制在12%以内。

⑤凡甲醛含量限值经复验超标的人造木板,木材燃烧性能等级不符合设计要求和达不到GB 50325—2010《民用建筑工程室内环境污染控制规范》规定的各种木材不得使用。

2)竹花饰。

①竹子应选用质地坚硬、直径均匀、竹身光洁的竹子,一般整枝使用,使用前需作防腐、防蛀处理,例如用石灰水浸泡。

②销钉可用竹销钉或铁销钉。螺栓、胶粘剂等应符合设计要求。

3)玻璃花饰。玻璃花饰可选用平板玻璃进行磨砂等处理,或采用彩色玻璃、玻璃砖、压花玻璃、有机玻璃等。

(2)施工作业条件

1)隐蔽工程已经过验收。

2)结构工程已具备安装的条件,室内已按测定的+50cm水平基准线,测出花饰安装的标高和位置。

3)花饰成品、半成品已进场或现场已制作好,并经验收,数量、质量、规格、品种无误。

4)木、竹花饰产品进场验收合格并及时对其安装位置涂刷防腐涂料。

(3)木花饰施工过程检验

1)木花饰制作。

①选料、下料。按设计要求选择合适的木材。选材时,毛料尺寸应大于净料尺寸3~5mm,按设计尺寸锯割成段,存放备用。

②刨面、做装饰线。用木工刨将毛料刨平、刨光,使其符合设计净尺寸,然后用线刨刨刮装饰线。

③开榫。用锯、凿子在要求连接的部位开榫头、榫眼、榫槽,尺寸一定要准确,保证组装后无缝隙。

④做连接件、花饰。竖向板式木花饰常用连接件与墙、梁固定,连接件应在安装前按设计做好,竖向板间的花饰也应做好。

2)木花饰安装。

①预埋铁件或留凹槽。在拟安装的墙、梁、柱上预埋铁件或留凹槽。

②安装花饰。小面积花饰可像制作木窗一样,先制作好再安装;竖向板式花饰则应将竖向饰件逐一定位安装,检查是否与连接件对应,并与连接件拧紧,然后随立竖板随安装木花饰。

③表面涂刷油漆。

(4)质量标准

1) 主控项目。

①花饰制作与安装所用的材料的材质、规格应符合设计要求。

检验方法：观察，检查材料的产品合格证和进场验收记录。

②花饰的造型、尺寸应符合设计要求。

检验方法：观察，尺量检查。

③花饰的安装位置和固定方法应符合设计要求，安装必须牢固。

检验方法：观察，尺量检查，手扳检查。

2) 一般项目。

①花饰表面应洁净，接缝应严密吻合，不得有歪斜、裂缝、翘曲及损坏。

检验方法：观察。

②花饰安装的允许偏差和检验方法应符合表3-46 的规定。

表3-46 花饰安装的允许偏差和检验方法

| 项次 | 项目 | | 允许偏差/mm | | 检验方法 |
|---|---|---|---|---|---|
| | | | 室内 | 室外 | |
| 1 | 条型花饰的水平度或垂直度 | 每米 | 1 | 2 | 拉线和用1m垂直检测尺检查 |
| | | 全长 | 3 | 6 | |
| 2 | 单独花饰中心位置偏移 | | 10 | 15 | 拉线和用钢直尺检查 |

(5) 成品保护

1) 安装花饰时，应保护已施工完的项目。

2) 花饰安装完毕后，宜刷一道底漆。

3) 塑料花饰安装后应及时包裹保护。

4) 水泥制品花饰安装后，砂浆未达到足够强度前应防止碰撞。

## 3.11.3 细部工程的质量验收

**1. 工程验收时应检查下列文件和记录**

1) 施工图、设计说明及其他设计文件。

2) 材料的产品合格证书、性能检测报告、进场验收记录和胶粘剂、人造木板甲醛含量复验报告。

3) 隐蔽工程验收记录。

4) 施工记录。

5) 细部工程应对人造木板的甲醛含量进行复验。

**2. 细部工程应对下列部位进行隐蔽工程验收**

1) 预埋件（或后置埋件）。

2) 护栏与预埋件的连接节点。

**3. 检验批的划分和检查数量**

1) 检查批划分。同类制品每50 间（处）应划分为一个检验批，不足50 间（处）应划分为一个检验批。每部楼梯应划分为一个检验批。

2) 检查数量应符合的规定。每个检验批应至少抽查3 间（处），不足3 间（处）时应

**4. 检验批合格质量和分项工程质量验收合格应符合的规定**

1）抽查样本主控项目均合格；一般项目80%以上合格其余样本不得有影响使用功能或明显影响装饰效果的缺陷，其中有允许偏差的检验项目，其最大偏差不得超过规定允许偏差的1.5倍。各项目均应具有完整的施工操作依据、质量检查记录。

2）分项工程所含的检验批均应符合合格质量规定，所含的检验批的质量验收记录应完整。

**5. 观感质量验收应符合要求**

观感质量验收应符合相关规定，并填写相应的评分表或验收单。

## 课题12 卫浴设备安装工程的质量检验与验收

### 3.12.1 卫浴设备安装工程的质量检验

1）卫生器具安装位置应正确无误。
2）卫生器具的连接管揻弯应均匀一致，不得有凹凸等缺陷。
3）卫生器具的安装宜采用预埋螺栓或膨胀螺栓固定。如用木螺钉固定，预埋的木砖须作防腐处理，并应凹进净墙面10mm。
4）卫生器具支、托架的安装须平整、牢固，与器具接触应紧密。
5）卫生器具安装应平直，垂直度的允许偏差不得超过3mm。有饰面的浴盆，应留有通向浴盆排水口的检修门。
6）卫生间地漏应安装在地面的最低处，其箅子顶面应低于设置处地面5mm。
7）安装完的卫生器具，应采取保护措施。
8）卫生器具的安装高度，如设计无高度要求时，应符合表3-47的规定。

表3-47 卫生器具的安装高度

| 项次 | 卫生器具名称 | | 卫生器具安装高度/mm | | 备注 |
|---|---|---|---|---|---|
| | | | 住宅和公共建筑 | 幼儿园 | |
| 1 | 污水盆(池) | 架空式 | 800 | 800 | — |
| | | 落地式 | 500 | 500 | |
| 2 | 洗涤盆(池) | | 800 | 800 | 自地面至器具上边缘 |
| 3 | 洗脸盆和洗手盆(有塞、无塞) | | 800 | 500 | |
| 4 | 盥洗槽 | | 800(750) | 500 | |
| 5 | 浴盆 | | 520 | — | |
| 6 | 蹲式大便器 | 高水箱 | 1800 | 1800 | 由台阶至水箱底 |
| | | 低水箱 | 600 | 600 | 由台阶至水箱底 |
| 7 | 坐式大便器 | 高水箱 | 1800 | 1800 | 由台阶至水箱底 |
| | | 低水箱 外露排出式 | 510 | — | 自地面至水箱底 |
| | | 低水箱 虹吸喷射式 | 470 | 370 | |

（续）

| 项次 | 卫生器具名称 | | 卫生器具安装高度/mm | | 备注 |
|---|---|---|---|---|---|
| | | | 住宅和公共建筑 | 幼儿园 | |
| 8 | 小便器 | 立式 | 1000 | — | 自地面至上边缘 |
| | | 挂式 | 600(500) | 450 | 自地面至下边缘 |
| 9 | 小便器 | | 200 | 150 | 自地面至台阶面 |
| 10 | 大便槽冲洗水箱 | | 不低于2000 | — | 台阶至水箱底 |
| 11 | 妇女洗涤盆 | | 360 | — | 自地面至器具上边缘 |
| 12 | 淋浴器 | | 2100 | — | 从喷头底部至地面 |

9）一般卫生器具给水配件的安装高度，见表3-48。

表3-48　一般卫生器具给水配件的安装高度

| 项次 | 卫生器具给水配件名称 | | 给水配件中心距地面高度/mm | 冷热水龙头距离/mm |
|---|---|---|---|---|
| 1 | 架空式污水盆(池)水龙头 | | 1000 | — |
| 2 | 落地式污水盆(池)水龙头 | | 800 | — |
| 3 | 洗涤盆(池)水龙头 | | 1000 | 150 |
| 4 | 住宅集中给水龙头 | | 1000 | — |
| 5 | 洗手盆水龙头 | | 1000 | — |
| 6 | 洗脸盆 | 上配水水龙头 | 1000 | 150 |
| | | 下配水水龙头 | 800 | 150 |
| | | 冷热水上下并行,其中热水龙头 | 1100 | — |
| | | 角阀(下配水) | 450 | — |
| 7 | 盥洗槽 | 水龙头 | 1000 | 150 |
| | | 冷热水上下并行,其中热水龙头 | 1100 | 150 |
| 8 | 浴盆 | 水龙头 | 670 | — |
| | | 冷热水上下并行,其中热水龙头 | 770 | — |
| 9 | 淋浴器 | 截止阀 | 1150 | 95(成品) |
| | | 莲蓬头下沿 | 2100 | — |
| 10 | 蹲式大便器（从台阶面算起） | 高水箱角阀或截止阀 | 2040 | — |
| | | 低水箱角阀 | 2500 | — |
| | | 手动自闭式冲洗阀 | 600 | — |
| | | 脚踏自动冲洗阀 | 150 | — |
| | | 拉管式冲洗阀(从地面算起) | 1600 | — |
| | | 带放污助冲器阀门(从地面算起) | 900 | — |
| 11 | 坐式大便器 | 高水箱角阀及截止阀 | 2040 | — |
| | | 低水箱角阀 | 250 | — |

(续)

| 项次 | 卫生器具给水配件名称 | 给水配件中心距地面高度/mm | 冷热水龙头距离/mm |
|---|---|---|---|
| 12 | 大便槽冲洗水箱截止阀（从台阶面算起） | 不低于2400 | — |
| 13 | 立式小便器角阀 | 1300 | — |
| 14 | 挂式小便器角阀及截止阀 | 1050 | — |
| 15 | 小便槽多孔冲洗管 | 1100 | — |
| 16 | 妇女洗涤盆混合阀 | 360 | — |

10）大便器、妇女洗涤盆的排水出口承插接头应用油灰填充，不得用水泥砂浆填充。

11）连接卫生器具的排水沟管径和最小坡度，如设计无要求，应符合表3-49的规定。

表3-49 连接卫生器具的排水沟管径和最小坡度

| 项次 | 卫生器具名称 | | 排水沟管径/mm | 管道最小坡度 |
|---|---|---|---|---|
| 1 | 污水盆 | | 50 | 0.025 |
| 2 | 单双格洗涤盆 | | 50 | 0.025 |
| 3 | 洗手盆、洗脸盆 | | 32~50 | 0.020 |
| 4 | 浴盆 | | 50 | 0.020 |
| 5 | 淋浴盆 | | 50 | 0.020 |
| 6 | 大便器 | 高低水箱 | 100 | 0.012 |
| | | 自闭式冲洗阀 | 100 | 0.012 |
| | | 拉管式冲洗阀 | 100 | 0.012 |
| 7 | 小便器 | 手动冲洗阀 | 40~50 | 0.020 |
| | | 自动冲洗水箱 | 40~50 | 0.020 |
| 8 | 妇女卫生盆 | | 40~50 | 0.020 |
| 9 | 饮水器 | | 20~50 | 0.01~0.02 |
| 10 | 家用洗衣机 | | 50 | |

12）卫生器具安装的共同要求，就是平、稳、准、牢、不漏，使用方便，性能良好。平，就是同一房间同种器具上口边缘要水平；稳，就是器具安装好后无摆动现象；牢，就是安装牢固，无脱落松动现象；准，就是卫生器具平面位置和高度尺寸准确，特别是同类器具要整齐美观；不漏，即卫生器具上、下水管接口连接必须严格不漏；使用方便，即零部件布局合理、阀门及手柄的位置朝向合理；性能良好，就是阀门、水嘴使用灵活，管内畅通。卫生器具的排水口应设置存水弯，阻止下水道的污浊气体返回室内。

## 3.12.2 卫浴设备安装工程的质量验收

**1. 适用范围**

本部分内容适用于住宅工程洗涤盆、洗脸（手）盆、浴盆、淋浴器、大便器、小便器、妇女洗涤盆、排水栓、地漏等卫生器具的质量检验与验收。

**2. 主控项目**

1）排水栓和地漏的安装应平正、牢固，低于排水表面，周边无渗漏。地漏水封高度不得小于 50mm。

检验方法：试水观察。

2）卫生器具交工前应做满水和通水试验。

检验方法：满水后各连接件不渗不漏，通水试验给、排水畅通。

**3. 一般项目**

1）卫生器具安装的允许偏差应符合表 3-50 的规定。

2）有饰面的浴盆，应留有通向浴盆排水口的检修门。

检验方法：观察。

3）小便槽冲洗管，应采用镀锌钢管或硬质塑料管。冲洗孔应斜向下方安装，冲洗水流同墙面成 45°角。镀锌钢管钻孔后应进行二次镀锌。

检验方法：观察。

表 3-50 卫生器具安装的允许偏差和检验方法

| 项次 | 项目 | | 允许偏差/mm | 检验方法 |
| --- | --- | --- | --- | --- |
| 1 | 坐标 | 单独器具 | 10 | 拉线、吊线和尺量检查 |
| | | 成排器具 | 5 | |
| 2 | 标高 | 单独器具 | ±15 | |
| | | 成排器具 | ±10 | |
| 3 | 器具水平度 | | 2 | 用水平尺和尺量检查 |
| 4 | 器具垂直度 | | 3 | 吊线和尺量检查 |

4）卫生器具的支、托架必须防腐良好，安装平整、牢固，并与器具接触紧密、平稳。

检验方法：观察和手扳检查。

【复习思考题】

3-1 抹灰工程中对常用抹灰材料的技术性能有哪些要求？

3-2 对一般抹灰有哪些要求？

3-3 对装饰抹灰的操作有哪些要求？

3-4 抹灰工程质量验收的检验批如何划分？检查数量是多少？基本要求是什么？

3-5 窗工程中常用的原材料有哪些？

3-6 门窗安装有哪些基本要求？

3-7 门窗工程质量验收的检验批如何划分？检查数量是多少？基本要求是什么？

3-8 轻质隔墙有几种分类方法？

3-9 轻质隔墙工程的质量验收检验批如何划分？检查数量是多少？基本要求是什么？

3-10 吊顶的作用是什么？有几种分类方法？

3-11 吊顶工程的质量验收检验批如何划分？检查数量是多少？基本要求是什么？
3-12 内墙面砖镶贴工程中如何避免面砖的空鼓现象？
3-13 内墙面砖镶贴工程中检验批如何划分？检查数量是多少？基本要求是什么？
3-14 壁纸裱糊工程的施工要点有哪些？如何进行成品保护？
3-15 地板砖施工中如何控制平整度？如何对地板砖的施工质量进行检验？
3-16 复合地板地面装饰工程对主要装饰材料有哪些要求？
3-17 如何对复合地板地面装饰工程进行检验验收？
3-18 实木地板地面装饰工程对主要装饰材料有哪些要求？
3-19 细部工程中包括哪些项目？如何对细部工程进行质量验收？

# 单元 4　室内装饰工程环境质量检测

【单元概述】

本单元讲述民用建筑工程室内环境污染物的检测标准及要求、检测方法、数据分析及计算。重点讲授甲醛和氨检测的分光光度计法，苯和 TVOC 检测的气相色谱法和氡检测的活性炭盒法。

【学习目标】

通过本单元的学习、训练，应掌握民用建筑工程室内环境污染物标准检测方法、标准和技术要求；能对检验结果进行计算和评定；学会采样方法。

本单元内容适用于民用建筑工程（包括土建和装饰）的室内环境污染控制，不适用于室外，也不适用于诸如水塔、蓄水池等构筑物，以及医院手术室等有特殊卫生净化要求的房间。本单元所述室内环境污染系指由建筑材料和装饰材料产生的室内环境污染。至于工程交付使用后，如由燃烧、烹调和吸烟等所造成的污染，不属于此检测控制之内。

## 课题 1　绪　　论

### 4.1.1　室内装饰工程污染的主要来源及分类方法

**1. 污染的主要来源**

室内装饰工程环境污染物主要包括游离甲醛、TVOC、苯、氨、氡等，其主要污染来源包括如下内容。

1）人造木板及饰面人造木板。它们是造成室内环境中甲醛污染的主要来源之一，其散发出来的有毒有害气体，来源于人造板材生产加工过程中所使用的胶粘剂。

2）建筑涂料。涂料分为两种，一种为水性涂料，另一种为溶剂型涂料，它们是室内环境污染物中 TVOC、苯和游离甲醛的污染来源之一。《民用建筑工程室内环境污染控制规范》（GB 50325—2010）中明确规定了水性涂料 TVOC 和游离甲醛的限量值，并对溶剂型涂料中 TVOC 和苯也作出了相应的限量标准。

3）建筑胶粘剂。主要由胶结基料、填料、溶剂（水）及各种配套助溶剂组成，它们是室内环境污染物中 TVOC 和游离甲醛的污染来源之一。国家规范中也已明确对水性胶粘剂和溶剂型胶粘剂中 TVOC 和游离甲醛限量值进行了规定。

4）混凝土外加剂。混凝土外加剂指在混凝土拌合过程中掺入的用以改善混凝土性能的物质。室内空气中的氨主要来自建筑施工中使用的混凝土外加剂以及家具涂饰时所用的添加剂和增白剂。例如北方冬季施工中，为了提高混凝土的强度，在混凝土中加入了含有尿素的混凝土防冻剂，房屋建成后，混凝土中的大量氨气释放出来。

**2. 污染控制的分类**

民用建筑工程根据控制室内环境污染的不同要求，划分为Ⅰ、Ⅱ两类，其中Ⅰ类建筑控制标准高于Ⅱ类建筑。

1）Ⅰ类民用建筑工程：住宅、医院、老年建筑、幼儿园、学校教室等民用建筑工程。

2）Ⅱ类民用建筑工程：办公楼、商店、旅馆、文化娱乐场所、书店、图书馆、展览馆、体育馆、公共交通等候室、餐厅、理发店等民用建筑工程。

### 4.1.2 名词解释

（1）民用建筑工程  民用建筑工程是指新建、扩建和改建的民用建筑结构工程和装饰工程的统称。

（2）氡浓度  氡浓度是指实际测量的单位体积空气中的氡的含量。

（3）环境测试舱  环境测试舱是指模拟室内环境测试建筑材料和装饰材料的污染物释放量的设备。

### 4.1.3 竣工验收

民用建筑工程验收时，必须进行室内环境污染物浓度检测。检测结果应符合表4-1的规定。

表4-1  民用建筑工程室内环境污染物浓度限量

| 污染物 | Ⅰ类民用建筑工程 | Ⅱ类民用建筑工程 | 污染物 | Ⅰ类民用建筑工程 | Ⅱ类民用建筑工程 |
| --- | --- | --- | --- | --- | --- |
| 氡/($Bq/m^3$) | ≤200 | ≤400 | 氨/($mg/m^3$) | ≤0.2 | ≤0.5 |
| 游离甲醛/($mg/m^3$) | ≤0.08 | ≤0.12 | TVOC/($mg/m^3$) | ≤0.5 | ≤0.6 |
| 苯/($mg/m^3$) | ≤0.09 | ≤0.09 | | | |

### 4.1.4 室内空气污染物采样方法

空气样品的采集是进行民用建筑工程室内环境污染物监测的第一步。正确采得具有代表性的、真实的、符合卫生标准要求的样品，是保证检测结果准确可靠的前提，因此必须采用正确的采样方法。正确的空气样品采集方法，要根据待测物在空气中的状态、各种采样方法的适用性以及采样点的工作状况及环境条件来选择。

采样方法包括直接采样法、液体吸收管采样法、固体吸附剂采样法和颗粒物分级采样法。《民用建筑工程室内环境污染控制规范》（GB 50325—2010）中规定五项化学污染物，涉及到的采样方法有两种，即液体吸收采样法和固体吸附剂采样方法，因此本书主要讲解这两种方法。

**1. 液体吸收采样方法**

（1）采样原理  将装有吸收液的吸收管作为样品收集器，当空气样品呈气泡状通过吸收液时,气泡中的污染物分子迅速扩散入吸收液内,由于溶解作用和化学反应,很快地被吸收液吸收。

(2)采样装置 采样时需要用到吸收管和吸收液。

1)吸收管。常用的吸收管有大型气泡吸收管、小型气泡吸收管、多孔玻板吸收管和冲击式吸收管。吸收管的使用要求和适用范围见表4-2。

表4-2 吸收管的使用要求和适用范围

| | 吸收液用量/mL | 采样流量/(L/min) | 适用范围 |
| --- | --- | --- | --- |
| 大型气泡吸收管 | 5~10 | 0.5~2.0 | 气态和蒸气态 |
| 小型气泡吸收管 | 2 | 0.1~1.0 | 气态和蒸气态 |
| 多孔玻板吸收管 | 5~10 | 0.1~1.0 | 气态、蒸气态和雾态气溶胶 |
| 冲击式吸收管 | 5~10 | 0.5~3.0 | 气态、蒸气态、气溶胶 |

注:1. 气态:指某些污染物质,在常温下以气体形式分散在空气中,如甲醛。
　　2. 蒸气态:指某些在常温常压下是液体或固体,但由于它们的沸点或溶点低,挥发性大,因而能以蒸气态挥发到空气中的物质。
　　3. 气溶胶:任何固态或液态物质当以小的颗粒形式分散在气流或空气中时都叫做气溶胶,其沉降速度极小。

从表中可以看出气泡吸收管只能采集气态和蒸气态的污染物,不能采集气溶胶样品,多孔玻板吸收管能采集气态、蒸气态和雾态气溶胶污染物,不能采集烟和尘,冲击式吸收管都可采集。一般主要采用大型气泡吸收管和多孔玻板吸收管。

①大型气泡吸收管。气泡吸收管的规格(见图4-1),进气尖嘴的直径、尖嘴至底部距离、吸收管体的直径及磨口处密封性是保证气泡吸收管采样有良好吸收效率和良好重复性的关键因素。选择合适的吸收液和采样流量是保证气泡吸收管采样有良好吸收效率的关键操作条件。

②多孔玻板吸收管。多孔玻板吸收管如图4-2所示。玻板吸收管中,玻璃筛板的孔径大小和气泡的均匀性是多孔玻板吸收管采样吸收效率和良好重复性的关键因素。选择合适的吸收液和采样流量是保证多孔玻板吸收管采样有良好吸收效率的关键操作条件。多孔玻板吸收管具有更高的采样效率。

③冲击式吸收管。冲击式吸收管如图4-3所示。主要用于采集气溶胶或易溶性的气体样品。管内有一尖嘴玻璃管作冲击器,采样时用很高的抽气速度抽气,被采气体快速从喷嘴喷出冲向管底,气溶胶颗粒因惯性作用冲击到管底被分散,从而易被吸收液吸收。

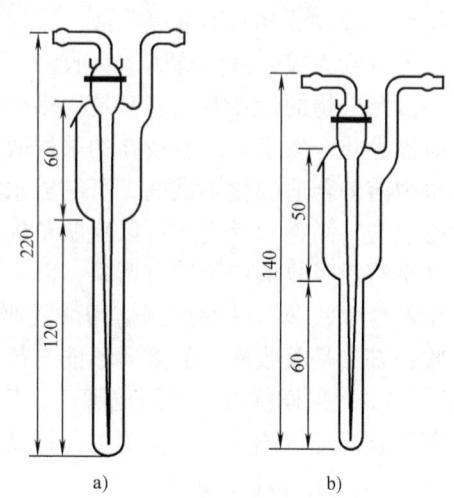

图4-1 气泡吸收管的规格
a)大型气泡吸收管
b)小型气泡吸收管

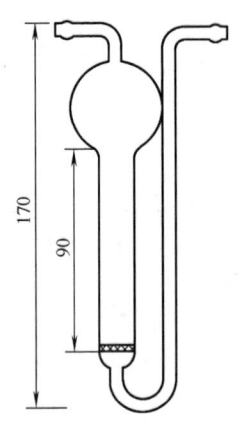 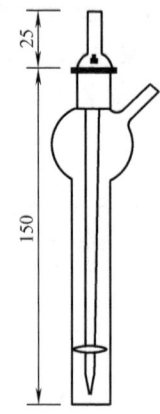

图 4-2 多孔玻板吸收管　　　　　图 4-3 冲击式吸收管

（2）吸收液。吸收液的选择是液体吸收法获得较高效率的关键，必须根据待测物质的理化性质及所用测定方法来选择。理想的吸收液应具备如下要素：

① 理化性质稳定，在空气中和在采样过程中自身不会发生变化。

② 挥发性小，能够在较高气温下经受长时间采样，没有显著挥发和损失。

③ 具有专一吸收性，仅仅吸收或主要吸收被测污染物，而不吸收或很少吸收共存物。

④ 吸收效率高，能迅速地溶解待测物或与待测物起化学反应等。

常用的吸收液有水吸收液和水溶液吸收液两种，一般规定甲醛和氨的测定采用的吸收液均为水吸收液和水溶液吸收液。

以水为吸收液的称为水吸收液，其特点是理化性质稳定，沸点较高，挥发性小，它既是许多污染物的优良溶剂，又是许多化学反应的良好介质，特别是颜色反应。水是极性溶剂，对极性化合物来说，有较高的采样效率，例如甲醛、醇类物质，溶解度大，溶解速度快。在水中溶解合适的化学试剂，可制成水溶液吸收液，其特点是具有水的优点，又利用溶液中的溶质与待测物起反应，可以克服单纯水的缺点，大大提高了采样效率，扩大了使用范围。选择水溶液吸收液的原则有两条：其一是能与待测物生成稳定而易溶于水的物质，酸性待测物用碱性吸收液，碱性待测物用酸性吸收液，例如测定空气中的氨气时就采用稀硫酸溶液吸收；其二是吸收液中的溶质不能与待测物发生不可逆的化学反应。

（3）采样优点　适用范围广，可用于室内污染物各种状态的采样；采样后，样品往往可以直接进行测定，不需要进行样品处理；吸收管可反复使用。

（4）采样注意事项

1）正确使用吸收管和吸收液。

2）正确使用采样仪器，流量准确设定。

3）准确记录采样时间。

4）吸收液用量准确，若采样过程中有损失，采样后要补充到原来用量。

5）吸收管与采样器连接要正确。

6）采样后测定前，要用管内吸收液洗涤吸收管的进气管内壁 3~4 次，混匀后测定。

**2. 固体吸附剂采样**

用固体吸附剂采集室内空气中有毒有害物质，目前主要用于气态和蒸气态物质的采样。它是将一定量固体吸附剂装在玻璃管内，制成固体吸附剂管，当空气样品通过固体吸附剂管时，空气中的气态或蒸气态待测物被固体吸附剂吸附而被采集。固体吸附剂根据采样后处理方法不同而分为两大类。

（1）活性炭　活性炭属于非极性吸附剂，吸附非极性和弱极性有机气体和蒸气，吸附容量大，吸附能力强，很少吸附水份，而且不影响吸附效率。吸附的水可被非极性和弱极性有机物所替代，因此活性炭适用于采集有机气体和蒸气化合物，特别是空气中待测物浓度非常低时，需要长时间采样，以及采样环境相对湿度较高时，也不影响采样效率。

目前最常用的是颗粒椰子壳活性炭。由于活性炭吸附性强，采样后若用热解吸进样，需很高温度，不利于分析本身和仪器装置的使用，所以最适宜的方法是溶剂解吸，常用的溶剂是 $CS_2$。活性炭在使用前需进行处理以除去杂质，提高吸附活性，方法是将活性炭过筛（一般为 20~40 目或 40~60 目），装入玻璃管中，向活性炭柱通入高纯氮气并加热至 300~350℃，吹洗活化 4~5h，在氮气保护下降至室温，取 100mg 或 200mg 活性炭，加入 1mL $CS_2$ 提取，并用气相色谱检查无杂质峰干扰，再装成采样管。

采样管一般保存在干燥器中一周，若两端熔封可保存 4~6 个月。但采样前最好通氮气，在 300~350℃吹洗活化 10~15min，色谱检查无杂质峰后，再用于采样。

（2）高分子多孔微球　这是一类合成的多孔性芳香族聚合物，大多数是由二乙烯基苯同其他烯烃等共聚而成，具有表面积大、强度大、疏水性强、耐腐蚀、耐辐射和耐高温（250~350℃）等特点。目前广泛应用于吸附、富集有机化合物，有时也作为气相色谱固定相应用，例如 chromosorb、GDX 等。

TVOC 测定样品的采集就应用高分子多孔微球吸附剂，例如 Tenax GC 或 Tenax TA，这是一种多孔高分子聚合物，化学名为聚 2, 6—二苯基对苯醚，它对 6 个碳以下的化合物吸附效率不如活性炭，但对 6 个碳以上的烃类化合物不仅有很好的吸附性，而且有良好的热解吸效率。

Tenax GC 或 Tenax TA 吸附剂使用前要进行活化处理，其方法是将吸附剂装入索氏提取器中，用正戊烷和甲醇分别提取 48h，取出后放入真空干燥器中抽空干燥，待颗粒松散后，向干燥器中充入高纯度氮气，取出吸附剂装入柱中，通入高纯度氮气并加热至 290~300℃吹洗活化 4~5h，在氮气保护下降至室温，装成采样管。但在采样前还要通氮气在 300℃吹洗活化 15~20min，色谱检查无杂质峰，方可用于采样。

对于其他吸附剂如硅胶及分子筛在此不再赘述。

### 4.1.5　采样时间和频率

**1. 现场采样空间和时间的确定**

（1）室内空气中污染物存在特征

1）浓度低。室内空气中的污染物主要是人类活动的副产物和建筑装修带来的污染物，一般浓度都比较低，其范围在 $10^{-6}$ ~ $10^{-3} g/m^3$。

2）易扩散。室内空气流动性很大，污染物随空气的流动而迅速扩散，并且易受环境因素如温度、湿度、风速、风向等的影响。

3）波动大。由于污染物随空气流动而扩散，造成空气中污染物浓度在时间和空间上存在差异。

4）不同污染物在室内空气中存在的状态不同。污染物种类很多，它们的熔沸点范围很宽，因此在空气中可能是以气体、蒸气或是液滴以及固体颗粒状态存在。将液态和固体颗粒与空气共存的体系称为气溶胶。

（2）采样布点和采样时间　由于污染物在室内空气中存在的时间和空间的差别较大，在不同的时间和空间采集样品，分析得到的结果将会有很大差别。在一定条件下采样，得到的检测结果只能代表此条件下的空气污染物浓度。因此，根据不同的检测目的和要求，为获得更有代表性的检测结果，应规定采样方法和技术要求。

《民用建筑工程室内环境污染控制规范》（GB 50325—2010）规定的采样要求，与《室内空气质量标准》（GB/T 18883—2002）要求有差别也有共同之处。

1）采样点的数量。

①民用建筑工程验收时，应抽验有代表性房间5%，并不得少于3间，房间总数小于3间时，应全数检验。

②根据房间面积和形态，要均匀分布采样点，房间使用面积小于$50m^2$，设一个检测点；$50\sim100m^2$，设2个检测点；大于$100m^2$设3~5个检测点。

③当房间有两个或两个以上采样点时，应取各检测点平均值作为该房间的检测值。

2）采样点高度。考虑到污染物对人体的影响，采样点高度一般设在人的呼吸带高度，距楼地面高度0.8~1.5m。

采样点应该避开不能代表空间总体的特殊点。如空调的进风口、门窗缝隙等处，采样点应距内墙面不小于0.5m。

3）采样持续时间。在采样开始和结束，采样器内的压力和流量有一个变化和平衡过程，应补偿此过程对采样体积的影响，保证测量结果的准确性，采样持续时间不得少于10~15min。

4）特定要求。对采用中央空调的民用建筑工程，应在空调正常运转的条件下采样；对采用自然通风的民用建筑工程，应在关闭对外门窗1h后进行采样；对氡的测量应关闭对外门窗24h后进行采样。

**2. 现场采样的综合质量保证**

1）采样现场确定后，要制定周密的采样计划，包括采样项目，采样点的分布、采样时间、现场环境条件的控制等。

2）室内采样人员尽量减少，因为采样人员的活动会干扰室内空气的状况，例如人体活动的增加会使室内空气流动加快。

3）采样时要保证采样系统密封性，管道不能漏气，采样流量事先要校准，采样后要将采样管两端密封，尽快移出现场。

4）除特殊要求以室外空气作空白管外，每批采样都要留2支带到现场但不经采样的空白管，以检查采样管在现场是否受到污染。

5）现场采样记录单应随样品一同送交分析实验室。记录单内容见表4-3。

表 4-3　室内空气采样记录单

| 时　　间：_____　采样项目：_____　样品编号：_____ |
|---|
| 采样日期：_____　　　　　　　采样开始（结束）时间：_____ |
| 采样方法（依据）：_____　　　　　采样流量：_____ |
| 环境条件：温度：_____　湿度：_____　气压：_____　风向、风速：_____ |
| 采样现场平面图（采样点分布、门窗位置、通风进气口位置等）： |
| 现场可疑污染源： |
| 日常人员活动情况： |
| 　　　　　　　　　　采样人：　　　　　　　　　　　交接人： |

书后附采样记录表（空白）。

## 课题 2　室内环境中的甲醛及其检测

### 4.2.1　甲醛的物理性质、来源、危害及技术指标

**1. 物理性质**

甲醛（HCHO）是无色、有强烈刺激性气味的气体，略重于空气，易溶于水、醇和醚中，其 35%～40% 水溶液称为福尔马林。甲醛是一种挥发性有机化合物，污染源很多，是室内环境的主要污染物之一。

**2. 来源**

室内甲醛的来源主要有两个方面，一是建筑材料、装饰材料和生活用品等，如用于室内装饰的胶合板、细木工板、夹心板和刨花板等人造板材和各种胶粘剂等；二是燃料和烟叶的不完全燃烧，以及室外的工业废气和汽车尾气等。

**3. 危害**

人吸入高浓度甲醛后，可出现呼吸道的严重刺激和水肿、眼刺痛、头痛，也可发生支气管哮喘。皮肤直接接触甲醛，可引起皮炎、色斑、坏死。经常吸入少量甲醛，能引起慢性中毒，出现黏膜充血、皮肤刺激症、过敏性皮炎、头痛、乏力、失眠、体重减轻等症状。

**4. 技术指标**

国家标准规定，民用建筑工程室内甲醛含量应符合表 4-1 规定。

### 4.2.2　甲醛的检测方法

甲醛的检测方法很多，如分光光度法、气相色谱法、快速检测法等。这里我们介绍快速检测法和酚试剂分光光度法。

**1. 快速检测法**

（1）说明　本方法以 GDYQ—101S 型室内空气甲醛现场测定仪为例，讲解甲醛快速测定法。

（2）仪器及设备

1）大型气泡吸收管：出气口内径为 1mm，出气口至管底距离等于或小于 5mm。

2）空气采样器：流量范围为 0.2～10L/min，流量稳定。采样前和采样后用皂膜计校准

采样系统的流量，误差小于5%。

3）甲醛现场测定仪：GDYQ—101S型。

（3）操作步骤

1）采样。

①将空气采样器固定在三脚架上，用胶管连接大型气泡吸收管和空气采样器。大型气泡吸收管的出气口（侧端）与缓冲瓶轴向端连接，缓冲瓶另一端与采样器的进气口连接，如图4-4所示。

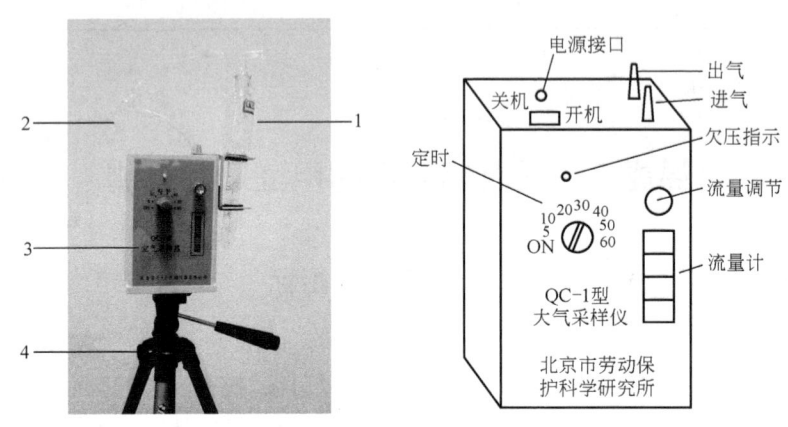

图4-4　GDYQ—101S型甲醛现场测定仪
1—大型气泡吸收管　2—缓冲瓶　3—采样器　4—三脚架

②取两个干燥洁净的圆柱形比色瓶（见图4-5），编号分别为1和2。打开圆柱形比色瓶1的瓶盖，加蒸馏水至刻度线（10mL）。取甲醛试剂一（标准试剂，厂家提供，如图4-6a所示）1支，把试剂一中的固体粉末倒入比色瓶1中，盖上比色瓶1的胶塞，摇动使试剂溶解。

③将比色瓶1中的溶液全部倒入气泡吸收管中，打开采样器电源开关，调节采样时间和采样气体流量（0.5L/min或1.0L/min）。根据采样时间、气体流量、采样时的温度和大气压力，计算出采样体积（L）。

2）测定。

①空白试剂：采样停机前，打开圆柱形比色瓶2瓶盖，加蒸馏水至刻度线（10mL），取甲醛试剂一（如图4-6a所示的标准试剂，厂家提供）1支，把试剂一中的固体粉末倒入比色瓶2中，盖上比色瓶2的胶塞，摇动使试剂溶解。

②样品：采样停机后，取下气泡吸收管，将气泡吸收管中溶液全部转移到比色瓶1中（如果吸收液低于比色瓶1刻度线，加蒸馏水补到刻度线10mL），盖上胶塞。用手握住比色瓶1和比色瓶2靠体温加热7min。

③取甲醛试剂二（标准试剂，厂家提供，如图4-6b所示）2支，将试剂二中的溶液分别滴入比色瓶1和比色瓶2中，然后盖紧胶塞，摇动10s。再用手握住比色瓶1和比色瓶2，靠体温加热5min。

单元 4　室内装饰工程环境质量检测

图 4-5　比色瓶
1—瓶盖　2—瓶身

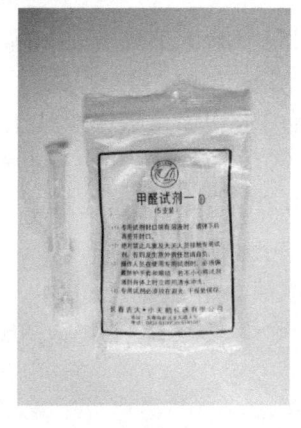

a)　　　　　　　　　b)

图 4-6　甲醛试剂

④用软纸擦净比色瓶 1 与 2 的外壁，将比色瓶 2（空白）放入甲醛测定仪比色瓶槽中锁定。按"调零"键，液晶屏上出现 0.00 时，表示调零已完成。

⑤取下比色瓶 2，将比色瓶 1（样品）放入比色瓶槽中锁定。然后按"浓度"键，液晶屏上显示数值（mg/L）和采样体积（L）。

3）计算。

①将采样体积按下式换算成标准状态下采样体积

$$V_0 = V_t \times \frac{T_0}{273+t} \times \frac{P}{P_0} \tag{4-1}$$

式中　$V_0$——标准状态下的采样体积（L）；

$V_t$——采样体积，$V_t$ = 采样流量（L/min）× 采样时间（min）；

$t$——采样点的气温（℃）；

$T_0$——标准状态下的绝对温度，$T_0$ = 273K；

$P$——采样点的大气压力（kPa）；

$P_0$——标准状态下的大气压力，$P_0$ = 101kPa。

②不同温度不同压力时空气中甲醛浓度计算

$$c = \frac{c_0}{V_0} \times 10 \tag{4-2}$$

式中　$c$——空气中甲醛浓度（mg/m³）；

$c_0$——甲醛测定仪显示值（mg/L）；

$V_0$——标准状态（20℃，一个大气压）下的采样体积（L）；

10——测定时比色瓶中溶液体积（mL）。

（4）结果分析　计算结果保留小数点以后两位有效数字，将计算结果和表 4-1 对照，进行评定。

书后附空气中甲醛现场测定原始记录表（空白）。

**2. 酚试剂分光光度法**

（1）原理　空气中的甲醛与酚试剂反应生成嗪，嗪在酸性溶液中被高铁离子氧化形成蓝绿色化合物。根据颜色深浅，比色定量。

（2）试剂　本方法中所用水均为重蒸馏水或去离子交换水，所用的试剂纯度一般为分析纯。

1）吸收液原液：称量0.01g酚试剂加水溶解，倾于100mL具塞量筒中，加水到刻度。放冰箱中保存，可稳定3d。

2）吸收液：量取吸收原液5mL，加95mL水，即为吸收液。采样时，临用现配。

3）1%硫酸铁铵溶液：称量1.0g硫酸铁铵[$NH_4Fe(SO_4)_2 \cdot 12H_2O$]用0.1mol/L盐酸溶解，并稀释至100mL。

4）碘溶液[$c(I_2) = 0.05mol/L$]：称量40g碘化钾，溶于25mL水中，加入12.7g碘。待碘完全溶解后，用水定容至1000mL。移入棕色瓶中，暗处贮存。

5）1mol/L氢氧化钠溶液：称量40g氢氧化钠，溶于水中，并稀释至1000mL。

6）0.5mol/L硫酸溶液：取28mL浓硫酸缓慢加入水中，冷却后，稀释至1000mL。

7）硫代硫酸钠标准溶液[$c(Na_2S_2O_3) = 0.1mol/L$]：可用从试剂商店购买的标准试剂，也可按本单元后阅读资料A制备。

8）0.5%淀粉溶液：将0.5g可溶性淀粉，用少量水调成糊状后，再加入100mL沸水，并煎沸2~3min至溶液透明。冷却后，加入0.1g水杨酸或0.4g氯化锌保存。

9）甲醛标准贮备溶液：取2.8mL含量为36%~38%甲醛溶液，放入1L容量瓶中，加水稀释至刻度。此溶液1mL约相当于1mg甲醛，其准确浓度用下述碘量法标定。

甲醛标准贮备溶液的标定：精确量取20mL待标定的甲醛标准贮备溶液，置于250mL碘量瓶中。加入20mL 0.05mol/L碘溶液和15mL 1mol/L氢氧化钠溶液，放置15min，加入20mL 0.5mol/L硫酸溶液，再放置15min，用[$c(Na_2S_2O_3) = 0.1mol/L$]硫代硫酸钠溶液滴定，至溶液呈现淡黄色时，加入1mol/L 0.5%淀粉溶液继续滴定至恰使蓝色褪去为止，记录所用硫代硫酸钠溶液体积（$V_2$/mL）。同时用水作试剂空白滴定，记录空白滴定所用硫代硫酸钠标准溶液的体积（$V_1$/mL）。甲醛溶液的浓度用下式计算：

$$甲醛溶液浓度(mg/mL) = \frac{(V_1 - V_2) \times c_1 \times \frac{30}{2}}{20} \quad (4-3)$$

式中　$V_1$——试剂空白消耗[$c(Na_2S_2O_3) = 0.1mol/L$]硫代硫酸钠溶液的体积（mL）；

$V_2$——甲醛标准贮备溶液消耗[$c(Na_2S_2O_3) = 0.1mol/L$]硫代硫酸钠溶液的体积（mL）；

$c_1$——硫代硫酸钠溶液的准确当量浓度；

30——甲醛的摩尔质量（g/mol）；

20——所取甲醛标准贮备溶液的体积（mL）。

二次平行滴定，误差应小于0.05mL，否则重新标定。

10）甲醛标准溶液：临用时，将甲醛标准贮备溶液用水稀释成1.00mL含10μg甲醛、立即再取此溶液10.00mL，加入100mL容量瓶中，加入5mL吸收原液，用水定容至100mL，此液1.00mL含1.00μg甲醛，放置30min后，用于配制标准色列管。此标准溶液可稳定

24h。

(3) 仪器设备

1) 大型气泡吸收管：出气口内径为 1mm，出气口至管底距离等于或小于 5mm。

2) 恒流采样器：流量范围 0~1L/min。流量稳定可调，恒流误差小于 2%，采样前和采样后应用皂沫流量计校准采样系列流量，误差小于 5%。

3) 具塞比色管：10mL（见图 4-7）。

4) 分光光度计（见图 4-8）：在 630nm 测定吸光度。

(4) 采样　用一个内装 5mL 吸收液的大型气泡吸收管，以 0.5L/min 流量，采气 10L，并记录采样点的温度和大气压力。采样后样品在室温下应在 24h 内分析。

(5) 分析步骤

1) 标准曲线的绘制。取 10mL 具塞比色管，用甲醛标准溶液按表 4-4 制备标准系列。

图 4-7　具塞比色管

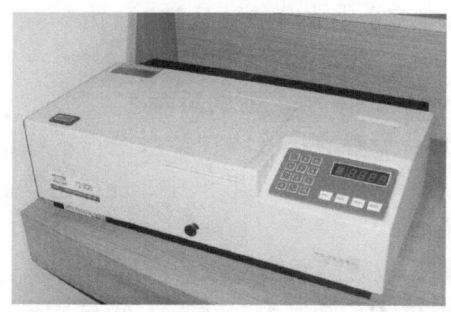

图 4-8　分光光度计

各管中，加入 0.4mL 的 1% 硫酸铁铵溶液，摇匀，放置 15min。用 1cm 比色皿（见图 4-9），在波长 630nm 下，以水作参比，测定各管溶液的吸光度。以甲醛含量为横坐标，吸光度为纵坐标，绘制曲线，并计算回归线斜率，以斜率倒数作为样品测定的计算因子 $B_g$（μg/吸光度）。

2) 样品测定。采样后，将样品溶液全部转入比色管中，用少量吸收液洗吸收管，合并使总体积为 5mL。按绘制标准曲线的操作步骤（见上述标准曲线的绘制）测定吸光度（$A$）。在每批样品测定的同时，用 5mL 未采样的吸收液作试剂空白，测定试剂空白的吸光度（$A_0$）。

图 4-9　比色皿

表 4-4　甲醛标准系列

| 管　号 | 0 | 1 | 2 | 3 | 4 | 5 | 6 | 7 | 8 |
|---|---|---|---|---|---|---|---|---|---|
| 标准溶液/mL | 0 | 0.10 | 0.20 | 0.40 | 0.60 | 0.80 | 1.00 | 1.50 | 2.00 |
| 吸收液/mL | 5.0 | 4.9 | 4.8 | 4.6 | 4.4 | 4.2 | 4.0 | 3.5 | 3.0 |
| 甲醛含量/μg | 0 | 0.1 | 0.2 | 0.4 | 0.6 | 0.8 | 1.0 | 1.5 | 2.0 |

(6) 结果计算

1) 按式 (4-1) 将采样体积按下式换算成标准状态下采样体积 $V_0$。

2) 空气中甲醛浓度按下式计算,精确至 0.01。

$$c = (A - A_0) \times B_g / V_0 \tag{4-4}$$

式中  $c$——空气中甲醛浓度 (mg/m³);

   $A$——样品溶液的吸光度;

   $A_0$——空白溶液的吸光度;

   $B_g$——计算因子 (μg/吸光度);

   $V_0$——换算成标准状态下的采样体积 (L)。

(7) 结果分析  将计算结果和表 4-1 对照,进行评定。

(8) 注意事项

1) 显色温度:室温低于15℃时,显色不完全。20~35℃时 15min 显色最完全,放置 4h 稳定不变,最好在 25℃ 水浴中保温操作。

2) pH 范围:显色反应是甲醛与酚试剂缩合生成叮嗪,适宜 pH 为 3~7,最佳 pH 为 4~5。

3) 酚试剂的用量:以每 5mL 吸收液含 0.2~0.4mg 酚试剂为宜。

4) 甲醛标准溶液及样品溶液的稳定性:甲醛直接吸收在纯水中很不稳定,放置 3~4h 降低约10%,放置 24h 降低约 68%。在 0.005% 酚试剂吸收液中,能稳定放置 24h。甲醛标准稀溶液宜用 0.005% 酚试剂的吸收液配制。

5) 氧化剂的选择:本法选用硫酸铁铵,但硫酸铁铵易水解形成 $Fe(OH)_3$ 呈乳浊现象,影响比色,故配成酸性溶液,但酸度不宜过大,否则颜色太深,经试验选用 0.1mol/L 的 HCl 作溶剂。反应加入的硫酸铁铵的量不宜过多,否则空白管吸光度值高影响比色,试验证明加 1% 硫酸铁铵 0.4mL 为好。

6) 硫酸锰滤纸的制法:取 10mL 浓度为 100g/L 的硫酸锰 ($MnSO_4$) 水溶液,滴加到 250cm² 玻璃纤维滤纸上,风干后切成 2mm×5mm 碎片,装入 415mm×150mm 的 U 形玻璃管中,采样时将此管接在甲醛吸收管之前。此法制成的硫酸锰滤纸,吸收二氧化硫的效能受大气湿度影响很大。

## 课题3  室内环境中的总挥发性有机化合物 (TVOC) 及其检测

### 4.3.1  TVOC 的物理性质、来源、危害及技术指标

**1. 物理性质**

从广义上说,任何液体或固体在常温常压下自然挥发出来的有机化合物都应是挥发性有机化合物。一般所说的 TVOC 是指在指定的试验条件下,所测得材料或空气中挥发性有机化合物的总量。

TVOC 在室内空气中作为异类污染物,是极其复杂的,而且新的种类不断被合成出来。由于他们单独的浓度低,且种类多,一般不予逐个分别表示,以 TVOC 表示其总量。

## 单元4 室内装饰工程环境质量检测

**2. 来源**

TVOC 中除醛类以外，常见的还有苯、甲苯、二甲苯、三氯乙烯、萘、二异氰酸酯类等，主要都来源于各种涂料、粘合剂及各种人造材料等。

**3. 危害**

TVOC 能引起机体免疫功能失调，影响中枢神经系统功能，出现头晕、头痛、嗜睡、无力、胸闷等自觉症状，还可能影响消化系统，出现食欲不振、恶心等，严重时甚至可损伤肝脏和造血系统，出现变态反应等。

**4. 技术指标**

国标规定，民用建筑工程室内 TVOC 含量应符合表 4-1 的规定。

### 4.3.2 检测方法（气相色谱法）

**1. 原理**

选择合适的吸附剂（Tenax—GC 或 Tenax—TA），用吸附管采集一定体积的空气样品，空气流中的挥发性有机化合物保留在吸附管中。采样后，将吸附管加热，解吸挥发性有机化合物，待测样品随惰性载气进入毛细管气相色谱仪。用保留时间定性，峰高或峰面积定量。

采样前处理和活化采样管和吸附剂，使其干扰降低到最小；选择合适的色谱柱和分析条件，本法能将多种挥发性有机物分离，使共存物干扰问题得以解决。

**2. 仪器设备**

1）气相色谱仪（见图4-10）：带氢火焰离子化检测器。

图 4-10 气相色谱
1—柱箱参数设置区  2—流量参数设置区
3—柱箱

2）热解吸装置（见图4-11）。

3）毛细管柱（见图4-12）：长50m，内径 0.32mm 石英柱，内涂覆二甲基聚硅氧烷，膜厚 1~5μm，程序升温 50~250℃，初始温度为 50℃，保持 10min，升温速率 5℃/min，分流比为 1:1~10:1。

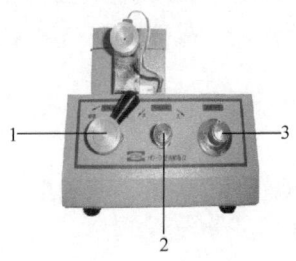

图 4-11 热解析装置
1—切换阀  2—气流控制开关  3—流量调节阀

图 4-12 毛细管柱

4）气体采样器：0~2L/min。

5）注射器：10μL、1mL 若干个。

**3. 试剂和材料**

1）吸附管：Tenax—TA 吸附管。

2）吸附剂：Tenax—TA 60/80 目（美国进口）。新购 Tenax—TA 必须进行溶剂预处理，在 320℃ 条件下老化 16h，以便减少实际样品分析时由于 Tenax—TA（聚 2、6—二苯基聚苯醚）热解吸时会有小分子量的物质释放，尤其是苯和甲苯，所以不经老化的 Tenax—TA 是不能使用的。

3）不锈钢管：长 150mm，外径 6mm，内径 5mm，内装 Tenax—TA 200mg。使用前仍需在 320℃ 条件下老化 10~20min。

4）标准品：甲醛、苯、甲苯、对（间）二甲苯、邻二甲苯、苯乙烯、乙苯、乙酸丁酯、十一烷均为色谱纯。

### 4. 采样

应在采样地点打开吸附管，与空气采样器入口垂直连接，以 0.5L/min 的速度抽取约 10L 空气，精确计时。采样后，应将吸附管的两端套上塑料帽，并记录采样时的温度和大气压强。

### 5. 所采空气样品的测定

1）解吸条件：温度 300℃；时间 10min；流速 40mL/min；载气氮气（纯度不小于 99.99%）。

2）制备约 0mg/mL、0.01mg/mL、0.1mg/mL、1.0mg/mL、10.0mg/mL 标准溶液系列。

3）通过热解吸和气相色谱仪分析每个标准溶液，记录峰面积，并以峰面积的对数为横坐标，以对应组分浓度的对数为纵坐标，绘制标准曲线图。

4）室内空气样品和所采室外空气空白样品同法测定，以保留时间定性，记录峰面积并从标准曲线上查得样品中各组分的量。

注：采集室外空气空白样品，应与采集室内空气样品同时进行，地点宜选择在室外上风口处。对其余未识别峰，可以甲苯计。

### 6. 计算

1）所采空气样品中各组分的含量，应按下式计算，精确至 0.01。

$$c_{mi} = \frac{m_i - m_0}{V} \times 1000 \tag{4-5}$$

式中 $c_{mi}$——所采空气样品中 $i$ 组分含量（μg/m³）；

$m_i$——被测样品中 $i$ 组分的量（μg）；

$m_0$——空白样品中 $i$ 组分的量（μg）；

$V$——空气采样体积（L）。

2）空气样品中各组分的含量，应按下式换算成标准状态下的含量，精确至 0.01。

$$c_{ci} = c_{mi} \times \frac{101}{P} \times \frac{t+273}{273} \times \frac{1}{1000} \tag{4-6}$$

式中 $c_{ci}$——标准状态下所采空气样品中 $i$ 组分的含量（mg/m³）；

$P$——采样时采样点的大气压力（kPa）；

$t$——采样时采样点的温度（℃）。

3）应按下式计算所采空气样品中总挥发性有机化合物（TVOC）的含量，精确至 0.01。

$$TVOC = \sum_{i=1}^{n} c_{ci} \tag{4-7}$$

式中 TVOC——标准状态下所采空气样品中总挥发性有机化合物（TVOC）的含量（mg/m$^3$）。

注：当与挥发性有机化合物有相同或几乎相同的保留时间的组分干扰测定时，宜通过选择适当的气相色谱柱，或通过更严格地选择吸收管和调节分析系统的条件，将干扰减到最低。

**7. 结果分析**

将计算结果和表 4-1 对照，进行评定。

书后附室内空气中 TVOC 分析原始记录表（空白）。

## 课题 4　室内环境中的苯、甲苯、二甲苯及其检测

### 4.4.1　苯、甲苯、二甲苯的物理性质、来源、危害及技术指标

**1. 物理性质**

苯是一种无色、具有特殊芳香气味的液体，易燃、易挥发，能与乙醇、乙醚、丙酮和四氯化碳等有机溶剂互溶，微溶于水。苯蒸汽与空气可形成爆炸混合物。甲苯、二甲苯属于苯的同系物，都是煤焦油分馏或石油的裂解产物。

**2. 来源**

在日常生活中，苯、甲苯、二甲苯存在于一些装饰材料中，如粘合剂、油漆、涂料、溶剂和稀释剂等。因此，在新装修的居室内空气中，可测出较高浓度的苯。如果新装修的房间立刻入住，就有可能接触大量的苯、甲苯、二甲苯。

**3. 危害**

苯对皮肤、眼睛和上呼吸道有刺激作用，吸入液态苯能引起肺水肿和出血。人在短时间内吸入高浓度的甲苯、二甲苯时，可出现中枢神经系统麻醉作用，轻者有头晕、头痛、恶心、胸闷、乏力、意识模糊的症状，严重者可致呼吸循环衰竭而死亡。如果长时间接触一定浓度的苯、甲苯、二甲苯，会引起慢性中毒，可出现头痛、失眠、精神萎靡、记忆力减退、神经衰弱等症状。苯已经被世界卫生组织确定为强致癌物质。

**4. 技术指标**

国标规定，无论 Ⅰ 类、Ⅱ 类民用建筑工程，室内环境中苯浓度应 ≤ 0.09mg/m$^3$。

### 4.4.2　苯、甲苯、二甲苯的检测方法（气相色谱法）

**1. 原理**

空气中苯、甲苯和二甲苯用活性炭管采集，然后经热解吸或用二硫化碳提取出来，再经聚乙二醇 6000 色谱柱分离，用氢火焰离子化检测器检测，以保留时间定性，峰高定量。

**2. 试剂和材料**

1）苯：色谱纯。

2）甲苯：色谱纯。

3）二甲苯：色谱纯。

4）二硫化碳：分析纯，需经纯化处理，处理方法见本单元后阅读资料 B。

5）色谱固定液：聚乙二醇 6000。

6）6201 担体：60~80 目。

7) 椰子壳活性炭：20～40目，用于装活性炭采样管。

8) 纯氮：99.99%。

**3. 仪器设备**

1) 活性炭采样管。用长150mm、内径3.5～4.0mm、外径6mm的玻璃管，装入100mg椰子壳活性炭，两端用少量玻璃棉固定。装好管后再用纯氮气于300～350℃温度条件下吹5～10min，然后套上塑料帽封紧管的两端。此管放于干燥器中可保存5d。若将玻璃管熔封，此管可稳定3个月。

2) 空气采样器。流量范围0.2～1L/min，流量稳定。使用时用皂膜流量计校准采样系列在采样前和采样后的流量，流量误差应小于5%。

3) 注射器（1mL、100mL）。体积刻度误差应校正。

4) 微量注射器（1μL、10μL）。体积刻度误差应校正。

5) 热解吸装置（见图4-11）。热解吸装置主要由加热器、控温器、测温表及气体流量控制器等部分组成。调温范围为100～400℃，控温精度±1℃，热解吸气体为氮气，流量调节范围为50～100mL/min，读数误差±1mL/min。所用的热解吸装置的结构应使活性炭管能方便地插入加热器中，并且各部分受热均匀。

6) 具塞刻度试管（2mL）。

7) 气相色谱仪。附氢火焰离子化检测器。

8) 色谱柱。为长2m、内径4mm的不锈钢柱，内填充聚乙二醇6000—6201担体（5:100）固定相。

**4. 采样**

在采样地点打开活性炭管，两端孔径至少为2mm，与空气采样器入气口垂直连接，以0.5L/min的速度抽取10L空气。采样后，将管的两端套上塑料帽，并记录采样时的温度和大气压力。样品可保存5d。

**5. 分析步骤**

1) 色谱分析条件。由于色谱分析条件常因实验条件不同而有差异，所以应根据所用气相色谱仪的型号和性能，制定能分析苯、甲苯和二甲苯的最佳的色谱分析条件。如果分析单一化合物苯，色谱条件比较容易确定；若需要同时分析苯、甲苯、二甲苯，这样就需选择一个最佳分析条件。

①苯的测定：柱温60℃，检测室和汽化室温度150℃，载气$N_2$流量为40mL/min。

②苯、甲苯、二甲苯（邻、间、对二甲苯）的测定：柱温90℃，检测室和汽化室温度150～160℃，载气$N_2$流量为50mL/min。

以上这些条件仅供参考，实际工作中根据所用的气相色谱仪的型号和性能来确定。

2) 绘制标准曲线和测定计算因子。在做样品分析的相同条件下，绘制标准曲线和测定计算因子。

①用混合标准气体绘制标准曲线。用微量注射器准确抽取一定量的苯、甲苯和二甲苯（20℃时，1μL苯0.8787mg，甲苯0.8669mg，邻、间、对二甲苯质量分别为0.8802mg、0.8642mg、0.8611mg），分别注入100mL注射器中，以氮气为本底气，配成一定浓度的标准气体。取一定量的苯、甲苯和二甲苯标准气体分别注入同一个100mL注射器中相混合，再用氮气逐级稀释成0.02～2.0μg/mL范围内4个浓度点的苯、甲苯和二甲苯的混合气体。取

1mL 进样，测量保留时间及峰高。每个浓度重复 3 次，取峰高的平均值。分别以苯、甲苯和二甲苯的含量（μg/mL）为横坐标，平均峰高（mm）为纵坐标，绘制标准曲线。并计算回归线的斜率，以斜率的倒数 $B_g$［μg/(mL·mm)］作样品测定的计算因子。

②用标准溶液绘制标准曲线。在 3 个 50mL 的容量瓶中，先加入少量二硫化碳，用 10μL 注射器准确量取一定量的苯、甲苯和二甲苯分别注入容量瓶中，加二硫化碳至刻度，配成一定浓度的贮备液。临用前取一定量的贮备液用二硫化碳逐级稀释成苯、甲苯和二甲苯含量为 0.005μg/mL、0.01μg/mL、0.05μg/mL 及这三种有机物含量为 0.2μg/mL 的混合标准液。分别取 1μL 进样，测量保留时间及峰高，每个浓度重复 3 次，取峰高的平均值，以苯、甲苯和二甲苯的含量（μg/μL）为横坐标，平均峰高（mm）为纵坐标，绘制标准曲线。并计算回归线的斜率，以斜率的倒数 $B_g$［μg/(μL·mm)］作样品测定的计算因子。

③测定校正因子。当仪器的稳定性能差时，可用单点校正法求校正因子。在样品测定的同时，分别取零浓度和与样品热解吸气（或二硫化碳提取液）中含苯、甲苯和二甲苯浓度相接近的标准气体 1mL 或标准溶液 1μL（按上述方法操作），测量零浓度和标准的色谱峰高（mm）和保留时间，用下式计算校正因子：

$$f = \frac{c_s}{h_s - h_0} \tag{4-8}$$

式中　$f$——校正因子［μg/(mL·mm)（对热解吸气样）或 μg/(μL·mm)（对二硫化碳提取液样）］；

　　　$c_s$——标准气体或标准溶液浓度（μg/mL 或 μg/μL）；

　　$h_0$、$h_s$——零浓度、标准的平均峰高（mm）。

3）样品分析。

①热解吸法进样。将已采样的活性炭管与 100mL 注射器相连，置于热解吸装置上，用氮气以 50～60mL/min 的速度于 350℃下解吸，解吸体积为 100mL。取 1mL 解吸气进色谱柱，用保留时间定性，峰高（mm）定量。每个样品做 3 次分析，求峰高的平均值。同时，取一个未采样的活性炭管，按样品管同样操作，测定空白管的平均峰高。

②二硫化碳提取法进样。将活性炭倒入具塞刻度试管中，加 1.0mL 二硫化碳，塞紧管塞，放置 1h，并不时振摇。取 1μL 进色谱柱，用保留时间定性，峰高（mm）定量。每个样品做 3 次分析，求峰高的平均值。同时，取一个未经采样的活性炭管按样品管同样操作，测量空白管的平均峰高（mm）。

**6. 结果计算**

1）按式 (4-1) 将采样体积按下式换算成标准状态下的采样体积 $V_0$。

2）用热解吸法时，空气中苯、甲苯和二甲苯浓度按下式计算。

$$c = \frac{(h - h_0) \cdot B_g}{V_0 \cdot E_g} \cdot 100 \tag{4-9}$$

式中　$c$——空气中苯或甲苯、二甲苯的浓度（mg/m³）；

　　　$h$——样品峰高的平均值（mm）；

　　　$h_0$——空白管的峰高（mm）；

　　　$B_g$——计算因子［μg/(mL·mm)］；

$E_g$——由实验确定的热解吸效率（经验值为1）。

3）用二硫化碳提取法时，空气中苯、甲苯和二甲苯浓度按下式计算。

$$c = \frac{(h-h_0) \cdot B_s}{V_0 \cdot E_s} \times 1000 \tag{4-10}$$

式中　$c$——苯或甲苯、二甲苯的浓度（mg/m³）；

$B_s$——校正因子[μg/(μL·mm)]；

$E_s$——由实验确定的二硫化碳提取的效率（经验值为1）。

4）用校正因子时空气中苯、甲苯、二甲苯浓度按下式计算，精确至0.01。

$$c = \frac{(h-h_0) \times f}{V_0 \cdot E_g} \times 100 \tag{4-11}$$

或

$$c = \frac{(h-h_0) \times f}{V_0 \cdot E_g} \times 1000$$

**7. 结果分析**

将计算结果和表4-1对照，进行评定。

书后附室内空气中苯分析原始记录表（空白）。

## 课题5　室内环境中的氡及其检测

### 4.5.1　氡的物理性质、来源、危害及技术指标

**1. 氡的物理性质、来源、危害**

氡（Rn）是一种无色、无味、无嗅的放射性惰性气体，是放射性元素铀、镭的衰变产物。由于自然界各种土壤及岩石中都或多或少地含有铀和镭，故在大气中广泛存在着氡气。

通常在密闭或通风不良的建筑设施中（如多层或高层建筑物底层的地下室），特别是采用了含铀、镭放射性元素的岩石、砖、混凝土等材料时，氡气往往会从房屋的地基、地板、墙壁等处释放出来，并聚集成较高的浓度，将会引起该部位空气环境的污染。尤其是采用一些质量不合格的天然或人造建筑材料时，这种污染更为严重。

从呼吸道进入的氡气对人体的内辐射作用会导致肺癌、支气管癌、鼻烟癌等的发病率增高。据联合国原子辐射影响科学委员会（UNSCE-AR）对某一国家调查研究后得出的估计表明，10%的肺癌病例是由于室内氡气污染所致，其作用仅次于吸烟被称为"隐形杀手"。

**2. 技术指标**

民用建筑工程室内氡浓度限量的国标规定参见表4-1。

### 4.5.2　氡的检测方法

氡的检测方法很多，如径迹饰刻法、活性炭盒法、双滤膜法、气球法、连续测量法等，下面主要介绍活性炭盒法、双滤膜法和连续测量法。

**1. 活性炭盒法**

（1）原理　活性炭盒法是被动式采样方法，能测量出采样期间内平均氡浓度，暴露3d，

探测下限可达到 6Bq/m³。

采样盒用塑料或金属制成，直径 6～10cm，高 3～5cm，内装 25～100g 活性炭。盒的敞开面用滤膜封住，固定活性炭且允许氡进入采样器。

空气扩散进炭床内，其中的氡被活性炭吸附，同时衰变，新生的子体便沉积在活性炭内。用 γ 谱仪测量活性炭盒的氡子体特征 γ 射线峰（或峰群）强度。根据特征峰面积可计算出氡浓度。

（2）仪器设备或材料

1）活性炭：椰壳炭 8～16 目，活性炭盒结构见图 4-13。

2）采样盒：尺寸同上。

3）烘箱。

4）天平：感量 0.1mg，量程 200g。

5）γ 谱仪（见图 4-14）：NaI(TI) 或半导体探头配多道脉冲分析器。

6）滤膜（见图 4-15）。

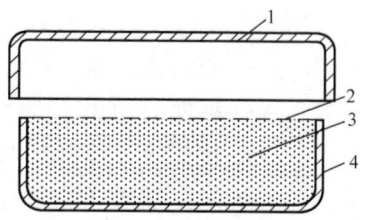

图 4-13 活性炭盒结构
1—密封盒 2—滤膜
3—活性炭 4—装炭盒

图 4-14 γ 谱仪

图 4-15 滤膜

（3）操作程序

1）样品制备。

①将选定的活性炭放入烘箱内，在 120℃下烘烤 5～6h。存入磨口瓶中待用。

②装样。称取一定量烘烤过的活性炭装入采样盒中，并盖上滤膜。

③再称量样品盒的总质量。

④把活性炭盒密封起来，隔绝外面空气。

2）布放。

①在待测现场去掉密封包装，放置 3～7d。

②将活性炭盒放置在采样点上，其采样条件要满足本书 4.1.5 的要求。

③活性炭盒放置在距地面 50cm 以上的桌子或架子上，敞开面朝上，其上面 20cm 内不得有其他物体。

3）样品回收。采样终止时将活性炭盒再密封起来，迅速送回实验室。

4）记录。采样期间应记录的内容见采样记录（表 4-3）。

5）测量与计算。

①测量。

a. 采样停止 3h 后测量。

b. 再称量总质量,以计算水分吸收量。

c. 将活性炭盒在 γ 谱仪上计数,测出氡子体特征 γ 射线峰(或峰群)面积。测量几何条件与刻度时要一致。

② 计算氡浓度,精确至 $1Bq/m^3$。

$$c_{Rn} = \frac{\alpha n_r}{t_1^b \cdot e^{-\lambda_{Rn} t_2}} \tag{4-12}$$

式中 $c_{Rn}$——氡浓度($Bq/m^3$);

$\alpha$——采样 1h 的响应系数($Bq/m^3$/计数/min);

$n_r$——特征峰(峰群)对应的净计数率(计数/min);

$t_1$——采样时间(h);

$b$——累积指数(取 0.49);

$\lambda_{Rn}$——氡衰变常数($7.55 \times 10^{-3}$/h);

$t_2$——采样时间中点至测量开始时刻之间的时间间隔(h)。

(4)结果分析 将计算结果和表 4-1 对照,进行评定。

(5)质量保证措施 用活性炭盒法测氡的质量保证措施是要在不同的湿度下(至少三个湿度:30%、50%、80%)测定其响应系数 α。

书后附氡检测原始记录表(空白)。

**2. 双滤膜法**

此法是主动式采样方法,能测量采样瞬间的氡浓度,探测下限为 $3.3Bq/m^3$。

采样装置如图 4-16 所示。抽气泵开动后含氡空气经过滤膜进入衰变筒,被滤掉子体的纯氡在通过衰变筒的过程中又生成新子体,新子体的一部分为出口滤膜所收集。测量出口滤膜上的 α 放射性就可换算出氡浓度。

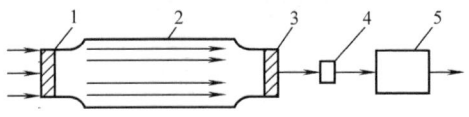

图 4-16 双滤膜法采样器结构图
1—入口膜 2—衰变筒 3—出口膜
4—流量计 5—抽气泵

(1)仪器设备或材料

1)衰变筒:14.8L。

2)流量计:量程为 80L/min 的转子流量计。

3)抽气泵。

4)α 测量仪:要对 RaA、RaC′ 的 α 粒子有相近的计数效率。

5)子体过滤器。

6)采样夹:能夹持 φ60 的滤膜。

7)秒表。

8)纤维滤膜。

9)α 参考源:$^{241}$Am 或 $^{239}$Pu。

10)镊子。

(2)测量前的检查

1)采样系统检查。

① 抽气泵运转是否正常,能否达到规定的采样流速。

②流量计工作是否正常。

③采样系统有无泄漏。

2）计数设备检查。

①计数秒表工作是否正常。

②α 测量仪的计数效率和本底有无变化。

③检查测量仪稳定性,对 α 源进行每分钟一次的十次测量。对结果进行 $X^2$ 检验,若工作状态不正常,要查明原因,加以处理。

（3）布点

1）室内测量。室内采样测量应满足下列要求:

①布点原则与采样条件要满足采样要求。

②进气口距地面约 1.5m,且与出气口高度差要大于 50cm,并在不同方向上。

2）室外测量。在室外采样测量应满足下列要求:

①采样点要有明显的标志。

②要远离公路,远离烟囱。

③地势开阔,周围 10m 内无树木和建筑物。

④若不能 24h 连续测量,则应在上午 8～12 时采样测量,且连续采样 2d。

⑤在雨天,雨后 24h 内或大风过后 12h 内停止采样。

（4）记录　采样期间应记录采样点的温度、湿度和大气压力等。

（5）操作程序

1）装好滤膜,按顺序把采样设备联接起来（入口膜→衰变筒→出口膜→流量计→抽气泵）。

2）以流速 $q(\text{L/min})$ 采样 $t\min$。

3）在采样结束后 $T_1 \sim T_2$ 时间间隔内测量出口膜上的 α 放射性。

4）用下式计算氡浓度,精确至 $1\text{Bq/m}^3$。

$$c_{\text{Rn}} = K_t N_\alpha = \frac{16.65}{VE\eta\beta ZF_\text{f}}N_\alpha \tag{4-13}$$

式中　$c_{\text{Rn}}$——氡浓度（$\text{Bq/m}^3$）;

$K_t$——总刻度系数（$\text{Bq/m}^3$/计数）;

$N_\alpha$——$T_1 \sim T_2$ 间隔的净 α 计数（计数）;

$V$——衰变筒容积（L）;

$E$——计数效率（%）;

$\eta$——滤膜过滤效率（%）;

$\beta$——滤膜对 α 粒子的自吸收因子（%）;

$Z$——与 $t$、$T_1 \sim T_2$ 有关的常数;

$F_\text{f}$——新生子体到达出口滤膜的分额（%）。

（6）系数标定

1）$E$ 的确定方法。

①在与样品测量相同的几何条件下,测得 α 标准源的净计数率。

②将计数率除以源的活度,即得到计数效率 $E$。

③针对不同的探测器要进行能量修正。

2) $\beta$ 的确定方法。

①按规定采样条件，将氡子体收集在滤膜上。等待30min后，在相同的条件下依次快速地（如每次1min）测量滤膜正面，反面、正面盖上同类质量厚度相近的空白滤膜后的 $\alpha$ 计数，记为 $C_1$、$C_2$、$C_3$。

②按下式计算 $\beta$：

$$\beta = \frac{2C_1}{2C_1 + C_2 - C_3} \quad (4-14)$$

式中　$C_1$——正面 $\alpha$ 计数率（计数/min）；

　　　$C_2$——反面 $\alpha$ 计数率（计数/min）；

　　　$C_3$——正面盖上同类空白滤膜后的 $\alpha$ 计数率（计数/min）。

③对每一批滤膜都要测定 $\beta$ 值，每次至少测 3 个样品，求出 $\beta$ 平均值。

3) $\eta$ 的测定方法。

①选 2 张质量厚度相近的滤膜，重叠在一起，滤膜之间要有 2.0mm 的距离。以规定的流速采样 5min。

②采样结束后，将 2 张滤膜分别装在两个同样的采样头上，在同一台仪器上交替测量或在两台仪器上平行测量（两台仪器效率不同应加以修正），得到两条衰变曲线。

③取同一时刻或同一时间间隔的计数，得到 $n_1$，$n_2$，代入下式即得 $\eta$ 值。

$$\eta = 1 - \frac{n_1}{n_2} \quad (4-15)$$

式中　$n_1$——第一张滤膜计数；

　　　$n_2$——第二张滤膜计数。

4) $Z$ 的确定方法。

①用下式求出氡通过衰变筒的时间：

$$T_s = \frac{0.06 l \cdot S}{q} \quad (4-16)$$

式中　$T_s$——氡通过衰变筒时间（s）；

　　　$l$——衰变筒长度（cm）；

　　　$S$——衰变筒模截面积（cm²）；

　　　$q$——采样流速（L/min）。

②当 $T_s < 10s$ 时，由表4-5查 $Z$ 值。

表4-5　$Z$ 值表（$T_s < 10s$）

| $T$/min | 5 | 5 | 5 | 5 | 10 | 10 | 10 | 10 | 15 | 15 | 15 | 15 |
|---|---|---|---|---|---|---|---|---|---|---|---|---|
| $T_1$/min | 1 | 1 | 1 | 1 | 1 | 1 | 1 | 1 | 1 | 1 | 1 | 1 |
| $T_2$/min | 6 | 15 | 30 | 100 | 6 | 15 | 30 | 100 | 6 | 15 | 30 | 100 |
| $Z$ | 1.637 | 2.597 | 3.411 | 6.314 | 2.312 | 3.803 | 5.425 | 11.068 | 2.656 | 4.634 | 7.070 | 15.281 |

注：1. $t$ 表示采样时间（min）。

　　2. $T_1$、$T_2$ 分别表示距采样结束的两次时间间隔。

　　3. $Z$ 表示与 $t$ 和 $T_1 \sim T_2$ 有关的常数。

③当 $T_s \geqslant 10s$ 时，由表4-6查 $Z$ 值。

表4-6　$Z$ 值表（$T_s \geqslant 10s$）

| $T_s/s$ | $t/\text{min}$ | $Z$ | | |
|---|---|---|---|---|
| | | $T_1 \sim T_2/\text{min}$ | | |
| | | 1~11 | 1~21 | 1~31 |
| 10 | 5 | 2.273 | 2.890 | 3.425 |
| | 10 | 3.274 | 4.403 | 5.481 |
| | 20 | 4.403 | 6.634 | 8.797 |
| | 30 | 5.461 | 8.797 | 11.898 |
| | 60 | 8.506 | 14.570 | 20.166 |
| 40 | 5 | 2.165 | 2.774 | 3.310 |
| | 10 | 3.108 | 4.255 | 5.334 |
| | 20 | 4.255 | 6.480 | 8.640 |
| | 30 | 5.334 | 8.640 | 11.820 |
| | 60 | 8.363 | 14.401 | 19.997 |
| 90 | 5 | 2.002 | 2.599 | 3.136 |
| | 10 | 2.898 | 4.031 | 5.111 |
| | 20 | 4.031 | 6.24 | 8.404 |
| | 30 | 5.111 | 8.424 | 11.580 |
| | 60 | 8.123 | 14.145 | 19.716 |

注：1. $t$ 表示采样时间（min）。
2. $T_1 \sim T_2$ 表示采样结束后的时间间隔（min）。

5）$F_f$ 的确定方法。

①按下式计算 $\mu$：

$$\mu = \frac{\pi D l}{q} \tag{4-17}$$

式中　$\mu$——无量纲常数；
　　　$D$——新生子体的扩散系数（$0.085\text{cm}^2/\text{s}$）；
　　　$l$——衰变筒长度（cm）；
　　　$q$——采样流速（$\text{cm}^3/\text{s}$）。

②根据 $\mu$ 值从表4-7中查出 $F_f$ 值。

表4-7　$F_f$ 值表

| $\mu$ | $F_f$ | $\mu$ | $F_f$ | $\mu$ | $F_f$ | $\mu$ | $F_f$ | $\mu$ | $F_f$ |
|---|---|---|---|---|---|---|---|---|---|
| 0.005 | 0.877 | 0.06 | 0.654 | 0.16 | 0.562 | 0.45 | 0.320 | 1.50 | 0.110 |
| 0.008 | 0.849 | 0.07 | 0.633 | 0.18 | 0.481 | 0.50 | 0.282 | 2.00 | 0.083 |
| 0.01 | 0.834 | 0.08 | 0.614 | 0.20 | 0.462 | 0.60 | 0.248 | 2.50 | 0.067 |
| 0.02 | 0.778 | 0.09 | 0.596 | 0.25 | 0.420 | 0.70 | 0.220 | 3.00 | 0.056 |
| 0.03 | 0.731 | 0.10 | 0.580 | 0.30 | 0.384 | 0.80 | 0.197 | 4.00 | 0.042 |
| 0.04 | 0.705 | 0.12 | 0.551 | 0.35 | 0.349 | 0.90 | 0.178 | 5.00 | 0.033 |
| 0.05 | 0.678 | 0.14 | 0.525 | 0.40 | 0.324 | 1.00 | 0.162 | | |

6) 结果分析。将计算结果和表4-1对照，进行评定。

(7) 质量保证措施

1) 刻度。每年用标准氡室对测量装置刻度一次，得到总的刻度系数。

2) 平行测量。用另外一种方法与本方法进行平行采样测量。用成对数据检验方法来检验两种方法结果的差异，若超过临界值，应查明原因。平行采样数不低于样品数的10%。

3) 操作注意事项。

①入口滤膜至少要3层，全部滤掉氡子体。

②采样头尺寸要一致，保证滤膜表面与探测器之间的距离为2mm左右。

③严格控制操作时间，不得出现任何差错，否则样品作废。

④若相对湿度低于20%时，要进行湿度校正。

⑤采样条件要与流量计刻度条件相一致。

**3. 连续测量法**

近年来氡的连续测量技术发展很快，一些小型半导体探测器，兼有快速测量和连续测量功能，可根据需要得到快速测量的累积测量结果。能够对氡浓度进行连续测量的连续氡浓度探测仪已经得到广泛应用，因此有必要对其进行介绍。

连续氡浓度探测仪可以在测量现场给出瞬间的氡浓度，并进行自动连续测量。目前使用较为广泛的连续氡浓度探测仪主要有3种类型。

(1) 闪烁室　闪烁室根据空气取样方式分为连续流经型和周期注入型两种，其原理是利用压差将含氡的空气引入闪烁室，氡和衰变产物发射的粒子使闪烁室内壁上的锌银晶体产生闪光，用光电倍增管将光信号转变为电信号记录下来，并计算氡浓度。目前国内已开发出自动采样和测量的KF618型氡及氡子体连续测量仪。

(2) 半导体探测器　用泵或自由扩散的空气通过滤膜进入收集室，氡衰变时带正电荷子体，在外加电场的作用下，这些带正电荷的子体被吸附到半导体探测器表面上。这些子体进一步衰变放出的α粒子，由半导体探测器记录下来，根据刻度系数可确定氡的浓度。如果配合γ能谱仪，可获得更高的灵敏度和更快速的分析。

(3) 脉冲电离室　通过过滤器将空气引入电离室，氡原子衰变发射的α粒子产生离子脉冲，由探测器记录并在探测器上显示。该方法的灵敏度较高，可以探测到环境空气中的氡气。

在这三类探测器中灵敏度最高的是脉冲电离室，其次是半导体探测器和闪烁室。从设备和操作条件来看，半导体探测器较简单，其次是闪烁室，脉冲电离室较复杂。大多数连续氡浓度探测仪的LLD（探测器的探测下限）≤3.7Bq/m³，其精密度：在氡浓度100Bq/m³变异系数<10%。目前常用的连续快速氡浓度检测仪器见表4-8。

表4-8　常用的连续快速氡浓度探测器

| 仪　　器 | 生产厂家 | 类　　型 | 最短间隔时间/min | LLD/(Bq/m³) | 用　　途 |
|---|---|---|---|---|---|
| TR667A 氡气测量仪 | 广州全成电子公司 | 半导体探测器 | 25 | 3.7 | 大气 |
| RCM2 测氡仪 | 北京射线研究中心 | 半导体探测器 | 60 | 7.4 | 大气 |
| KF618 测氡仪 | 核总六所 | 闪烁室型 | 60 | 3.7 | 大气、水、土壤 |
| DOSmanPRO 测氡仪 | 德国 SARAD 公司 | A 谱探测器 | 10 | 3.7 | 222Rn、220Rn |

(续)

| 仪 器 | 生产厂家 | 类 型 | 最短间隔时间/min | LLD/(Bq/m³) | 用 途 |
|---|---|---|---|---|---|
| RTM2100 测氡仪 | 德国 SARAD 公司 | A 谱探测器 | 20 | — | 大气、水、土壤 |
| RDM—PLUS 测氡仪 | 德国 SARAD 公司 | A 谱探测器 | 10 | — | 大气 |
| 1027 氡气测量仪 | 美国 SunNuclear 公司 | 半导体探测器 | 60 | — | 大气 |
| 连续测氡仪 | 日本名古屋大学 | 闪烁室型 | 100 | 25 | 室内外 |

## 课题6　室内环境中的氨及其检测

### 4.6.1　氨的物理性质、来源、危害及技术指标

**1. 物理性质**

氨是一种无色、有强烈气味的气体，极易溶于水、乙醚、乙醇。常温下1体积水能溶解700体积的氨，溶于水后形成氨水。氨可以燃烧，当氨在空气中的体积比达到16%～25%时遇火能发生爆炸。

**2. 来源**

写字楼和家庭室内空气中的氨，主要来自建筑施工中使用的混凝土外加剂。在施工过程中，如果在混凝土构件中（混凝土墙体、混凝土梁、混凝土柱、混凝土板等）加入会释放氨气的混凝土防冻剂、高碱混凝土膨胀剂和早强剂等，这些外加剂中的大量氨类物质在混凝土构件中会随着温、湿度等环境因素的变化而还原成氨气并从构件中缓慢释放出来，造成室内空气中氨的浓度不断增高。

另外，室内空气中的氨也可来自室内装饰材料，比如家具涂料中所用的大部分添加剂和增白剂中都用到氨水。一般来说，氨污染释放期比较快，不会在空气中长期大量积存，对人体的危害相对小一些。

**3. 危害**

氨有很强的刺激性，氨气可通过皮肤及呼吸道进入人体引起中毒。

**4. 技术指标**

国标规定，民用建筑工程室内氨浓度的限量应符合表4-1的规定。

### 4.6.2　氨的检测方法

氨的检测方法有分光光度法、离子选择电极法、检测管法等，下面主要介绍分光光度法中的靛酚蓝分光光度法和纳氏试剂分光光度法。

**1. 靛酚蓝分光光度法**

(1) 原理　空气中的氨被吸收在稀硫酸中，在亚硝基铁氰化钠及次氯酸钠存在下，与水杨酸生成蓝绿色的靛酚蓝染料，根据颜色深浅，比色定量。

(2) 试剂和材料　本法所用的试剂均为分析纯，水为无氨蒸馏水（制备方法见附录C）。

1) 吸收液 $[c(H_2SO_4)=0.005\text{mol/L}]$：量取2.8mL浓硫酸加入水中，并稀释至1L。临

用时再稀释10倍。

2）水杨酸溶液（50g/L）：称取10.0g水杨酸[$C_6H_4(OH)COOH$]和10.0g柠檬酸钠（$Na_3C_6O_7 \cdot 2H_2O$），加水约50mL，再加55mL氢氧化钠溶液[$c(NaOH)=2mol/L$]，用水稀释至200mL。此试剂稍有黄色，室温下可稳定一个月。

3）亚硝基铁氰化钠溶液（10g/L）：称取1.0g亚硝基铁氰化钠[$Na_2Fe(CN)_5 \cdot NO \cdot 2H_2O$]，溶于100mL水中。贮于冰箱中可稳定一个月。

4）次氯酸钠溶液[$c(NaClO)=0.05mol/L$]：取1mL次氯酸钠试剂原液，用碘量法标定其浓度。然后用氢氧化钠溶液[$c(NaOH)=2mol/L$]稀释成0.05mol/L的溶液。贮于冰箱中可保存两个月。

5）氨标准溶液。

①标准贮备液：称取0.3142g经105℃干燥1h的氯化铵（$NH_4Cl$），用少量水溶解，移入100mL容量瓶中，用吸收液稀释至刻度，此液1.0mL含1.00mg氨。

②标准工作液：临用时，将标准贮备液用吸收液稀释成1.00mL含1.00μg氨。

(3) 仪器设备

1）大型气泡吸收管：有10mL刻度线，出气口内径为1mm，与管底距离应为3~5mm。

2）空气采样器：流量范围0~2L/min，流量稳定。使用前后，用皂膜流量计校准采样系统的流量，误差应小于±5%。

3）具塞比色管：10mL。

4）分光光度计：可测波长为697.5nm，狭缝小于20nm。

(4) 采样　用一个内装10mL吸收液的大型气泡吸收管，以0.5L/min的流量，采气5L，及时记录采样点的温度及大气压力。采样后，样品在室温下保存，于24h内分析。

(5) 分析步骤

1）标准曲线的绘制。取10mL具塞比色管7支，按表4-9制备标准系列管。

表4-9　氨标准系列

| 管　号 | 0 | 1 | 2 | 3 | 4 | 5 | 6 |
| --- | --- | --- | --- | --- | --- | --- | --- |
| 标准工作液/mL | 0 | 0.50 | 1.00 | 3.00 | 5.00 | 7.00 | 10.00 |
| 吸收液/mL | 10.00 | 9.50 | 9.00 | 7.00 | 5.00 | 3.00 | 0 |
| 氨含量/μg | 0 | 0.50 | 1.00 | 3.00 | 5.00 | 7.00 | 10.00 |

在各管中加入0.50mL水杨酸溶液，再加入0.10mL亚硝基铁氰化钠溶液和0.10mL次氯酸钠溶液，混匀，室温下放置1h。用1cm比色皿，于波长697.5nm处，以水作参比，测定各管溶液的吸光度。以氨含量（μg）作横坐标，吸光度为纵坐标，绘制标准曲线，并用最小二乘法计算核准曲线的斜率、截距及回归方程，计算公式如下：

$$Y = bX - a \tag{4-18}$$

式中　$Y$——标准溶液的吸光度；

$X$——氨含量（μg）；

$a$——回归方程式的截距；

$b$——回归方程式斜率。

标准曲线斜率$b$应为（0.081±0.003）吸光度/μg氨。以斜率的倒数作为样品测定时的计算因子（$B_s$）。

2）样品测定。将样品溶液转入具塞比色管中，用少量的水洗吸收管、合并，使总体积为 10mL。再按制备标准曲线的操作步骤测定样品的吸光度。在每批样品测定的同时，用 10mL 未采样的吸收液作为试剂空白测定。如果样品溶液吸光度超过标准曲线范围，则可用试剂空白稀释样品显色液后再分析。计算样品浓度时，要考虑样品溶液的稀释倍数。

（6）结果计算

1）按式（4-1）将采样体积按下式换算成标准状态下的采样体积 $V_0$。

2）空气中氨浓度按下式计算，精确至 $0.1\text{mg/m}^3$。

$$c(\text{NH}_3) = \frac{(A - A_0)B_s}{V_0} \tag{4-19}$$

式中　$c$——空气中氨浓度（$\text{mg/m}^3$）；

　　　$A$——样品溶液的吸光度；

　　　$A_0$——空白溶液的吸光度；

　　　$B_s$——计算因子（$\mu\text{g}/$吸光度）；

　　　$V_0$——标准状态下的采样体积（L）。

（7）结果分析

将计算结果和表 4-1 对照，进行评定。

书后附空气中氨浓度分析原始记录表（空白）。

**2. 纳氏试剂分光光度法**

（1）原理　空气中的氨吸收在稀硫酸中，与纳氏试剂作用生成黄色化合物，根据颜色深浅，比色定量。

（2）试剂和材料　本法所用的试剂均为分析纯，水为无氨蒸馏水（制备方法见本单元后阅读资料 C）。

1）吸收液$[c(\text{H}_2\text{SO}_4) = 0.005\text{mol/L}]$：量取 2.8mL 浓硫酸加入水中，并稀释至 1L。临用时再稀释 10 倍。

2）酒石酸钾钠溶液（500g/L）：称取 50g 酒石酸钾钠（$\text{KNaC}_4\text{H}_4\text{O}_6 \cdot 4\text{H}_2\text{O}$）溶于 100mL 水中，煮沸，使其减少约 20mL 为止，冷却后，再用水稀释至 100mL。

3）纳氏试剂：称取 17g 二氯化汞（$\text{HgCl}_2$）溶解于 300mL 水中，另称取 35g 碘化钾（KI）溶解在 100mL 水中，然后将二氯化汞溶液缓慢加入到碘化钾溶液中，直至形成红色沉淀不溶为止。再加入 600mL 氢氧化钠溶液（200g/L）及剩余的二氯化汞溶液。将此溶液静置 1~2d，使红色混浊物下沉，将上清液移入棕色瓶中（或用 5 号玻璃砂芯漏斗过滤），用橡皮塞塞紧保存备用。此试剂几乎无色。注意：纳氏试剂毒性较大，取用时必须十分小心，接触到皮肤时，应立即用水冲洗；含纳氏试剂的废液，应集中处理。

4）氨标准溶液。

①标准贮备液：称取 0.3142g 经 105℃ 干燥 1h 的氯化铵（$\text{NH}_4\text{Cl}$），用少量水溶解，移入 100mL 容量瓶中，用吸收液稀释至刻度。此溶液 1.00mL 含 1.00mg 氨。

②标准工作液：临用时，将标准贮备液用吸收液稀释成 1.00mL 含 2.00$\mu\text{g}$ 氨。

（3）仪器设备

1）大型气泡吸收管：有 10mL 刻度线（见图 4-1a）。

2）空气采样器：流量范围 0～2L/min，流量稳定。使用前后，用皂膜流量计校准采样系统的流量，误差应小于 ±5%。

3）具塞比色管：10mL。

4）分光光度计：可测波长为 425nm，狭缝小于 20nm。

(4) 采样　用一个内装 10mL 吸收液的大型气泡吸收管，以 0.5L/min 的流量，采气 5L，及时记录采样点的温度及大气压力。采样后，样品在室温下保存，于 24h 内分析。

(5) 分析步骤

1）标准曲线的绘制。取 10mL 具塞比色管 7 支，按表 4-10 制备标准系列管。

表 4-10　氨标准系列

| 管　号 | 0 | 1 | 2 | 3 | 4 | 5 | 6 |
| --- | --- | --- | --- | --- | --- | --- | --- |
| 标准工作液/mL | 1.00 | 1.00 | 2.00 | 4.00 | 6.00 | 8.00 | 10.00 |
| 吸收液/mL | 10.00 | 9.00 | 8.00 | 6.00 | 4.00 | 2.00 | 0 |
| 氨含量/μg | 0 | 2.00 | 4.00 | 8.00 | 12.00 | 16.00 | 20.00 |

在各管中加入 0.1mL 酒石酸钾钠溶液，再加入 0.5mL 纳氏试剂，混匀，室温下放置 10min。用 1cm 比色皿，于波长 425nm 处，以水作参比，测定吸光度。以氨含量（μg）作横坐标，吸光度为纵坐标，绘制标准曲线，并用最小二乘法计算标准曲线的斜率、截距及回归方程。

标准曲线斜率 $b$ 应为 0.014±0.002，以斜率的倒数作为样品测定时的计算因子（$B_s$）。

2）样品测定。将样品溶液转入具塞比色管中，用少量的水洗吸收管，合并，使总体积为 10mL。再按制备校准曲线的操作步骤测定样品的吸光度。在每批样品测定的同时，用 10mL 未采样的吸收液作试剂空白测定。如果样品溶液吸光度超过标准曲线范围，则可用试剂空白稀释样品显色液后再分析。计算样品浓度时，要考虑样品溶液的稀释倍数。

(6) 结果计算

1）按式（4-1）将采样体积按下式换算成标准状态下的采样体积 $V_0$。

2）空气中氨浓度按式（4-19）计算，精确至 $0.1\text{mg/m}^3$。

(7) 结果分析　将计算结果和表 4-1 对照，进行评定。

(8) 注意事项

1）所有试剂均用无氨水配制，配制试剂时，实验室内不得使用氨水。

2）所有玻璃器皿洗净后，需用无氨水配制的 1mL 盐酸溶液漂洗一次，再用无氨水清洗干净。

3）本方法操作简便，但灵敏度低，选择性略差，干扰因素较多，如有机胺可产生类似氨显色后的黄色，硫化物产生绿色，醛、酮、醇在显色液中可产生沉淀。

4）由于铵盐与氨有相同的显色反应，本方法测定结果实际上是气体氨和铵盐的总和。

5）纳氏试剂中含有汞盐和苛性碱，其毒性很强，并有强烈的刺激和腐蚀作用，取用时要特别小心，避免与皮肤接触。显色废液应集中统一处理，不要排入下水道，以免污染环境。

6) 当样品中氨含量太大时，显色液中易出现棕色沉淀，需重新采样或稀释后测定。

## 阅读资料 A  硫代硫酸钠标准溶液制备及标定方法

1. 试剂

1) 碘酸钾标准溶液 $[c(1/6KIO_3) = 0.1000mol/L]$：准确称量 3.5667g 经 105℃ 烘干 2h 的碘酸钾（优级纯），溶解于水，移入 1L 容量瓶中，再用水定容至 1000mL。

2) 0.1mol/L 盐酸溶液：量取 82mL 浓盐酸加水稀释至 1000mL。

3) 硫代硫酸钠标准溶液 $[c(Na_2S_2O_3) = 0.1000mol/L]$：称量 25g 硫代硫酸钠（$Na_2S_2O_3 \cdot 5H_2O$），溶于 1000mL 新煮沸并已放冷的水中，此溶液浓度约为 0.1mol/L。加入 0.2g 无水碳酸钠，贮存于棕色瓶内，放置一周后，再标定其准确浓度。

2. 硫代硫酸钠溶液的标定方法

精确量取 25.00mL $[c(1/6KIO_3) = 0.1000mol/L]$ 碘酸钾标准溶液，于 250mL 碘量瓶中，加入 75mL 新煮沸后冷却的水，加 3g 碘化钾及 10mL 0.1mol/L 盐酸溶液，摇匀后放入暗处静置 3min。用硫代硫酸钠标准溶液滴定析出的碘，至淡黄色，加入 1mL 0.5% 淀粉溶液呈蓝色。再继续滴定至蓝色刚刚褪去，即为终点，记录所用硫代硫酸钠溶液体积 $V$ (mL)，其准确浓度用下式算：

$$c(Na_2S_2O_3) = 0.1000 \times 25.00/V$$

## 阅读资料 B  二硫化碳的纯化方法

二硫化碳用 5% 的浓硫酸甲醛溶液反复提取，直至硫酸无色为止，用蒸馏水洗二硫化碳至中性再用无水硫酸钠干燥，重蒸馏，贮于冰箱中备用。

## 阅读资料 C  无氨蒸馏水的制备

于普通蒸馏水中，加少量的高锰酸钾至浅紫红色，再加少量氢氧化钠至呈碱性。蒸馏，取其中间蒸馏部分的水，加少量硫酸溶液呈微酸性，再蒸馏一次。

## 阅读资料 D  次氯酸钠溶液浓度的标定

称取 2g 碘化钾（KI）于 250mL 碘量瓶中，加水 50mL 溶解，加 1.00mL 次氯酸钠（NaClO）试剂，再加 0.5mL 盐酸溶液 $[50\%(V/V)]$，摇匀，暗处放置 3min。用硫代硫酸钠标准溶液 $[c(1/2Na_2S_2O_3) = 0.100mol/L]$。滴定析出的碘，至溶液呈黄色时，加 1mL 新配制的淀粉指示剂（5g/L），继续滴定至蓝色刚刚褪去，即为终点，记录所用硫代硫酸钠标准溶液体积，按下式计算次氯酸钠溶液的浓度。

$$c(NaClO) = c(1/2Na_2S_2O_3) \times V/1.00 \times 2$$

式中　$c(NaClO)$——次氯酸钠试剂的浓度(mol/L)；

$c(1/2Na_2S_2O_3)$——硫代硫酸钠标准溶液浓度(mol/L)；

$V$——硫代硫酸钠标准溶液用量(mL)。

## 阅读资料 E  含汞废液的处理方法

为了避免含汞废液造成对环境的污染，应将废液中的汞进行处理。方法是：将废液收集在塑料桶中，当废水容量达到20L左右时，以曝气方式混匀废液，同时加入50mL氢氧化钠（400g/L）溶液，再加入50g硫化钠（$Na_2S \cdot 9H_2O$），10min后，慢慢加入200mL市售过氧化氢，静置24h后，抽取上清液弃去。

## 【复习思考题】

4-1 简述室内空气中的主要污染物的来源及其危害。

4-2 室内空气污染物的采样方法有哪些？室内空气中污染物存在哪些特征？

4-3 采集室内空气样品时怎样确定采样布点和采样时间？

4-4 用酚试剂分光光度法检测甲醛，实验时应注意哪些问题？

# 附 录

## 附录 A 水泥技术性能检测实训

**实训项目 水泥标准稠度用水量、凝结时间、安定性、强度检测**

有一组 P.O42.5 普通硅酸盐水泥，其检测结果见表 A-1，试确定其检测项目是否合格。

表 A-1 项目检测结果

| 工程名称 | | | 代表批量 | | | | 送样日期 | | |
|---|---|---|---|---|---|---|---|---|---|
| 工程部位 | | | 生产厂家 | | | | 报告日期 | | |
| 项目 | 标准稠度用水量(%) | 安定性 | 凝结时间 | | 抗折强度/MPa | | 抗压强度/MPa | | |
| | | | 初凝 | 终凝 | 3d | 28d | 3d | | 28d |
| 标准值 | — | 合格 | ≥45min | ≤10h | ≥3.5 | ≥6.5 | ≥16.0 | | ≥42.5 |
| 实测值 | 27.6 | 合格 | 3h20min | 6h15min | 4.8　4.2　4.3　4.4 | 7.9　7.2　7.6　7.6 | 26.2　24.9　25.6　25.9 | 27.1　26.3　25.1 | 45.3　46.1　44.6　45.6 | 46.2　45.8　45.6 |
| 结论 | | | | | | | | | |
| 备注 | | | | | | | | | |
| 检测人 | | | 审核人 | | | | 批准人 | | |

## 附录 B 装饰工程施工现场质量检验与验收实训

### 实训项目 1 一般抹灰工程质量检验与验收

（1）目的 通过对一般抹灰工程质量检验，掌握其检验过程、要求、步骤，学会填写质量验收表。

（2）能力 培养学生对一般抹灰工程质量检验与验收的能力。

（3）标准要求 详见本书 3.2.4 中的"5. 一般抹灰工程验收"。

（4）准备

1) 划分检验批。

2) 抽查数量。

3) 检查工具：小锤、钢直尺、2m 靠尺、塞尺、5m 线、直角检测尺。

（5）步骤（见表 B-1）

1) 主控项目验收方法：第 1 项检查施工记录；第 2 项检查产品合格证书、进场验收记录、复验报告和施工记录；第 3 项检查隐蔽工程验收记录和施工记录；第 4 项观察，用小锤轻击检查，检查施工记录。

2) 一般项目验收方法：第 1 项观察、手摸检查；第 2 项观察；第 3 项检查施工记录；第 4、5 项观察，尺量检查；第 6 项用 2m 垂直检测尺检查；第 7 项用 2m 靠尺和塞尺检查；第 8 项用直角检测尺检查；第 9、10 项拉 5m 线，不足 5m 拉通线，用钢直尺检查。

（6）填表　填写质量验收记录表 B-1，并进行讨论。

表 B-1　一般抹灰工程检验批质量验收记录表

| 工程名称 | | | 分项工程名称 | | 验收部位 | |
|---|---|---|---|---|---|---|
| 施工单位 | | | | 专业工长 | | 项目经理 | |
| 施工执行标准名称及编号 | | | | | | |
| 分包单位 | | | | 分包项目经理 | | 施工班组长 | |
| | 质量验收规范的规定 | | | 施工单位检查评定记录 | | 监理（建设）单位验收记录 |
| 主控项目 | 1. 基层表面 | 应清除干净，并应洒水湿润 | | | | |
| | 2. 材料品种、性能，砂浆配合比 | 符合设计要求。水泥的凝结时间和安定性复验应合格 | | | | |
| | 3. 抹灰层加强措施 | 应符合规范（GB 50210—2001）中 4.2.4 的要求 | | | | |
| | 4. 抹灰层 | 必须粘结牢固，无脱层、空鼓，面层应无爆灰和裂缝 | | | | |
| 一般项目 | 1. 抹灰层表面 | 应光滑、洁净、接槎平整，分格缝应清晰 | | | | |
| | 2. 护角、孔洞、槽盒周围的抹灰表面 | 应整齐、光滑；管道后面的抹灰表面应平整 | | | | |
| | 3. 抹灰层总厚度 | 应符合设计要求及规范（GB 50210—2001）中 4.2.8 的要求 | | | | |
| | 4. 分格缝设置 | 应符合设计要求，宽度和深度应均匀，表面应光滑，棱角应整齐 | | | | |
| | 5. 滴水线（槽） | 应整齐顺直，内高外低，宽度和深度均不应小于 10mm | | | | |
| | 6. 立面垂直度 | 允许偏差/mm | 4 | | | |
| | 7. 表面平整度 | | 4 | | | |
| | 8. 阴阳角方正 | | 4 | | | |
| | 9. 分格条（缝）直线度 | | 4 | | | |
| | 10. 墙裙、勒脚上口直线度 | | 4 | | | |
| 施工单位检查评定结果 | 项目专业质量检查员：<br><br>年　月　日 | | | | | |
| 监理（建设）单位验收结论 | 监理工程师：<br>（建设单位项目专业技术负责人）<br><br>年　月　日 | | | | | |

注：表 B-1 适用于石灰砂浆、水泥砂浆、水泥混合砂浆、聚合物水泥砂浆和麻刀石灰、纸筋石灰、石膏灰等普通抹灰工程的质量验收。

## 实训项目 2  板材隔墙工程的质量检验与验收

（1）目的  通过对板材隔墙工程的质量进行检验与验收，掌握其检验验收的标准要求、过程、步骤，学会填写质量验收记录表。

（2）能力  通过本次训练，使学生具有对板材隔墙工程的质量进行检验与验收的能力。

（3）标准要求  详见本书 3.4.2 中的"5. 板材隔墙工程验收"。

（4）准备

1）检验批划分。

2）检查数量。

3）检查工具：2m 垂直检测尺、2m 靠尺、塞尺、直角检测尺、钢直尺。

（5）步骤（见表 B-2）

**表 B-2  板材隔墙工程检验批质量验收记录表**

| 工程名称 | | | 分项工程名称 | | | 验收部位 | | |
|---|---|---|---|---|---|---|---|---|
| 施工单位 | | | | 专业工长 | | 项目经理 | | |
| 施工执行标准名称及编号 | | | | | | | | |
| 分包单位 | | | | 分包项目经理 | | 施工组长 | | |

| | 质量验收规范的规定 | | | | | 施工单位检查评定记录 | 监理（建设）单位验收记录 |
|---|---|---|---|---|---|---|---|
| 主控项目 | 1. 板材性能 | 符合设计要求。有特殊要求工程，应有相应性能等级检测报告 | | | | | |
| | 2. 预埋件、连接件的位置、数量及连接方法 | 符合设计要求 | | | | | |
| | 3. 板材安装 | 牢固及符合设计要求 | | | | | |
| | 4. 接缝材料品种及接缝方法 | 符合设计要求 | | | | | |
| 一般项目 | 1. 安装外观质量 | 垂直、平整、位置正确，板材不应有裂缝或缺损 | | | | | |
| | 2. 表面 | 平整光滑、色泽一致、洁净，接缝应均匀、顺直 | | | | | |
| | 3. 隔墙上孔洞、槽、盒 | 位置正确、套隔方正、边缘整齐 | | | | | |
| | | 允许偏差/mm | | | | | |
| | | 复合轻质墙板 | | 石膏空心板 | 钢丝网水泥板 | | |
| | | 金属夹心板 | 其他复合板 | | | | |
| | 4. 立面垂直度 | 2 | 3 | 3 | 3 | | |
| | 5. 表面平整度 | 2 | 3 | 3 | 3 | | |
| | 6. 阴阳角方正 | 3 | 3 | 3 | 4 | | |
| | 7. 接缝高低差 | 1 | 2 | 2 | 3 | | |
| 施工单位检查评定结果 | 项目专业质量检查员： | | | | | | 年 月 日 |
| 监理（建设）单位验收结论 | 监理工程师：<br>（建设单位项目专业技术负责人） | | | | | | 年 月 日 |

注：表 B-2 适用于复合轻质墙板、石膏空心板、预制或现制的钢丝网水泥板等板材隔墙工程的质量验收。

1) 主控项目验收方法:第 1 项观察,检查产品合格证书、进场验收记录和性能检测报告;第 2 项观察,尺量检查,检查隐蔽工程验收记录;第 3 项观察,手扳检查;第 4 项观察,检查产品合格证书和施工记录。

2) 一般项目验收方法:第 1 项观察,尺量检查;第 2 项观察,手摸检查;第 3 项观察;第 4 项用 2m 垂直检测尺检查;第 5 项用 2m 靠尺和塞尺检查;第 6 项用直角检测尺检查;第 7 项用钢直尺和塞尺检查。

(6) 填表　填写板材隔墙工程的检验批质量验收记录表 B-2,并进行讨论。

## 实训项目 3　骨架隔墙工程的质量检验与验收

(1) 目的　通过对骨架隔墙工程的质量进行检验与验收,掌握其检验验收的标准要求、过程、步骤,学会填写质量验收记录表。

(2) 能力

通过本次训练,使学生具有对骨架隔墙工程的质量进行检验与验收的能力。

(3) 标准要求:详见本书 3.4.2 中的"6. 骨架隔墙工程验收"。

(4) 准备

1) 检验批划分。

2) 检查数量。

3) 检查工具:2m 垂直检测尺、2m 靠尺、塞尺、直角检测尺、5m 线、钢直尺。

(5) 步骤(见表 B-3)

表 B-3　骨架隔墙工程检验批质量验收记录表

| 工程名称 | | | 分项工程名称 | | 验收部位 | |
|---|---|---|---|---|---|---|
| 施工单位 | | | 专业工长 | | 项目经理 | |
| 施工执行标准名称及编号 | | | | | | |
| 分包单位 | | | 分包项目经理 | | 施工组长 | |
| | | 质量验收规范的规定 | | | 施工单位检查评定记录 | 监理(建设)单位验收记录 |
| 主控项目 | 1. 材料构配件性能 | | 符合设计要求。有特殊要求时应有相应性能等级检测报告 | | | |
| | 2. 边框龙骨与基体结构连接 | | 牢固、平整、垂直、位置正确 | | | |
| | 3. 中龙骨间距和构造连接方法、填充材料设置 | | 符合设计要求 | | | |
| | 4. 设备管线及加强龙骨安装 | | 牢固位置正确 | | | |
| | 5. 木龙骨(墙板)防火、防腐处理 | | 符合设计要求 | | | |
| | 6. 墙面板安装 | | 牢固、无脱层、翘曲、折裂及缺损 | | | |
| | 7. 接缝方法 | | 符合设计要求 | | | |

(续)

| | 质量验收规范的规定 | | 施工单位检查评定记录 | 监理（建设）单位验收记录 |
|---|---|---|---|---|
| 一般项目 | 1. 表面 | 表面平整光滑、色泽一致、洁净、无裂缝、接缝均匀、顺直 | | |
| | 2. 孔洞、槽、盒 | 位置正确、套割吻合、边缘整齐 | | |
| | 3. 填充材料 | 干燥、填充密实、均匀、无下坠 | | |
| | | 允许偏差/mm | | |
| | | 纸面石膏板 / 人造木板、水泥纤维板 | | |
| | 4. 立面垂直度 | 3 / 4 | | |
| | 5. 表面平整度 | 3 / 3 | | |
| | 6. 阴阳角方正 | 3 / 3 | | |
| | 7. 接缝直线度 | — / 3 | | |
| | 8. 压条直线度 | — / 3 | | |
| | 9. 接缝高低差 | 1 / 1 | | |
| 施工单位检查评定结果 | | | | |
| 监理（建设）单位验收结论 | 监理工程师：（建设单位项目专业技术负责人） | | | 年 月 日 |

注：表 B-3 适用于以轻钢龙骨、木龙骨等为骨架，以纸面石膏板、人造木板水泥纤维板等为墙面板的隔墙工程的质量验收。

1）主控项目验收方法：第 1 项观察，检查产品合格证书、进场验收记录、性能检测和复验报告；第 2 项手扳检查，尺量检查，检查隐蔽工程验收记录；第 3、4、5 项检查隐蔽工程验收记录；第 6 项观察、手扳检查；第 7 项观察。

2）一般项目验收方法：第 1 项观察，手摸检查；第 2 项观察；第 3 项轻敲检查，检查隐蔽工程验收记录；第 4 项用 2m 垂直检测尺检查；第 5 项用 2m 靠尺和塞尺检查；第 6 项用直角检测尺检查；第 7、8 项拉 5m 线，不足 5m 拉通线，用钢直尺检查；第 9 项用钢直尺和塞尺检查。

（6）填表 填写骨架隔墙工程的检验批质量验收记录表 B-3，并进行讨论。

## 实训项目 4 暗龙骨吊顶工程的质量检验与验收

（1）目的 通过对暗龙骨吊顶工程的质量进行检验与验收，掌握其检验验收的标准要求、过程、步骤，学会填写质量验收记录。

（2）能力 通过本次训练，使学生具有对暗龙骨吊顶工程的质量进行检验与验收的能力。

（3）标准要求 详见本书"3.5.3 中的 5. 暗龙骨吊顶工程验收"。

（4）准备

1）检验批划分

2）检查数量

3）检查工具：2m 靠尺、塞尺、5m 线、钢直尺、卷尺等。

(5) 步骤（见表 B-4）

表 B-4 暗龙骨吊顶工程检验批质量验收记录表

| 工程名称 | | 分项工程名称 | | 验收部位 | |
|---|---|---|---|---|---|
| 施工单位 | | 专业工长 | | 项目经理 | |
| 施工执行标准名称及编号 | | | | | |
| 分包单位 | | 分包项目经理 | | 施工组长 | |

| | | 质量验收规范的规定 | | | | 施工单位检查评定记录 | 监理（建设）单位验收记录 |
|---|---|---|---|---|---|---|---|
| 主控项目 | 1. 吊顶标高、尺寸、起拱和造型 | 符合设计要求 | | | | | |
| | 2. 饰面材料质量 | 符合设计要求，不得有翘曲、裂缝及缺损 | | | | | |
| | 3. 吊杆、龙骨、饰面安装 | 牢固 | | | | | |
| | 4. 吊杆、龙骨的材质、规格、安装间距、连接方式、防火防腐处理 | 符合设计要求。金属构件表面防腐处理；木构件防腐、防火处理 | | | | | |
| | 5. 石膏板接缝 | 进行板缝防裂处理。面层板与基层板的接缝应错开，并不得在同一根龙骨上接缝 | | | | | |
| 一般项目 | 1. 饰面材料外观质量 | 洁净、色泽一致，不得有翘曲裂纹及缺损。压条平直、宽窄一致 | | | | | |
| | 2. 饰面板附属物外观质量 | 位置合理、美观，与饰面板的交接应吻合、严密 | | | | | |
| | 3. 吊杆、龙骨安装外观质量 | 金属构件接缝均匀一致，角缝应吻合，表面平整，无翘曲、锤印。木构件应顺直，无劈裂、变形 | | | | | |
| | 4. 吸声材料品种和厚度 | 符合设计要求，并有防散落措施 | | | | | |
| | | 允许偏差/mm | | | | | |
| | | 纸面石膏板 | 金属板 | 矿棉板 | 木板塑料板格栅 | | |
| | 5. 表面平整度 | 3 | 2 | 2 | 2 | | |
| | 6. 接缝直线度 | 3 | 1.5 | 3 | 3 | | |
| | 7. 接缝高低差 | 1 | 1 | 1.5 | 1 | | |

| 施工单位检查评定结果 | 项目专业质量检查员：<br><br>年 月 日 | |
|---|---|---|
| 监理（建设）单位验收结论 | 监理工程师：<br>（建设单位项目专业技术负责人）<br><br>年 月 日 | |

注：表 B-4 适用于以轻钢龙骨、铝合金龙骨、木龙骨等为骨架，以石膏板、金属板、矿棉板、木板、塑料板或格栅等为饰面材料的暗龙骨吊顶工程的质量验收。

1) 主控项目验收方法：第1项观察，尺量检查；第2项观察，检查产品合格证书、性能检测报告、进场验收记录和复验报告；第3项观察，手扳检查，检查隐蔽工程验收记录和施工记录；第4项观察，尺量检查，检查产品合格证书、性能检测报告、进场验收记录和隐蔽工程验收记录；第5项观察。

2) 一般项目验收方法：第1项观察，尺量检查；第2项观察；第3、4项检查隐蔽工程验收记录和施工记录；第5项用2m靠尺和塞尺检查；第6项拉5m线，不足5m拉通线，用钢直尺检查；第7项用钢直尺和塞尺检查。

（6）填表　填写暗龙骨吊顶工程的检验批质量验收记录表B-4，并进行讨论。

## 实训项目5　饰面板安装工程的质量检验与验收

（1）目的　通过对饰面板安装工程的质量进行检验与验收，掌握其检验验收的标准要求、过程、步骤，学会填写质量验收记录。

（2）能力　通过本次训练，使学生具有对饰面板安装工程的质量进行检验与验收的能力。

（3）标准要求　详见本书3.6.3中的"2.饰面板工程质量检验"。

（4）准备

1) 检验批划分。
2) 检查数量。
3) 检查工具：2m靠尺、直角检测尺、塞尺、钢直尺、卷尺、5m线、锤子等。

（5）步骤（见表B-5）

表B-5　饰面板安装工程检验批质量验收记录表

| 工程名称 | | | 分项工程名称 | | 验收部位 | |
|---|---|---|---|---|---|---|
| 施工单位 | | | 专业工长 | | 项目经理 | |
| 施工执行标准名称及编号 | | | | | | |
| 分包单位 | | | 项目经理 | | 施工班组长 | |
| | | 质量验收规范的规定 | | 施工单位检查评定记录 | | 监理（建设）单位验收记录 |
| 主控项目 | 1. 品种、规格、颜色、性能 | 符合设计要求 | | | | |
| | 2. 饰面板孔、槽数量、位置、尺寸 | 符合设计要求 | | | | |
| | 3. 预埋件（或后置埋件）、连接件的数量、规格、位置、连接方法、防腐处理 | 符合设计要求（后置埋件现场拉拔强度也必须符合设计要求） | | | | |
| | 4. 饰面板安装 | 牢固 | | | | |

(续)

| | 质量验收规范的规定 | | | | | | | 施工单位检查评定记录 | 监理（建设）单位验收记录 |
|---|---|---|---|---|---|---|---|---|---|
| 一般项目 | 1. 表面 | 平整、洁净、色泽一致、无裂纹和缺损、石材表面无泛碱等污染 | | | | | | | |
| | 2. 嵌缝 | 密实、平直，宽度、深度符合设计要求 | | | | | | | |
| | 3. 湿作业防碱处理及灌注 | 石材背部应作防碱处理，灌注应饱满、密实 | | | | | | | |
| | 4. 饰面板上孔洞 | 套割吻合，边缘整齐 | | | | | | | |
| | | 允许偏差/mm | | | | | | | |
| | | 石材 | | | 瓷板 | 木材 | 塑料 | 金属 | |
| | | 光面 | 剁斧石 | 蘑菇石 | | | | | |
| | 5. 立面垂直度 | 2 | 3 | 3 | 2 | 1.5 | 2 | 2 | |
| | 6. 表面平整度 | 2 | 3 | — | 1.5 | 1 | 3 | 3 | |
| | 7. 阴阳角方正 | 2 | 4 | 4 | 2 | 1.5 | 3 | 3 | |
| | 8. 接缝直线度 | 2 | 4 | 4 | 2 | 1 | 1 | 1 | |
| | 9. 墙裙、勒脚上口直线度 | 2 | 3 | 3 | 2 | 2 | 2 | 2 | |
| | 10. 接缝高低差 | 0.5 | 3 | — | 0.5 | 0.5 | 1 | 1 | |
| | 11. 接缝宽度 | 1 | 2 | 2 | 1 | 1 | 1 | 1 | |
| 施工单位检查评定结果 | 项目专业质量检查员：<br><br>年　月　日 | | | | | | | | |
| 监理（建设）单位验收结论 | 监理工程师：<br>（建设单位项目专业技术负责人）<br>年　月　日 | | | | | | | | |

注：表 B-5 适用于内墙饰面板安装工程和高度不大于 24m、抗震设防烈度不大于 7 度的外墙饰面板安装工程。

1）主控项目检验方法：第 1 项观察，检查产品合格证书、进场验收记录和性能检测报告；第 2 项检查进场验收记录和施工记录；第 3 项手扳检查，进场验收记录、现场拉拔检测报告、隐蔽工程验收记录和施工记录。

2）一般项目检验方法：第 1 项观察；第 2 项观察，尺量检查；第 3 项用小锤轻击检查，检查施工记录；第 4 项观察；第 5 项用 2m 垂直检测尺检查；第 6 项用 2m 靠尺和塞尺检查；第 7 项用直角检测尺检查；第 8、9 项拉 5m 线，不足 5m 拉通线，用钢直尺检查；第 10 项用钢直尺和塞尺检查；第 11 项用钢直尺检查。

（6）填表　填写饰面板安装工程的质量验收表 B-5，并进行讨论。

## 实训项目6 饰面砖粘贴工程的质量检验与验收

(1) 目的 通过对饰面砖粘贴工程的质量进行检验与验收,掌握其检验验收的标准要求、过程、步骤,学会填写质量验收记录。

(2) 能力 通过本次训练,使学生具有对饰面砖粘贴工程的质量进行检验与验收的能力。

(3) 标准要求 详见本书3.6.3 "3.陶瓷饰面砖的粘贴工程质量检验"。

(4) 准备

1) 检验批划分。

2) 检查数量。

3) 检查工具:2m靠尺、直角检测尺、塞尺、钢直尺、卷尺、5m线、锤子等。

(5) 步骤(见表B-6)

1) 主控项目检验方法:第1项观察,检查产品合格证书、进场验收记录、性能检测报告和复验报告;第2项检查产品合格证书、复验报告和隐蔽工程验收记录;第3项检查样板件粘结强度检测报告和施工4项观察,用小锤轻击检查。

2) 一般项目检验方法:第1、2项观察;第3、4项观察,尺量检查;第5项观察,用水平尺检查;第6项用2m垂直检测尺检查;第7项用2m靠尺和塞尺检查;第8项用直角检测尺检查;第9项拉5m线,不足5m拉通线,用钢直尺检查;第10项用钢直尺和塞尺检查;第11项用钢直尺检查。

(6) 填表 填写表B-6,并进行讨论。

表B-6 饰面砖粘贴工程检验批质量验收记录表

| 工程名称 | | 分项工程名称 | | 验收部位 | |
|---|---|---|---|---|---|
| 施工单位 | | | 专业工长 | | 项目经理 | |
| 施工执行标准名称及编号 | | | | | |
| 分包单位 | | | 项目经理 | | 施工班组长 | |

| | 质量验收规范的规定 | | 施工单位检查评定记录 | 监理(建设)单位验收记录 |
|---|---|---|---|---|
| 主控项目 | 1. 品种、规格、颜色、性能 | 符合设计要求 | | |
| | 2. 找平、防水、粘结勾缝材料及施工方法 | 符合设计要求和国家标准 | | |
| | 3. 粘贴 | 牢固 | | |
| | 4. 满粘法施工的饰面砖 | 无空鼓、裂缝 | | |
| 一般项目 | 1. 表面 | 平整、洁净、色泽一致、无裂纹和缺损、石材表面无污染 | | |
| | 2. 阴阳角搭接方式、非整砖使用部位 | 符合设计要求 | | |

(续)

| | 质量验收规范的规定 | | 施工单位检查评定记录 | 监理（建设）单位验收记录 |
|---|---|---|---|---|
| 一般项目 | 3. 墙面突出物周围的饰面砖 | 套割吻合，边缘整齐、厚度一致 | | |
| | 4. 接缝 | 平直、光滑、填嵌连续、密实；宽度和深度符合设计要求 | | |
| | 5. 滴水线（槽） | 顺直，流水坡向正确，坡度符合设计要求 | | |
| | | 允许偏差/mm | | |
| | | 外墙面砖 | 内墙面砖 | |
| | 6. 立面垂直度 | 3 | 2 | |
| | 7. 表面平整度 | 4 | 3 | |
| | 8. 阴阳角方正 | 3 | 3 | |
| | 9. 接缝直线度 | 3 | 2 | |
| | 10. 接缝高低差 | 1 | 0.5 | |
| | 11. 接缝宽度 | 1 | 1 | |
| 施工单位检查评定结果 | 项目专业质量检查员： | | | 年 月 日 |
| 监理（建设）单位验收结论 | 监理工程师：<br>（建设单位项目专业技术负责人） | | | 年 月 日 |

注：表 B-6 适用于内墙饰面砖粘贴工程和高度不大于 100m、抗震设防烈度不大于 8 度、采用满贴法施工的外墙饰面砖粘贴工程的质量验收。

## 实训项目 7　裱糊工程的质量检验与验收

（1）目的　通过对裱糊工程的质量进行检验与验收，掌握其检验验收的标准要求、过程、步骤，学会填写质量验收记录。

（2）能力　通过本次训练，使学生具有对裱糊工程的质量进行检验与验收的能力。

（3）标准要求　详见本书 3.9.2 "1. 裱糊工程的质量检验与验收"。

（4）准备

1）检验批划分：同一品种的裱糊工程每 50 间（大面积房间和走廊按施工面积 $30m^2$ 为一间）划分为一个检验批，不足 50 间也划分为一个检验批。

2）检查数量：每个检验批应至少抽查 10%，并不得少于 3 间，不足 3 间时应全数检查。

（5）步骤（见表 B-7）

1）主控项目检验方法：第 1 项观察，检查产品合格证书、进场验收记录和性能检测报告；第 2 项观察，手摸检查，检查施工记录；第 3 项观察，拼缝检查距离墙面 1.5m 处正视；第 4 项观察，手摸检查。

2）一般项目检验方法：第 1 项观察，手摸检查；第 2、3、4、5 项观察。

（6）填表　填写裱糊工程检验批质量验收记录表 B-7，并进行讨论。

表 B-7　裱糊工程检验批质量验收记录表

| 工程名称 | | 分项工程名称 | | 验收部位 | |
|---|---|---|---|---|---|
| 施工单位 | | | 专业工长 | 项目经理 | |
| 施工执行标准名称及编号 | | | | | |
| 分包单位 | | | 分包项目经理 | 施工班组长 | |
| | | 质量验收规范的规定 | | 施工单位检查评定记录 | 监理（建设）单位验收记录 |
| 主控项目 | 1. 贴面材料质量 | 符合设计要求及国家现行标准的有关规定 | | | |
| | 2. 基层处理 | 符合《建筑装饰装修工程质量验收规范》（GB 50210—2011）中 11.1.5 条规定 | | | |
| | 3. 拼接 | 横平竖直，拼接处花纹图案应吻合，不离缝，不搭接，不显拼缝 | | | |
| | 4. 粘贴 | 粘贴牢固，不得有漏贴、补贴、脱层、空鼓和翘边 | | | |
| 一般项目 | 1. 表面质量 | 平整、色泽应一致，不得有波纹起伏、气泡、裂缝、皱折或斑污，斜视时应无胶痕 | | | |
| | 2. 复合压花壁纸的压痕及发泡壁纸的发泡层 | 无损坏 | | | |
| | 3. 与各种装饰线、设备线盒的交接 | 交接严密 | | | |
| | 4. 边缘 | 平直整齐，不得有纸毛、飞刺 | | | |
| | 5. 阴阳角搭接 | 阴角处搭接应顺光，阳角处应无接缝 | | | |
| 施工单位检查评定结果 | | 项目专业质量检查员：<br>年　月　日 | | | |
| 监理（建设）单位验收结论 | | 监理工程师：<br>（建设单位项目专业技术负责人）<br>年　月　日 | | | |

注：表 B-7 适用于聚氯乙烯塑料壁纸、复合纸质壁纸、墙布等裱糊工程的质量验收。

## 实训项目 8　实木地板面层铺设工程的质量检验与验收

（1）目的　通过对实木地板面层铺设工程的质量进行检验与验收，掌握其检验验收的标准要求、过程、步骤，学会填写质量验收记录。

（2）能力　通过本次训练，使学生具有对实木地板面层铺设工程的质量进行检验与验收的能力。

（3）标准要求　详见本书 3.8.1 "2. 木地板工程"。

（4）准备

1）检验批划分。

2）检查数量。

3）检查工具：2m 靠尺、直角检测尺、塞尺、钢直尺、卷尺、5m 线等。

（5）步骤（见表 B-8）

1）主控项目检验方法：第 1 项观察检查和检查材质合格证明文件及检测报告；第 2 项

观察、脚踩检查;第3项观察、脚踩或用小锤轻击检查。

2)一般项目检验方法:第1项观察、手摸和脚踩检查;第2、3项观察检查;第4项观察和钢直尺检查;第5项用钢直尺检查;第6项用2m靠尺楔形塞尺检查;第7、8项拉5m线,不足5m拉通线和用钢直尺检查;第9项用钢直尺和楔形塞尺检查;第10项用楔形塞尺检查。

(6)填表 填写表B-8,并进行讨论。

表B-8 实木地板面层铺设工程检验批质量检验与验收记录表

| 工程名称 | | 分项工程名称 | | | 验收部位 | |
|---|---|---|---|---|---|---|
| 施工单位 | | | 专业工长 | | 项目经理 | |
| 施工执行标准名称及编号 | | | | | | |
| 分包单位 | | | 项目经理 | | 施工组长 | |

| | | 质量验收规范的规定 | | | 施工单位检查评定记录 | 监理(建设)单位验收记录 |
|---|---|---|---|---|---|---|
| 主控项目 | 1. 实木地板面层所采用的材质和铺设时的木材含水率 | 必须符合设计要求。木搁栅、垫木和毛地板等必须作防腐、防蛀处理 | | | | |
| | 2. 木搁栅安装 | 应牢固、平直 | | | | |
| | 3. 面层铺设 | 应牢固;粘结无空鼓 | | | | |
| 一般项目 | 1. 实木地板面层外观质量 | 应刨平、磨光,无明显刨痕和毛刺等现象;图案清晰、颜色均匀一致 | | | | |
| | 2. 面层缝隙 | 应严密;接头位置错开,表面洁净 | | | | |
| | 3. 拼花地板接缝 | 对齐,粘、钉严密;缝隙宽度均匀一致;表面洁净,胶粘无溢胶 | | | | |
| | 4. 踢脚线 | 表面光滑,接缝严密,高度一致 | | | | |
| | | 允许偏差/mm | | | | |
| | | 松木 | 硬木 | 拼花 | | |
| | 5. 板面缝隙宽度 | 1.0 | 0.5 | 0.2 | | |
| | 6. 表面平整度 | 3.0 | 2.0 | 2.0 | | |
| | 7. 踢脚板上口平齐 | 3.0 | | | | |
| | 8. 板面拼缝平直 | | | | | |
| | 9. 相邻板材高度差 | 0.5 | | | | |
| | 10. 踢脚线与面层的接缝 | 1.0 | | | | |
| 施工单位检查评定结果 | 项目专业质量检查员: | | | | | 年 月 日 |
| 监理(建设)单位验收结论 | 监理工程师:<br>(建设单位项目专业技术负责人) | | | | | 年 月 日 |

注:表B-8适用于实木地板面层(空铺、实铺条材和块材实木地板或拼花实木地板面层)铺设工程质量验收。

## 实训项目9 强化复合地板、实木复合地板面层铺设工程的质量检验与验收

(1)目的 通过对强化复合地板、实木复合地板面层铺设工程的质量进行检验与验收,

掌握其检验验收的标准要求、过程、步骤,学会填写质量验收记录。

(2) 能力 通过本次训练,使学生具有对强化复合地板、实木复合地板面层铺设工程的质量进行检验与验收的能力。

(3) 标准要求 详见本书3.8.1 "2.木地板工程"。

(4) 准备

1) 检验批划分。

2) 检查数量。

3) 检查工具:2m靠尺、直角检测尺、塞尺、钢直尺、卷尺、5m线、锤子等。

(5) 步骤(见表B-9)

1) 主控项目检验方法:第1项观察和检查材质合格证明文件及检测报告;第2项观察,脚踩检查;第3项观察、脚踩或用小锤轻击检查。

2) 一般项目检验方法:第1项观察,用2m靠尺和楔形塞尺检查;第2项观察;第3项观察和用钢直尺检查;第4项用钢直尺检查;第5项用2m靠尺和楔形塞尺检查;第6、7项拉5m线,不足5m拉通线和用钢直尺检查;第8项用钢直尺和楔形塞尺检查;第9项用楔形塞尺检查。

(6) 填表 填写表B-9,并进行讨论。

表B-9 强化复合地板、实木复合地板面层铺设工程检验批质量验收记录表

| 工程名称 | | | 分项工程名称 | | 验收部位 | |
|---|---|---|---|---|---|---|
| 施工单位 | | | | 专业工长 | 项目经理 | |
| 施工执行标准名称及编号 | | | | | | |
| 分包单位 | | | | 项目经理 | 施工组长 | |
| 主控项目 | 质量验收规范的规定 | | | | 施工单位检查评定记录 | 监理(建设)单位验收记录 |
| 主控项目 | 1. 实木复合地板面层所采用的条材和块材 | | 技术等级和质量要求应符合设计要求。木搁栅、垫木和毛地板等必须作防腐、防蛀处理 | | | |
| 主控项目 | 2. 木搁栅安装 | | 应牢固、平直 | | | |
| 主控项目 | 3. 面层铺设 | | 应牢固;粘贴无空鼓 | | | |
| 一般项目 | 1. 实木复合地板面层图案和颜色 | | 应符合设计要求,图案清晰,颜色一致,板面无翘曲 | | | |
| 一般项目 | 2. 实木复合地板面层 | | 接头应错开、缝隙严密、表面洁净 | | | |
| 一般项目 | 3. 踢脚线 | | 表面光滑,接缝严密,高度一致 | | | |
| 一般项目 | | | 允许偏差/mm | | | |
| 一般项目 | 4. 板面缝隙宽度 | | 0.5 | | | |
| 一般项目 | 5. 表面平整度 | | 2.0 | | | |
| 一般项目 | 6. 踢脚板上口平齐 | | 3.0 | | | |
| 一般项目 | 7. 板面拼缝平直 | | 3.0 | | | |
| 一般项目 | 8. 相邻板材高度差 | | 0.5 | | | |
| 一般项目 | 9. 踢脚线与面层的接缝 | | 1.0 | | | |
| 施工单位检查评定结果 | 项目专业质量检查员:<br><br>年 月 日 | | | | | |
| 监理(建设)单位验收结论 | 监理工程师:<br>(建设单位项目专业技术负责人)<br><br>年 月 日 | | | | | |

注:表B-9适用于强化复合地板面层、实木复合地板面层(空铺、实铺条材和块材地板或拼花实木地板面层)铺设工程的质量验收。

## 实训项目 10　大理石、花岗石、地板砖面层铺贴工程的质量检验与验收

（1）目的　通过地板砖、大理石、花岗石等面层铺设工程的质量进行检验与验收，掌握其检验验收的标准要求、过程、步骤，学会填写质量验收记录。

（2）能力　通过本次训练，使学生具有对地板砖、大理石、花岗石等面层铺设工程的质量进行检验与验收的能力。

（3）标准要求　详见本书3.8.1"1. 地板砖、石材铺贴工程"。

（4）准备

1）检验批划分：应按每一层次或每层施工段（或变形缝）作为一个检验批、高层建筑的标准层可按每三层（不足三层按三层计）作为一个检验批进行划分。

2）检查数量：按自然间（或标准间）检验，抽查数量应随机检验不应少于3间，不足3间，应全数检查。其中走廊、过道以10延米，礼堂、门厅以两个轴线为1间计算；厨浴间和有防水要求的房间应按其房间总数随机检验不应少于4间，不足4间，应全数检查。

3）检查工具：2m靠尺、直角检测尺、塞尺、钢直尺、卷尺、5m线、锤子等。

（5）步骤（见表B-10）

1）主控项目检验方法：第1项观察和检查材质合格记录；第2项用小锤轻击检查。

2）一般项目检验方法：第1项观察；第2项观察和用小锤轻击及钢直尺检查；第3项观察和用钢直尺检查；第4项观察、泼水或坡度尺及蓄水检查；第5项用2m靠尺和楔形塞尺检查；第6项拉5m线和用钢直尺检查；第7项用钢直尺和楔形塞尺检查；第8项拉5m线和用钢直尺检查；第9项用钢直尺检查。

（6）填表　填写表B-10，并进行讨论。

表 B-10　大理石、花岗石、地板砖面层铺贴工程检验批质量验收记录表

| 工程名称 | | 分项工程名称 | | 验收部位 | |
|---|---|---|---|---|---|
| 施工单位 | | | 专业工长 | | 项目经理 | |
| 施工执行标准名称及编号 | | | | | |
| 分包单位 | | | 项目经理 | | 施工组长 | |

| | 质量验收规范的规定 | | 施工单位检查评定记录 | 监理（建设）单位验收记录 |
|---|---|---|---|---|
| 主控项目 | 1. 大理石、花岗石、抛光地板砖所用板块 | 品种、质量符合设计要求 | | |
| | 2. 面层与下一层的结合 | 应牢固、无空鼓 | | |
| 一般项目 | 1. 大理石、花岗石、抛光地板砖面层的外观质量 | 表面应洁净、平整、无磨痕，且应图案清晰、色泽一致、接缝均匀、周边顺直、镶嵌正确，板块无裂缝、掉角、缺棱等缺陷 | | |
| | 2. 踢脚线 | 表面洁净，接缝严密，高度一致、结合牢固、出墙厚度一致 | | |

（续）

| 质量验收规范的规定 | | | | 施工单位检查评定记录 | 监理（建设）单位验收记录 |
|---|---|---|---|---|---|
| 一般项目 | 3. 楼梯踏步和台阶板块 | 缝隙宽度应一致、齿角整齐，楼层梯段相邻踏步高度差不应大于10mm，防滑条应顺直、牢固 | | | |
| | 4. 面层表面坡度 | 坡度应符合设计要求，不倒泛水、无积水；与地漏、管道接合处应严密牢固，无渗漏 | | | |
| | | 允许偏差/mm | | | |
| | | 大理石、花岗石、抛光地板砖 | 普通地板砖 | 碎拼大理石、碎拼花岗石 | |
| | 5. 表面平整度 | 1.0 | 2.0 | 3.0 | |
| | 6. 缝格平直度 | 2.0 | 2.0 | — | |
| | 7. 接缝高低差 | 0.5 | 0.5 | — | |
| | 8. 踢脚板上口平直 | 1.0 | 3.0 | 1.0 | |
| | 9. 板块间隙宽度 | 1.0 | 2.0 | — | |

| 施工单位检查评定结果 | 项目专业质量检查员：<br><br>年　月　日 |
|---|---|
| 监理（建设）单位验收结论 | 监理工程师：<br>（建设单位项目专业技术负责人）<br><br>年　月　日 |

注：表B-10适用于光面天然大理石、花岗石（或碎拼大理石、碎拼花岗石）板材、抛光地板砖、普通地板砖等面层在结合层上铺设工程的质量验收。

# 附录C　室内装饰工程环境质量检测实训

## 实训项目1　采样

按照单元4课题1所述进行采样试验，将其采样结果和编号填入表C-1中。

表 C-1 采 样 记 录

| 委托单位 | | | 工程地点 | | 完工日期 | |
|---|---|---|---|---|---|---|
| 工程名称 | | | 工程用途 | | 采样日期 | |
| 建设单位 | | | 建筑面积 | m² | 报告编号 | |
| 施工单位 | | | 现场风速 | m/s | 采样人 | |
| 设计单位 | | | 采样房间数量 | | 委托代表 | |
| 监理单位 | | | 采样点总数 | | 工程监理 | |
| 装饰情况 | 样板间 | | 地板 | | 壁柜 | | 理石 | |
| | 地面砖 | | 墙面 | | 家具 | | 其它 | |
| 依据标准 | 《民用建筑工程室内环境污染控制规范》（GB 50325—2001） | | | | | |

| 样号 | 种类 | 采样位置 | 封闭时间 | 采样时间 | 温度/°C | 大气压力/kPa | 相对湿度（%） | 仪器编号 |
|---|---|---|---|---|---|---|---|---|
| | TVOC | | | : | | | | |
| | 苯 | | : | : | | | | |
| | 氨 | | | : | | | | |
| | 氡 | | | : | | | | |
| | TVOC | | | : | | | | |
| | 苯 | | : | : | | | | |
| | 氨 | | | : | | | | |
| | 氡 | | | : | | | | |
| | TVOC | | | : | | | | |
| | 苯 | | : | : | | | | |
| | 氨 | | | : | | | | |
| | 氡 | | | : | | | | |
| | TVOC | | | : | | | | |
| | 苯 | | : | : | | | | |
| | 氨 | | | : | | | | |
| | 氡 | | | : | | | | |
| | TVOC | | | : | | | | |
| | 苯 | | : | : | | | | |
| | 氨 | | | : | | | | |
| | 氡 | | | : | | | | |

## 实训项目 2　甲醛的检测

按照单元 4 课题 2 所述进行试验，将其试验数据和计算结果填入表 C-2 中。

表 C-2 空气中甲醛现场测定原始记录

| 试验编号 | | 试验日期 | 年 月 日 | 采样流量 | _____ (L/min) |
|---|---|---|---|---|---|
| 工程名称 | | | | 采样时间 | |
| 计算公式 | | $c = c_0/V_0 \times 10$ | | | |
| 执行标准 | GB/T 18204.26—2000 | | 主要仪器设备 | | 甲醛现场测定仪 |
| 采样位置 | 气压/kPa | 温度/°C | 仪器显示值 $c_0$ /(mg/L) | 标准状态下采样体积 $V_0$/L | 实测浓度 /(mg/m³) |
| | | | | | |
| | | | | | |
| | | | | | |
| | | | | | |
| | | | | | |
| | | | | | |
| | | | | | |
| | | | | | |
| | | | | | |
| | | | | | |
| | | | | | |
| | | | | | |
| | | | | | |
| 最高浓度点 | | | | | |

结论：

## 实训项目 3　苯的检测

按照单元 4 课题 4 所述进行试验，将其试验数据和计算结果填入表 C-3 中。

表 C-3　室内空气中苯分析原始记录

| 试验编号 | | 分析日期 | 年　月　日 | 分析方法 | 气相色谱法 |
|---|---|---|---|---|---|
| 主要仪器设备 | 气相色谱仪 氢空发生器 | | 热解吸仪 | 采样体积 | 10L |
| 执行标准 | | | GB 50325—2010 | | |
| 计算公式 | | | $V_0 = V_t \cdot \dfrac{T_0}{273+t} \cdot \dfrac{P}{P_0}$　　$c = \dfrac{(h-h_0) \cdot B_g}{V_0 \cdot E_g} \times 100$ | | |
| 标准曲线保存位置 | | | | | |

| 样品编号 | 温度/°C | 湿度（%） | 大气压力/kPa | 标准状态体积/L | 苯浓度/（mg/m³） | 样品谱图 | 电脑保存位置 |
|---|---|---|---|---|---|---|---|
| | | | | | | 附页_____ | |
| | | | | | | 附页_____ | |
| | | | | | | 附页_____ | |
| | | | | | | 附页_____ | |
| | | | | | | 附页_____ | |
| | | | | | | 附页_____ | |
| | | | | | | 附页_____ | |
| | | | | | | 附页_____ | |
| | | | | | | 附页_____ | |
| | | | | | | 附页_____ | |
| | | | | | | 附页_____ | |
| | | | | | | 附页_____ | |
| | | | | | | 附页_____ | |
| | | | | | | 附页_____ | |

结论：

## 实训项目 4　氡的检测

按照单元 4 课题 5 所述进行试验，将其试验数据和计算结果填入表 C-4 中。

## 表 C-4  氡检测原始记录

| 试验编号 | | 检测方法 | GB/T 14582—1993 活性炭盒法 | 检测日期 | |
|---|---|---|---|---|---|
| 工程名称 | | | | | |
| 采样 1h 的响应系数 $\alpha$（Bq/m³/计数/min） | | 4.864 | 累积指数 $b$ | | 0.49 |
| 氡衰变常数 $\lambda_{Rn}$ | | $7.55 \times 10^{-3}$/h | 计算公式 | | $C_{Rn} = \dfrac{\alpha n_r}{t_1^b \cdot e^{-\lambda_{Rn} t_2}}$ |

| 样品编号 | 采样时间 $t_1$/h | 本底净计数率（计数/min） | 特征峰对应的净计算率 $n_r$ /（计数/min） | 采样时间终点至测量开始时刻之间的时间间隔 $t_2$/h | 氡浓度 $C_{Rn}$ /（Bq/m³） |
|---|---|---|---|---|---|
| | | | | | |
| | | | | | |
| | | | | | |
| | | | | | |
| | | | | | |
| | | | | | |
| | | | | | |
| | | | | | |
| | | | | | |
| | | | | | |

结论：

## 实训项目 5  氨的检测

按照单元 4 课题 6 所述进行试验，将其试验数据和计算结果填入表 C-5 中。

### 表 C-5  空气中氨浓度分析原始记录

| 试验编号 | | 采样日期 | 年 月 日 | 试验日期 | 年 月 日 |
|---|---|---|---|---|---|
| 计算公式 | | $c(NH_3) = \dfrac{(A - A_0) B_s}{V_0}$ | | 空白吸光度 $A_0$ | |
| | | | | 计算因子 $B_s$ | |
| 执行标准 | | GB/T 18204.25—2000 | | 主要仪器设备 | 分光光度计 |
| 样品编号 | 标准状态体积 $V_0$/L | | 吸光度 $A$ | 实测浓度/（mg/m³） | 检验结果/（mg/m³） |
| | | | | | |
| | | | | | |
| | | | | | |
| | | | | | |
| | | | | | |
| | | | | | |
| | | | | | |
| | | | | | |
| | | | | | |
| | | | | | |
| 最高浓度点 | | | | | |

结论：

## 实训项目 6  TVOC 的检测

按照单元 4 课题 3 所述进行试验，将其试验数据和计算结果填入表 C-6 中。

**表 C-6  室内空气中 TVOC 分析原始记录**

| 试验编号 | | | 分析日期 | 年　月　日 | 分析方法 | 气相色谱法 |
|---|---|---|---|---|---|---|
| 主要仪器设备 | | 气相色谱仪 | 热解吸仪 | 氢空发生器 | 采样体积 | |
| TVOC 执行标准 | | | GB 50325—2010 | | | |
| 计算公式 | | | $c_{mi} = \dfrac{m_i - m_0}{V} \times 1000 \qquad c_{ci} = c_{mi} \times \dfrac{101}{P} \times \dfrac{273+t}{273} \times \dfrac{1}{1000}$ | | | |
| | | | $\text{TVOC} = \sum\limits_{i=1}^{n} c_{ci}$ | | | |
| 标准曲线保存位置 | | | | | | |

| 样品编号 | 温度/°C | 湿度（%） | 大气压力/kPa | 标准状态体积/L | TVOC 浓度/（mg/m³） | 样品谱图 | 电脑保存位置 |
|---|---|---|---|---|---|---|---|
| | | | | | | 附页_____ | |
| | | | | | | 附页_____ | |
| | | | | | | 附页_____ | |
| | | | | | | 附页_____ | |
| | | | | | | 附页_____ | |
| | | | | | | 附页_____ | |
| | | | | | | 附页_____ | |
| | | | | | | 附页_____ | |
| | | | | | | 附页_____ | |
| | | | | | | 附页_____ | |
| | | | | | | 附页_____ | |
| | | | | | | 附页_____ | |

结论：

# 参 考 文 献

[1] 王忠德,张彩霞,方碧华等. 实用建筑工程系列手册:实用建筑材料试验手册 [M]. 2版. 北京:中国建筑工业出版社,2003.
[2] 赵斌. 建筑装饰材料 [M]. 天津:天津科学技术出版社,2005.
[3] 周明月. 建筑材料及检测 [M]. 武汉:武汉理工大学出版社,2011.
[4] 陈宝钰. 建筑装饰材料 [M]. 北京:中国建筑工业出版社,2005.
[5] 李建. 涂料和胶粘剂中有毒物质及其监测技术 [M]. 北京:中国计划出版社,2002.
[6] 庄文华,龚花强. 住宅装修工程施工质量控制与验收手册 [M]. 北京:中国建筑工业出版社,2002.
[7] 装饰工程施工技术丛书编委会. 装饰工程施工技术基础 [M]. 北京:中国标准出版社,2003.
[8] 装饰工程施工技术丛书编委会. 顶棚装饰工程施工技术 [M]. 北京:中国标准出版社,2003.
[9] 装饰工程施工技术丛书编委会. 隔断(墙)装饰工程施工技术 [M]. 北京:中国标准出版社,2003.
[10] 郑德明,钱红萍. 土木工程材料 [M]. 北京:机械工业出版社,2005.
[11] 周明月. 建筑材料与检测 [M]. 北京:化学工业出版社,2011.
[12] 柯国军. 建筑材料质量控制监理 [M]. 北京:中国建筑工业出版社,2005.
[13] 建设部人事教育司. 试验工 [M]. 北京:中国建筑工业出版社,2005.
[14] 杨天佑. 建筑装饰工程施工 [M]. 北京:中国建筑工业出版社,2003.
[15] 王朝熙. 建筑装饰装修施工工艺标准手册 [M]. 北京:中国建筑工业出版社,2004.